小麦化感作用

左胜鹏 著

国家重点研发计划重点专项（2017YFC0405205）
安徽省自然科学基金（1708085MC59）
高校优秀青年人才支持计划重点项目（gxyqZD2016024）   资助出版
安徽师范大学学术著作培育基金（2010xszz005）

科学出版社
北京

内 容 简 介

利用农作物的化感作用（或化感潜势）可以实现环境友好和农业持续发展，从而建设生态文明。小麦化感作用为其活体或残体释放短链脂肪酸、酚（酸）类和羟胺类等化感物质，具有抑制杂草、控制病虫害的潜力。本书详尽介绍了随基因型、品种、生长部位或组织器官、生长期、受体等小麦化感作用的变异特征，全面系统地阐述了其中的次生代谢化学基础、荧光生理学基础、分子遗传学基础，重点描述了小麦的三种典型化感作用，科学客观地评价了小麦的综合化感作用。最后，归纳总结了小麦化感作用的生物和非生物环境影响因素，并对小麦化感作用的应用潜力进行了合理展望。

本书适合农业、植物保护、生态类等教学科研单位及其人员参考使用。

图书在版编目（CIP）数据

小麦化感作用/左胜鹏著. —北京：科学出版社，2017
ISBN 978-7-03-054876-4

I. ①小… II. ①左… III. ①小麦-植物生物化学-研究 IV. ①S512.1

中国版本图书馆 CIP 数据核字（2017）第 254707 号

责任编辑：王腾飞 沈 旭/责任校对：彭 涛
责任印制：张 伟/封面设计：许 瑞

科 学 出 版 社 出版
北京东黄城根北街 16 号
邮政编码：100717
http://www.sciencep.com

北京建宏印刷有限公司 印刷
科学出版社发行 各地新华书店经销
*

2017 年 11 月第 一 版 开本：720×1000 1/16
2017 年 11 月第一次印刷 印张：17
字数：343 000

定价：99.00 元
（如有印装质量问题，我社负责调换）

序 一

农业的发展经历了原始农业、传统农业和现代农业不同阶段，到 20 世纪末，开始进入可持续农业的发展时期。化感作用是受到世界各国科学家重视的一个新的研究领域，针对农作物的轮作套种技术和农田杂草及虫害的控制，提出具有生态安全性的合理措施，为农业持续发展提供了新策略。农业生产中的间作套种轮作，以及连作障碍、秸秆覆盖、免耕少耕留茬等问题都涉及化感作用。除小麦以外，许多作物如水稻、玉米、高粱、大麦、黑麦、苜蓿等也都具有化感作用。

目前的农田杂草控制仍以人工和化学方法为主，大量化学除草剂的使用，不仅使杂草产生抗药性，还引起严重的环境问题，如何在生态安全的条件下实现农田杂草的可持续防治一直是关注的焦点。事实上，在众多的作物品种资源中有少数品种能自身合成并释放特定的化学物质来抑制伴生的杂草，即所谓的化感作用（allelopathy）。揭示并充分利用作物这种内在的化感抑草机制不仅能拓宽认识作物和伴生杂草间相互作用关系的视野，而且能开拓农田杂草治理的新途径。据美国农业部（USDA）估计，化感作用新技术的应用将给美国农业带来可观的经济效益。

小麦是世界第一大粮食作物，在农业生产中占有重要地位。小麦化感作用是利用小麦活体或残体向环境中释放次生代谢物质对自身或其他生物产生作用，它能克服除草剂和杀菌剂等引起的环境污染问题，具有抑制杂草、控制病害的潜力。《小麦化感作用》从小麦进化材料到普通小麦品种的尺度介绍了小麦的化感作用演变历程、化感作用理论基础、化感作用模拟评价以及化学生态学应用等基础知识和研究进展。该书作者在近 15 年的小麦化感作用研究的基础上，紧跟国内外小麦研究前沿动态，通过具体的研究实例和调研结果，论述了小麦化感作用在农业生态系统中的功能意义及其应用前景，并提出未来研究领域的科学问题。该专著理论创新性强、观点明确、结构新颖，在作物化学生态学研究方面颇具特色。

该书将促进化感作用在作物生产中应用潜力的研究，包括主要粮食和经济作物相互之间及其与主要杂草间化感作用的特征与机理、化感品种的筛选、建立化感作用基因库和进行化感作用基因定位等研究。掌握和了解小麦的化感作用对于农业生产实践中合理栽培措施的实施也具有重要的指导意义，如在生产中如何趋利避害，充分发挥有益的化感促进效应，避免有害的化感负效应等。

该书作者左胜鹏博士是水土保持研究所的优秀毕业生，植物化感研究领域的年轻学者，他已主持和作为课题主要人员完成多项国家及省部级科研项目，具有扎实的生态学、生物学、化学等相关学科的理论基础和丰富的研究经验。在小麦化感作用评价、化感抑草作用机制、化感种质资源筛选与化感遗传位点染色体定位等研究方面已取得丰富的研究成果，还对小麦整体抗逆、环境诱导与多抗性共进化方面做了有益探索。该书的出版无疑会推动国内植物化感作用这一研究领域的发展，并对农作物化感作用利用和农田杂草治理实践提供指导。

山仑 院士

二〇一七年二月二十八日

序 二

小麦是世界上最早栽培的作物之一，已遍及世界各大洲，耕种总面积 2.0 亿 hm^2。世界上有 43 个国家以小麦为主要粮食作物。小麦在我国农业生产中占有重要地位，种植面积超过 200×10^4 hm^2 的省有河南、山东、河北、四川、江苏等。我国常年麦田草害面积约 1.5 亿亩，麦田是除草剂使用的大户，给我国生态环境带来很大的压力。如何利用小麦自身抵御杂草的能力，减少农药的使用，科学家们开展了多年的研究。1937 年奥地利科学家 Molisch 提出植物化感作用这一概念，为作物生态控制田间杂草提出了一种途径。

关于小麦化感作用的研究是从小麦的自毒作用开始的。小麦连作后，产量逐年降低。后来发现小麦不仅对后茬作物如玉米、水稻、棉花、高粱、大麦、燕麦、马铃薯等有化感作用，对麦地的杂草也产生化感作用，如抑制马唐、播娘蒿、狼尾草、白车轴草、苋属、芸薹属、藜属、黑麦草、野燕麦等种子萌发和幼苗生长。不仅麦秸覆盖可以释放毒性物质，而且活体植株也可通过各种途径释放化感物质。

高等植物能够产生抗虫害的次生化合物早就被证实，其中羟胺类化合物是禾本科防御虫害的天然产物。有关小麦化感物质的研究有许多，不论是麦秸残体腐解，还是秸秆还田的土壤或活体植株根系分泌物中，都能发现一些化感物质，其中主要为酚酸类、羟胺类和短链脂肪酸类三类化感物质。小麦中的酚酸类物质主要有对羟基苯甲酸、香草酸、丁香酸、阿魏酸和香豆酸等，而羟胺类中最具代表性的物质是丁布（DIMBOA）。小麦的化感作用性状是品种正态分布、数量遗传，2B 染色体上已确定两个有关化感的 Quantitative Trait Loci（QTLs）。

目前，世界上陆续开展了小麦化感作用方面的研究工作，如中国马永清课题组研究的小麦秸秆覆盖对夏玉米生长、不同基因型小麦化感作用的进化演替趋势、小麦对列当属寄生植物的影响；澳大利亚的吴汉文（Wu Hanwen）和安民（An Min）课题组研究的小麦抑制黑麦草的化感物质与化感表达模型等。该书作者自博士阶段，不间断从事小麦化感作用研究多年，其博士论文工作涉及小麦化感作用科学评价与理论应用，特别探索了小麦化感作用的生物学、遗传学、进化学等理论基础。作者结合自己的研究成果，在充分、详细阅读国内外相关文献的基础上，完成了该专著，给我国读者一个相对比较完整的小麦化感作用研究描述。该书的出版将为研究作物化感作用提供重要参考。

该书从农业生态系统中的化感作用引出小麦化感作用，重点描述了不同基因型小麦活体和残体的化感作用，特别关注了小麦不同生育时期化感作用随生活史的动态变化。同时，详细阐述了不同基因型小麦对四类典型受体物种的化感作用：麦地杂草、夏玉米、转基因马铃薯、列当属寄生杂草等。此外，该书还揭示了不同基因型小麦化感作用表达的理论基础，如次生代谢化学物质基础、生理生化基础、遗传进化分子学基础。该专著作者利用其扎实的数学功底，单独开辟一章，讨论分析和科学评价不同基因型小麦化感作用。

　　但小麦化感作用在理论研究和实践应用上还面临着许多挑战。一些问题还不十分清楚，如小麦化感作用的生理消耗值以及内部分子调控网络；新型小麦化感物质的发掘以及与其他植物化感物质的区别和联系；田间多种伴生杂草和多害虫并存，小麦是如何同时实施化感的；与化感有关的蛋白质组、核酸组和基因组的定位和应用管理等。值得指出的是，到目前为止还未真正筛选出一个高化感作用、可田间栽培、具高产高抗特性、有商业价值的小麦品种。该书以小麦为具体研究目标，系统阐明了小麦化感作用理论体系，对我国的植物化感作用研究和大田化感小麦品系开发具有重要指导价值。这是除《水稻化感作用》外的又一本系统描述一种作物化感作用的专著，该书的出版将会给我国植物化感作用研究者，尤其是年轻科技工作者提供一部重要的化感作用参考书。

马永清 教授

二〇一七年二月二十八日

目　录

第一章 自然生态系统中的化感作用

第一节 生态系统中的化感作用

化感作用，又称化感潜力、化感潜势、相生相克、异株克生、生化他感、化学互感等，指的是生物之间通过化学物质发挥相互作用，如植物与植物、微生物与微生物、植物与微生物等，主要包括促进效应、抑制效应或无效应。1937 年奥地利科学家 Molisch 首次提出化感作用的概念，1974 年美国科学家 Rice 出版第一部世界化感专著 *Allelopathy*，1984 年再版。我国第一部化感专著是 2001 年中国科学家孔垂华和胡飞在中国农业出版社出版的《植物化感（相生相克）作用及其应用》，2016 年修订并以《植物化感（相生相克）作用》为名在高等教育出版社再版。化感作用在自然生态系统中普遍存在，其作为物种间相互作用形式和以化感物质作为信息载体影响着生态系统的组成与结构、物质循环、能量流动，并在生态系统演替和生物多样性维持方面扮演着重要角色。

一、陆生生态系统中的化感作用

草地植物的化感作用在草场演化、草地治理、草原管理以及维护草地生态平衡上扮演重要的角色。任元丁等（2014）综述了我国温带草原、南方草山草坡、高寒草甸以及荒漠草地等主要草地类型中的化感作用，其中菊科、豆科、瑞香科、玄参科等十多个科属植物均具有化感作用，如冷蒿（*Artemisia frigida*）、瑞香狼毒（*Stellera chamaejasme*）、扁穗牛鞭草（*Hemarthria compressa*）、香根草（*Vetiveria zizanioides*）、黄帚橐吾（*Ligularia virgaurea*）、细叶亚菊（*Ajania tenuifolia*）、甘肃马先蒿（*Pedicularis kansuensis*）、油蒿（*Artemisia ordosica*）、多裂骆驼蓬（*Peganum multisectum*）、白喉乌头（*Aconitum leucostomum*）、纳里橐吾（*Ligularia naryensis*）等，从中均鉴定出萜类、酚类、皂苷类、非蛋白质氨基酸等化感物质。王辉等（2011）发现铁杆蒿（*Artemisia sacrorum*）对 4 种伴生植物百里香（*Thymus mongolicus*）、大针茅（*Stipa grandis*）、本氏针茅（*Stipa bungeana*）和多枝赖草（*Leymus multicaulis*）的种子萌发及幼苗生长具有化感干扰作用。因此，在草地封育过程中，百里香群落向铁杆蒿群落的过渡，铁杆蒿的化感作用是草地演替的一个重要影响因子。许多牧草及饲料作物具有化感作用，利用饲草的化感作用防除杂草在草业生态系统中具有极好的应用前景。郭晓霞（2006）发现豆科牧草长柔野豌豆（*Vicia villosa*）、紫花苜蓿（*Medicago sativa*）、白车轴草（*Trifolium repens*）、红车轴草（*Trifolium pratense*）和黄花草木犀（*Melilotus officinalis*）对波斯婆婆纳（*Veronica persica*）、一年生早熟禾（*Poa annua*）、稗草（*Echinochloa crusgalli*）的种子萌发和幼苗生长具有明显的化感抑制作用，且花期的化感作用明显强于分枝期，地上部水浸提液对杂草的化感抑制作用强于根水浸提液。其中，毛苕子和紫花苜蓿水浸提液处理对杂草种子萌发和幼苗生长抑制效应最强，其次是草木犀，最后是白车轴草和红车轴草。供试牧草水浸提液的化感作用具有选择性，即对波斯婆婆纳和稗草具有较强的化感抑制作用，而对一年生早熟禾的化感抑制作用相对较弱。Kobayashi 和 Kato-Noguchi（2015）报道杂草 *Brachiaria decumbens* 水提物可抑制水芹（*Oenanthe* spp.）、生菜（*Lactuca sativa*）、梯牧草（*Phleum pratense*）、多花黑麦草（*Lolium multiflorum*）幼苗的生长，其化感物质为 (6*R*,9*S*)-3-oxo-alpha-ionol。Zhang 等（2015）报道在中国北方退化草场，星毛委陵菜（*Potentilla acaulis*）为优势种，其水提物抑制了三种杂草克氏针茅（*Stipa krylovii*）、冷蒿、羊草（*Leymus chinensis*）的种子萌发和幼苗生长。

在结构复杂、物种繁多和功能强大的森林生态系统中，化感作用类型多样，如森林植物种内的化感作用、森林植物种间的化感作用、树种引种的化感作用、森林植物微生物之间的化感作用等。杉木（*Cunninghamia lanceolata*）是我国南方最重要的用材树种之一，连栽导致地力衰退。曹光球（2006）发现杉木的自毒作用是导致杉木林地力衰退、生产力下降的一个重要原因。如杉木纯林中的土壤、枯落叶、半分解枯落叶和杉木鲜叶、枝条、树皮、树根的水浸液对杉木种子的萌发具有不同程度的影响。此外，杉木枝叶水浸液对杉木幼苗的生长、生理及其各器官营养元素含量具有不同的影响。通过 GC-MS 鉴定，杉木枝叶水浸液的化感物质主要是二氢香豆精、顺式合欢醛、丙酸甲酯、肉桂酸、阿魏酸、1-环丁基乙醇。袁娜等（2012）发现黄土高原主要人工林树种樟子松（*Pinus sylvestris*）、华北落叶松（*Larix principis-rupprechtii*）、刺槐（*Robinia pseudoacacia*）、辽东栎（*Quercus wutaishanica*）等对豆科牧草胡枝子（*Lespedeza bicolor*）、沙打旺（*Astragalus adsurgens*）和绣球小冠花（*Coronilla varia*）等具有化感抑制潜势，因此在林草搭配时应该考虑人工林的化感作用。邵东华等（2011）研究发现油松（*Pinus tabuliformis*）纯林、虎榛子（*Ostryopsis davidiana*）纯林、两者混交林根系均能分泌有机酸类、酯类、酚酸类化感物质。其中，有机酸是数量最多且比例最大的一类化合物，在 3 种林型中各占 63.82%、71.05%、69.12%。酚酸类化合物主要包括羟基肉桂酸、*p*-羟基苯甲酸、4-羟基苯甲酸、邻苯二甲酸、3，4-二羟基苯甲酸、3，5-二羟基苯甲酸、*p*-香豆酸等 7 种，但在混交林中未检测出羟基肉桂酸。窿缘桉（*Eucalyptus exserta*）和尾叶桉（*E. urophylla*）是华南地区重要的人工引进树种。曾任森和李蓬为（1997）研究表明两种桉树水提物和挥发性物质对萝卜（*Raphanus sativus*）、生菜（*Lactuca sativa*）、新银合欢（*Leucaena leucocephala*（Lam.）de Wit）和马占相思（*Acacia mangium*）的幼苗生长有显著抑制作用。Caboun 和 John（2015）总结了林业生态系统中的化感作用及其研究方法，指出林业化感作用影响受体种子萌发、幼苗生长、树木演替、植物群落结构、优势度、多样性、植物生产力等，其中林业化感的研究方法主要有乔木活体和残体材料、种子萌发释放化感物质、幼苗化感互作、林业更新和保育化感、林业保护化感、多林种化感等。

二、淡水生态系统中的化感作用

湿地植物芦苇（*Phragmites australis*）是一种根茎型乡土禾草，其无性繁殖力极强，具有极强的抗逆性和竞争能力，群落能长期保持稳定。刘成（2014）发现芦苇不同组织部位对伴生植物加拿大一枝黄花（*Solidago canadensis*）、田菁（*Sesbania cannabina*）、小飞蓬（*Conyza canadensis*）和蒲公英（*Taraxacum mongolicum*）均具有化感作用，且呈现"低促高抑"双重浓度效应的特征。以受体加拿大一枝黄花为例，芦苇将导致其最大净光合速率、光饱和点、表观量子效率、色素含量、抗氧化性酶活性、丙二醛（MDA）和可溶性蛋白含量、根系活力发生显著变化。芦苇不同组织部位对4种受体化感抑制程度比较为叶>茎>根，叶片可能是化感物质贮存的重要部位，其中可能的化感物质主要有棕榈酸甲酯、亚油酸、2-苯乙胺、2-甲基烯丙醇等。Uddin 等（2014）发现芦苇秸秆化感抑制受体*Poa labillardierei*、*Lactuca sativa*、*Melaleuca ericifolia* 种子发芽和幼苗生长，且在厌氧的环境中抑制作用更强、更持久，其中主要化感物质为水溶性酚酸，释放浓度与秸秆量和土壤条件有关。普通野生稻（*Oryza rufipogon*）是现代水稻遗传育种的基础，已被列为濒危植物。基于种子萌发和幼苗生长测试，普通野生稻与其常见伴生种慈姑（*Sagittaria trifolia*）之间存在化感促进作用（汪秀芳等，2011）。另外，湿地外来植物互花米草（*Spartina alterniflora*）也发现具有化感作用。如不同浓度的互花米草植株水浸液对受试植物海三棱藨草（*Scirpus mariqueter*）、黑麦草（*Lolium perenne*）、白车轴草种子的萌发和幼苗生长都有显著影响（P<0.05），且在高浓度条件下，各水浸液对受试植物种子的最终萌发率、萌发速率、幼苗根长、苗长以及鲜重的抑制作用最大（朱细娥，2014）。

挺水植物芦竹（*Arundo donax*）叶、茎秆和地上部对铜绿微囊藻（*Microcystis aeruginosa*）均有不同程度的抑制作用，且分泌的抑藻化感物质具有较高的耐热性，即使高温灭菌后的芦竹组织仍具有明显的抑藻作用（陈建中等，2011）。荸荠（*Heleocharis dulcis*）植株与铜绿微囊藻共培养，种植水、浸提液均可抑制铜绿微囊藻的生长，抑制率分别为55.45%、91.40%、86.83%。一般，荸荠能持续不断地向水体释放化感物质，可有效持久地抑制铜绿微囊藻的生长（李江等，2015）。

香蒲（*Typha orientalis*）为多年生宿根性沼泽草本挺水植物，在中国分布广泛，对受污染河水中的化学需氧量（COD）、氨氮及总磷均具有较好的去除效果。王红强等（2011）发现香蒲挥发油对铜绿微囊藻具有化感抑制作用，采用石油醚浸提的方法从挥发油中提取并分离鉴定出 β-紫罗兰酮、棕榈醛等 13 种活性成分。项俊等（2008）得出典型挺水植物菖蒲（*Acorus calamus*）种植水对铜绿微囊藻和鱼腥藻（*Anabaena* spp.）有显著抑制作用，从种植水中鉴定出影响水华藻类生长的化感物质有咖啡酸、β-香豆酸、没食子酸、甾醇、苯丙三醇等。水葱（*Scirpus validus*）和慈姑是中国水体环境中常见的两种挺水植物，且对水体中的氮、磷有一定的吸收能力。张娉杨（2014）发现这两种挺水植物对铜绿微囊藻的生长均有抑制作用，且水葱种植水、水葱茎浸提液、慈姑种植水、慈姑茎浸提液的藻抑制率分别达 25.32%、67.39%、53.54%、90.99%。慈姑对铜绿微囊藻的抑制作用强于水葱，植物茎浸提液的抑藻作用强于种植水。Zhang 等（2011）报道挺水植物再力花根系分泌物对水华鱼腥藻（*Anabaena flos-aquae*）、铜绿微囊藻和野外混合浮游植物具有显著抑制作用，如再力花产生了大量 O^{2-}，导致藻细胞膜脂质过氧化，从而降低叶绿素含量、脱氢酶活性，但丙二醛含量、过氧化氢酶（CAT）和谷胱甘肽过氧化物酶（GPx）活性升高。边归国和郑洪萍（2013）综述了国内外挺水植物化感作用抑制藻类的研究，归纳了挺水植物化感抑藻机理：影响藻细胞亚显微结构、酶体系活性、呼吸作用、光合作用、细胞膜和细胞内小分子物质的含量等，指出了抑制藻类的应用方式主要有共培养、植物化感提取物、直接施加化感物质等。

由于浮水植物具有较强的净化水体能力，所以成为淡水生态系统中不可缺少的抑藻水生植物。边归国（2012）综述了许多浮水植物对藻类具有化感抑制作用，如漂浮植物：凤眼莲（水葫芦）（*Eichhornia crassipes*（Mart.）Solms）、大薸（*Pistia stratiotes*）、菱（*Trapa bispinosa* Roxb.）、紫萍（*Spirodela polyrrhiza*（L.）Schleid.）、浮萍（*Lemna minor*）、槐叶苹（*Salvinia natans*（L.）All.）、满江红（*Azolla imbricata*）、萍蓬草（*Nuphar pumilum*（Hoffm.）DC.）、喜旱莲子草（*Alternanthera philoxeroides*（Mart.）Griseb.）、莕菜（*Nymphoides peltatum*（Gmel.）O. Kuntze）等对铜绿微囊藻、蛋白核小球藻（*Chlorella pyrenoidesa*）、东海原甲藻（*Prorocentrum donghaiense*）、塔玛亚历山大藻（*Alexandrium tamarense*）、斜生栅藻（*Scenedesmus obliquus*）、雷氏衣藻（*Chlamydomonas reinhardtii*）、集胞藻（*Synechocystis* sp.）具有化感抑制作用。此外，浮叶植物：睡莲（*Nymphaea tetragona*）、黄花水龙（*Ludwigia peploides*（Kunth）Kaven）、水罂粟（*Hydrocleys nymphoides*）、水蕹菜（空心菜）（*Ipomoea aquatica* Forsk.）等对铜绿微囊藻、蛋白核小球藻、斜生栅藻、微囊藻（*Microcystis* spp.）、小球藻（*Chlorella* spp.）具有化感抑制作用。浮水植物化感物质抑制藻类的机理主要有改变藻细胞酶活性、对光合作用的影响、

破坏藻细胞结构、对细胞超微结构的影响等。张振业（2013）发现凤眼莲根系水提取物和甲醇浸提物能显著抑制铜绿微囊藻的生长，根系乙酸乙酯萃取物导致藻细胞光合速率与呼吸速率明显降低、超氧化物歧化酶（SOD）和过氧化物酶（POD）活性下降、藻蛋白含量和丙二醛含量均下降，其可能含有的化感抗藻物质为 N-苯基-1-萘胺和 N-苯基-2-萘胺。有趣的是，舒阳（2006）发现活体和干体凤眼莲浸出液对赤潮藻也有很好的抑制作用，并且随着浸出液浓度的升高，其对赤潮藻生长的抑制作用逐渐加强，且高温可使浸出液中化感物质的活性改变。研究得出活体凤眼莲浸出液对东海原甲藻、球形棕囊藻（*Phaeocystis globosa* Scherffel）、锥状斯氏藻（*Scrippsiella trochoidea*）生长的 96h 的半致死浓度（LC_{50}）分别为 0.93g/L、4.9g/L、9.8g/L。干体凤眼莲浸出液对三种赤潮藻生长的 48h 的致死浓度（LC_{100}）分别为 20g/L、30g/L、100g/L。Gutierrez 和 Paggi（2014）也指出凤眼莲和槐叶苹两类浮水植物可化感拒食水蚤 *Ceriodaphnia dubia*，并改变和降低水蚤的生命周期。温度越高，两类浮水植物的化感作用越强。

沉水植物因其完全水生的特点，对淡水生态系统中的环境胁迫反应最为敏感，不仅能吸收水体中大量的营养物质，而且是水体中的氧气泵，能增加水体的透明度，一些沉水植物还能释放化感物质抑制蓝绿藻的生长。鲜启鸣等（2006）比较了两种淡水沉水植物金鱼藻（*Ceratophyllum demersum*）和苦草（*Vallisneria natans*（Lour.）Hara）中挥发性物质对铜绿微囊藻的化感抑制作用，发现在 100mg/L 浓度下，新鲜植物挥发油的抑藻作用非常显著，两种植物抑藻活性相近，但是在干粉材料中金鱼藻挥发油的抑藻活性明显强于苦草，且挥发油浓度与抑藻活性呈正相关。新鲜植物挥发油中含有 40%的邻苯二甲酸酯，而在干粉挥发油中 70%为脂肪族化合物和萜类物质。王红强等（2010）采用了 GC-MS 联用技术鉴定出伊乐藻（*Elodea nuttallii*）中的 9 种生物碱成分，发现添加总生物碱的处理组中铜绿微囊藻生物量均受到了抑制。在总生物碱的浓度为 62.0mg/L 时，3d 后铜绿微囊藻的抑制率为 44.0%。巨颖琳和李小明（2011）在对南四湖广泛分布的 3 种沉水植物菹草（*Potamogeton crispus*）、光叶眼子菜（*Potamogeton lucens*）和金鱼藻的化感抑藻研究时，发现 3 种沉水植物与铜绿微囊藻共培养时均能抑制铜绿微囊藻的生长。生物量为 10g/L 和 5g/L 时，菹草对低起始密度的铜绿微囊藻抑制作用较明显；光叶眼子菜生物量为 7g/L 和 4g/L 时，对铜绿微囊藻的生长有强烈的抑制作用，但金鱼藻仅对低起始密度的铜绿微囊藻抑制作用明显。3 种沉水植物对铜绿微囊藻的抑制作用强弱顺序依次为：光叶眼子菜＞菹草＞金鱼藻。闫志强等（2015）发现 5 种常见的沉水植物黑藻（*Hydrilla verticillata*）、伊乐藻、穗花狐尾藻（*Myriophyllum spicatum*）、苦草（*Vallisneria natans*）和皇冠草（*Echinodorus amazonicus*）与斜生栅藻共培养抑藻效果最明显。除黑藻外，其他 4 种植物的浸提液培养斜生栅藻时均表现出对斜生栅藻明显的抑制效果。5 种植物的种植水则表现出相对较弱的抑藻效果。Chang 等（2015）指出水生植物与藻类之间存在化感互作，如沉水濒危物种海菜花（*Ottelia acuminata*）种植水对铜绿微囊藻有一定促进作用，铜绿微囊藻分泌物对海菜花种子发芽影响不显著，但能明显降低海菜花的幼苗活力、抑制海菜花幼苗生长，如根系和第二真叶生长受阻。因此，蓝藻对这一濒危物种的化感抑制，将影响海菜花的建群，甚至导致其消失，或会阻碍其生态恢复。关于沉水植物的化感抑藻作用，吴振斌等（2016）的著作《大型水生植物对藻类的化感作用》详尽介绍了不同科沉水植物的抑藻效应、化感物质及分离鉴定、抑藻机理、作用模式和影响因素等。

三、海洋生态系统中的化感作用

近年来，海洋微藻间的化感作用越来越引起国内外学者的重视。其实，微藻间的化感作用在解释有害赤潮的爆发、消散以及浮游植物群落结构演替方面起着关键性的作用。潘远健等（2015）发现湛江等鞭金藻（*Isochrysis zhanjiangensis*）、青岛叉鞭金藻（*Dicrateria inornata*）胞外滤液对杜氏盐藻（*Dunaliella salina*）的生长有明显的抑制作用，杜氏盐藻胞外滤液明显地抑制小球藻（*Chlorella vulgaris*）的生长。青岛叉鞭金藻、湛江叉鞭金藻（*Dicrateria zhanjiangensis* Hu. Var. sp）、球等鞭金藻（*Isochrysis galbana*）、小球藻胞外滤液萃取物分别至少由 6 种、8 种、6 种、6 种物质组成。孙颖颖等（2009）利用交叉培养的方法，发现球等鞭金藻胞外滤液浓度大于 40% 时，显著抑制三角褐指藻（*Phaeodactylum tricornutum* Bohlin）、新月菱形藻（*Cylindrotheca closterium*）和牟氏角毛藻（*Chaetoceros muelleri*）的生长。当胞外滤液浓度大于 80% 时，对纤细角毛藻（*Chaetoceros gracilis*）的生长也表现出抑制作用。纤细角毛藻、新月菱形藻、牟氏角毛藻的滤液浓度大于40%时，对球等鞭金藻表现出显著抑制作用；三角褐指藻胞外滤液浓度大于 80% 时，才能抑制球等鞭金藻的生长。杨维东等（2008）发现利玛原甲藻（*Prorocentrum lima*）在共培养条件下对塔玛亚历山大藻（*Alexandrium tamarense*）、海洋卡盾藻（*Chattonella marina*）和东海原甲藻 3 种赤潮藻生长有不同程度的抑制作用。利玛原甲藻无藻细胞滤液对东海原甲藻和海洋卡盾藻有抑制作用，其中对东海原甲藻的抑制作用更明显。其产生的腹泻性贝类毒素（diarrhetic shellfish poisoning, DSP）粗提物对 3 种藻的影响最为明显，甚至可完全抑制海洋卡盾藻的生长。Cai 等（2014）报道海洋微藻东海原甲藻与三角褐指藻（*Phaeodactylum tricornutum*）之间存在化感互作。在共培实验中，两藻均释放化感物质，从而互相影响。这种化感互作与初始藻密度、藻生长阶段等有关，将影响赤潮的爆发和演替。

如何利用海洋环境中的生态因子进行赤潮的防控日益受到人们的重视，其中利用大型海藻与微藻间的相互作用来预防或控制赤潮是一个新的研究方向。安鑫

（2008）调查了 8 种大型海藻：孔石莼（*Ulva lactuca*）、长浒苔（*Enteromorpha clathrata*）、紫菜（*Porphyra tenera*）、蜈蚣藻（*Grateloupia filicina*）、海带（*Laminaria japonica*）、裙带菜（*Undaria pinnatifida*）、羊栖菜（*Sargassum fusiforme*）、马尾藻（*Sargassum pathen*）对中肋骨条藻（*Skeletonema costatum*）的抑制作用，其中 8 种大型海藻干粉末的水浸提液的抑藻 120h 的半效应浓度值（$EC_{50, 120h}$）依次为：紫菜 0.6g/L、海带 0.9g/L、长浒苔 1.0g/L、孔石莼 1.0g/L、羊栖菜 1.1g/L、马尾藻 1.4g/L、蜈蚣藻 1.5g/L、裙带菜 4.7g/L。结合 7d 的微藻生长抑制率结果，具有最强化感抑制作用的是长浒苔和孔石莼两种大型海藻。别聪聪等（2011）也发现了 6 种大型海藻孔石莼、羊栖菜、长浒苔、马尾藻、蜈蚣藻和裙带菜的干粉末海水浸提液对中肋骨条藻有化感抑制作用。长浒苔具有很强的抑藻效果，有应用于赤潮藻控制的潜力，从中分离的乙酸乙酯萃取组分至少包含 14 种物质，其中 9-十八炔和邻苯二甲酸二异丁酯是含量最大的两种物质，具有较强抑藻效果。受试条件下，乙酸乙酯相 EC_{50} 值为 0.08mg/L。田志佳（2009）也评价了浒苔、孔石莼、马尾藻等 7 种大型海藻对短裸甲藻（*Gymnodinium aerucyinosum* Stein）的抑制作用，并且孔石莼对短裸甲藻的抑制作用最强。王仁君等（2008，2011）发现小珊瑚藻（*Corallina pilulifera*）和鼠尾藻（*Sargassum thunbergii*）组织甲醇提取物对赤潮异弯藻（*Heterosigma akashiwo*）的生长抑制活性最强，并且在较高浓度下能使赤潮异弯藻完全死亡，两大型海藻组织中含有抑藻活性的极性物质。卢慧明（2011）得出大型海藻龙须菜（*Gracilaria lemaneiformis*）中的亚油酸对中肋骨条藻细胞亚显微结构有重要影响，此外，还可导致中肋骨条藻细胞膜、叶绿体、线粒体、细胞核等亚显微结构受到不同程度的破坏。夏钰妹（2012）发现大型绿藻肠浒苔（*Enteromorpha intestines*）新鲜组织对赤潮异弯藻和海洋原甲藻（*Prorocentrum micans*）的生长有抑制作用，其抑制活性随着提取物浓度的增加而增强。肠浒苔水提取物对海洋原甲藻有明显的抑制作用，IC_{50} 为 0.017mg/mL，如提取物可导致藻细胞内蛋白质含量下降、超氧化物歧化酶活性、过氧化物酶活性和丙二醛含量降低，藻细胞的光合放氧量呈现下降趋势；细胞整体结构受到破坏，细胞空洞，叶绿体片层肿胀，高尔基体片层模糊。其可能的化感物质 α-亚麻酸通过改变细胞膜透性和自由基反应，从而破坏藻细胞的结构，达到抑藻效果。Ye 等（2014）指出大型海藻龙须菜将抑制赤潮藻锥状斯氏藻的光合作用，而且随着龙须菜的干物质量增大，其赤潮藻抑制作用也增强。

第二节　农业生态系统中的化感作用

农业的发展经历了原始农业、传统农业和现代农业 3 个阶段，到 21 世纪，开始进入可持续发展农业的阶段。可持续发展农业是在继承传统农业遗产和发扬现代农业优点的基础上，以持续发展的观点来解决生存与发展所面临的资源与环境问题，协调人口、生产资源和环境三者之间的关系。在农业生态系统中，杂草和作物之间、轮作以及间作作物之间、植物残株与生长植物之间、植物和土壤微生物之间都可观察到化感现象的存在（邵华和彭少麟，2002）。化感作用可帮助作物抑制虫草害，提高农作物产量，减少农业化学品的投入及其对环境的污染，为应用生物新技术促进农业的可持续发展提供新思路（Belz，2007）。以化感作用为主导的化学生态学或生态生物化学对农作物的生产力、遗传多样性保护以及农业生态系统稳定性的维持具有重要意义，其中化感作用是农业生态系统中生物资源管理的有效手段。

一、秸秆还田与免耕农业

我国农作物秸秆资源丰富，既包括玉米、小麦、稻谷、大豆、薯类等粮食作物秸秆，也包含花生、棉花、蔬菜等经济作物秸秆。秸秆还田是植物营养元素循环利用的有效措施，也是保证我国农业持续稳定发展的重要途径，但秸秆经过雨水淋浸和（或）微生物腐解而释放出的化感物质，常对下茬作物产生不良影响（阎飞等，2001）。有关作物秸秆还田的产量效应和土壤的培肥作用，已进行了较深入的研究，而秸秆还田中化感物质的生态效应并未引起足够重视（马永清，1993）。张承胤等（2007）报道玉米秸秆腐解液对小麦种子萌发、根干重均具有抑制作用，且随腐解液浓度增加，抑制作用增强。高浓度腐解液对小麦幼苗株高、茎叶干重、根系活力的抑制作用较强。不同时期提取的腐解液对 3 种小麦根病（小麦纹枯病、全蚀病、根腐病）病原菌菌丝生长具有不同程度的抑制作用。Mennan 等（2011）评价了土耳其 41 个水稻品系秸秆对稗草的化感抑制作用，发现品系化感作用差异显著，对稗草根长抑制率为 0.7%~38.8%，此外，水稻根系提取物将抑制稗草种子发芽。其中 3 个品种："Kiziltan"、"Koral"、"Marateli"具有最强的抑草潜力。Singh等（2003）综述残体化感在农业上主要有 3 种抑草模式：留茬、秸秆覆盖、绿肥作物等，如黑麦、豌豆、水稻、高粱等作物残茬经常还田被用来抑制杂草。郑菲菲（2015）以收割后干燥粉碎的水稻秸秆为供体，以灰绿藜（*Chenopodium glaucum*）和油菜（*Brassica campestris*）为受体，发现 10g/盆稻秸干粉对灰绿藜和油菜的抑制作用较强，对灰绿藜和油菜种子萌发的抑制率分别为 85%和 17%。且稻秸干粉覆盖比混土施用对已萌发的灰绿藜幼苗抑制作用强，因此稻秸干粉可应用于油菜田灰绿藜防除，如使用稻秸干粉抑制杂草则每亩[①]地需 450kg。Velicka 等（2012）报道春油菜和冬油菜秸秆低浓度（1：6250）提取物对冬小麦种子发芽和幼苗生长有一定的促进作用，随着浓度升高（1：1250、1：250、1：50、1：10）逐渐转化

---

① 1 亩=666.667m²。

为抑制作用，其中对冬小麦种子发芽抑制率为 6.5%~19.8%。秦俊豪等（2012）指出芝麻（*Sesamum indicum*）、花生（*Arachis hypogaea*）和田菁秸秆全株还田能改善土壤养分状况，对后茬作物幼苗生长具有较好的化感促进作用。如芝麻秸秆对土壤速效磷、速效钾含量提高最大，而花生和田菁秸秆对土壤有机质、全氮的贡献很大，且三者对萝卜、多花黑麦草和黄瓜（*Cucumis sativus*）幼苗生长有促进作用。在农业生产中，通过适时、适量、有选择地进行秸秆还田以及运用其他的管理措施，充分利用作物秸秆还田后释放的活性化感物质，降低对后茬作物的不利影响，并且有效地控制和减少杂草的发生，同时还能够提高土壤有机质的含量、养分的有效性（郑丹和迟凤琴，2012）。因此，应大力研究和开发作物秸秆的化感作用，为其合理利用开辟新的途径。

针对目前农业生产环境污染和土壤质量退化等问题，通过保护性耕作的推出和推广，如少耕、免耕和休耕等，很大程度地改善了农田土壤结构和营养，增强了土壤生物多样性，提高了土壤质量。免耕（no-tillage）是一种不翻动表土并全年在土壤表面留下足以保护土壤的作物残茬的耕作方式。其类型包括不耕、条耕、根茬覆盖及其他不翻动表土的耕作措施，这其中就涉及作物残体的化感抑草。郑永利和滕敏忠（2001）采用温室萌发法调查了稻茬免耕麦田杂草土壤种子库，发现其土壤种子库的主要杂草种类有碎米荠（*Cardamine hirsuta*）、牛繁缕（*Myosoton aquaticum*）、看麦娘（*Alopecurus aequalis* Sobol.）、蓼（*Polygonum* spp.）等，这些杂草占总比例达 50%以上，杂草种子 70%以上分布在土表下 0~10cm。刘爱群等（2013）指出免耕系统主要靠抗逆品种、配合使用农药、覆盖作物秸秆进行杂草治理。但樊翠芹等（2014）指出连续免耕 3 年后，免耕覆盖和免耕田玉米产量均下降，前者的降低幅度小于后者。同时免耕覆盖麦秸能减少玉米田杂草发生数量，但随免耕年限的延长抑制效果下降，免耕玉米田杂草发生越严重。白户昭一和米仓贤一（2014）在日本推广免耕水稻田中引入豆科植物苕子（*Vicia* spp.）进行除草增肥，其机理是苕子可产生化感抑草物质氨基氰，从而实现不施化肥、生物除草、生产性高的有机水稻栽培。刘方明等（2004）发现苜蓿根和根际土浸提液能够显著抑制萝藦（*Metaplexis japonica*（Thunb.）Makino）和山莴苣（*Lagedium sibiricum*（L.）Sojak）的萌发，且苜蓿根际土的乙醇浸提液能够显著抑制萝藦、无芒稗（*Echinochloa crusgalli* var. mitis）和山莴苣幼苗的生长，因此在免耕玉米田中引入苜蓿可显著降低杂草的发生率。庞成庆等（2013）发现水稻收获时休耕处理土壤全氮、全磷含量和速效磷含量显著高于连续种植水稻的处理。休耕处理土壤中速效钾含量一直维持在较高水平，而连续种植水稻的处理速效钾含量则逐年下降。Tesio 和 Ferrero（2010）指出免耕或休耕等保护性耕作措施，可以充分利用作物残茬或根系分泌物的化感抑草潜势，为农业持续发展提供技术保障。

二、自毒、土壤病与连作障碍

在同一块土壤中连续栽培同种或同科的作物时，会出现生长势变弱、产量降低、品质下降、病虫害严重的现象，即为连作障碍（continuous cropping obstacles，张晓玲等，2007）。目前我国存在连作障碍的植物种类较多，面积较广，如一些粮食作物、经济作物、园艺作物、人工林等，自毒是导致植物连作障碍的主要因素之一。胡帅珂等（2012）发现水稻秸秆浸提液对水稻种子萌发和水稻幼苗生理活性存在显著影响，影响程度与浸提液浓度有关，随着浸提液浓度的增大，抑制潜力增强。Bouhaouel 等（2015）采用"seed-after-seed"实验方法测定了大麦（*Hordeum vulgare* L. ssp. *vulgare*）对自身及两种杂草双雄雀麦（*Bromus diandrus* Roth.）和硬直黑麦草幼苗生长的化感作用，发现受体生物均受到抑制作用，抑制效应与供体化感物质剂量有相关性，且大麦自毒物质的化感抑草潜力强于自毒效应。成瑞娜等（2010）采用生测方法验证了棉花的自毒作用，如新鲜棉花植株组织提取液对棉花种子萌发和幼苗生长有显著抑制作用。中国北方各省为大豆主产区，均存在不同程度的连作，导致大豆生长发育受阻、产量降低、品质下降甚至绝产。一般连作大豆减产可达 30%~50%，甚至高达 70%，减产程度与连作年限呈正相关。苗淑杰等（2007）指出大豆连作障碍的主要原因是生物障碍，如大豆根腐病、大豆胞囊线虫、根潜蝇和菌核病，这些病害可能与大豆的根系分泌物有关。张文明等（2015）发现连作将改变马铃薯根系分泌物的化学组成和含量，导致根系分泌物成分较复杂，其中酸类物质含量有升高的趋势，棕榈酸和邻苯二甲酸二丁酯为马铃薯根系分泌的自毒物质，容易导致连作障碍。刘娟等（2015）指出花生连作障碍与其根系分泌物的自毒作用有关，如花生根系分泌物邻苯二甲酸、对羟基苯甲酸、苯甲酸和油酸的积累能够抑制根系生长，破坏根际微生态，使病原物增加、病虫害加重，从而影响花生正常生长发育。

刘奇志等（2013）认为草莓的化感自毒作用是草莓连作后自身植株的代谢活动对植株和土壤中微生物产生的不利作用，是草莓连作障碍的重要原因。其中草莓的自毒物质主要有乳酸、苯甲酸、琥珀酸、己二酸、对羟基苯甲酸、丁香酸、香草酸、阿魏酸等酚酸类。刘易等（2009）认为新疆地区加工番茄的连作障碍发生的主要机制是化感自毒作用。如番茄的酸性根系分泌物使加工番茄叶片 SOD 酶活性降低、MDA 生成量增多、POD 酶活性升高。西瓜也是一种易发生连作障碍的作物，西瓜自毒作用是引起西瓜连作障碍的重要因素之一。邹丽芸（2005）发现未添加活性炭的西瓜植株生长量明显偏低，植株叶片相对电导率增加，膜透性增强，从而使膜结构受损，根系中总酚含量显著高于添加活性炭的植株。刘鹏等（2012）综述了林木自毒作用，如杉木（*Cunninghamia lanceolata*（Lamb.）Hook）、油松（*Pinus tabuliformis* Carrière）、茶树（*Camellia sinensis*（L.）O. Ktze.）、红松

（*Pinus koraiensis* Sieb. et Zucc.）、刺五加（*Eleutherococcus senticosus*）、马尾松（*Pinus massoniana* Lamb.）等乔木根系能分泌物质抑制自身生长，这些自毒物质大约分为 10 大类，有简单水溶性有机酸、简单酚酸、类黄酮等，它们将导致连栽地力衰退。马祥庆等（2000）指出不同栽植代数杉木人工林根际土、非根际土及杉木各器官浸提液均能抑制杉木种子发芽，证实了杉木人工林自毒作用。随栽植代数增加抑制作用更趋明显，杉木各器官浸提液对杉木种子萌发也有抑制作用，其中以杉木叶的抑制作用最为明显。孙跃春等（2011）综述了药用植物人参（*Panax ginseng* C. A. Mey.）、西洋参（*Panax quinquefolius*）、当归（*Angelica sinensis*）和丹参（*Salvia miltiorrhiza* Bge）等自毒现象和调控措施，指出药用植物的自毒作用是连作障碍的原因之一，自毒物质主要有棕榈酸甲酯、硬脂酸、邻苯二甲酸酯。药用植物自毒作用不但抑制药材生长，还加重了一些病害的发生。此外，外来入侵植物也存在自毒效应。Zhu 等（2014）评价了入侵植物紫茎泽兰（*Ageratina adenophora*）的 4 种化感物质〔(dis-2-ethylhexyl)phthalate(DEHP)、dibutyl phthalate（DBP）、amorpha-4,7(11)-dien-8-one（DTD）、6-hydroxy-5-isopropyl-3,8-dimethyl-4a, 5,6,7,8,8a- hexahydraphthalen-2(1H)- one（HHO）〕的自毒效应，发现DBP、DTD 和 HHO 抑制了自身种子的萌发和幼苗生长，但 DEHP 未显示自毒效应，其自毒机理为影响保护性酶 SOD 的活性，甚至导致叶片细胞膜的破坏和脂质过氧化。

　　根分泌物中的化感物质不仅导致作物连作障碍，而且自毒作用能够刺激土传病虫害发生，使连作障碍加重。一方面，微生物可以利用有些自毒物质作碳源，促进病原微生物的繁殖，减弱或消除某些有益菌的拮抗作用，使有害菌增殖，从而造成病害的严重发生；另一方面，随着土壤中某些有毒物质的逐渐积累，当达到一定量时，形成了特殊的土壤环境，为病原菌和致病线虫等根系病虫害提供了赖以生存的寄主和繁殖场所，使土壤中病原微生物的数目不断增加，导致病害蔓延（李彦斌等，2007）。Utkhede（2006）指出土壤病就是在耕种过的土壤中重新播种或栽培与前茬相同的物种，导致产量下降，品质恶化等负面效应，也称为连作障碍、连作病害。一般连作问题有植物毒素、土壤营养失衡、土壤酸化、土壤结构改变、水土流失等，而连作病害为土传真菌、放线菌、细菌、线虫等。因此针对性的修复措施有人工控制、化学处理、生物措施、抗逆品系引进等。Politycka（2005）指出作物化感与土壤病密切相关，连作作物的化感作用会导致一系列问题，如水肥失衡、土壤质量退化、病虫草害严重、化感物质增多等，这些会引起农业土壤理化性质和生物性质严重改变。邱立友等（2010）概括连作障碍机理为土传病虫害加剧、土壤理化性状劣化、植物的自毒作用等。Zhao 等（2014）指出中国亚热带地区花生长期连作容易导致土壤病，引发连作障碍，花生质量降低、产量减少。其机制是根系分泌大量酚酸类化感物质，将选择性影响土壤根际微生物，导致致病微生物累积，加剧了自毒的负面效应。吴小燕等（2013）指出香蕉枯萎病的发生与其土壤根际病原菌的种群密度显著相关，随着香蕉多年连作，土壤病害严重，枯萎病导致减产绝产，蕉园被荒废。

王怡和王志强（2011）在田间发现一些蔬菜地长期连作，重茬严重，特别容易滋生根结线虫，导致土壤病和连作障碍。受根结线虫伤害的植株，地上部生长缓慢，影响生长发育，植株矮小，黄化萎蔫。Sampietro 等（2015）指出农业土壤病主要由土壤营养不平衡、自毒物质释放和累积、土壤微生物群落结构改变和有害生物的侵扰等引起，其综述了粮食作物（水稻、小麦、玉米、大豆、绿豆）、经济作物（甘蔗、烟草、花生）、蔬菜（黄瓜、茄子、西瓜、芦笋、甜瓜、番茄、姜）、药用植物（人参、*Rehmania*、*Angelica*）、果树（苹果、柑橘、桃、茶树、咖啡树）、乔木林（云杉、木麻黄）的连作土壤病。Huang 等（2013）从植物-土壤的负面反馈角度探讨了土壤病的发生原因：植物自毒物质与土壤理化性质恶化、病虫害积累互相作用，导致根际病害危害严重。Hash 和 Dhumal（2009）发现甘蔗收获后的残茬易产生自毒物质，如酚类、萜烯类、类黄酮、苦精油等，导致土壤病，引发后茬甘蔗幼苗成活率、株高、茎节数、单丛株数、生物量等降低。Cao和 Wang（2007）也发现草莓自毒作用、土壤病和连作障碍存在相互关系。Sampietro等（2006）综合认为苜蓿发生土壤病的原因是多方面的，主要是自毒物质引发生物因素（如土壤害虫、线虫、病害、固氮菌、根瘤菌等）和环境因子（如土壤理化因子）改变和相互作用所导致。Caboun（2005）指出乔木树种分泌物的自毒作用将导致土壤疲劳和立地群落结构变化。土壤疲劳（soil fatigue）是土壤微生物群落单方面发展、毒素在土壤累积、土壤致病微生物过度繁殖、害虫和杂草增多、土壤 pH 改变、土壤结构破坏等引起的一种循环现象。某一树种长期连栽，土壤中毒，单个树种弱化，如杉树顶梢枯死、榆树（*Ulmus pumila*）、云杉（*Picea asperata* Mast.）和栎树（*Quercus* spp.）病害加重，物种组成改变。

三、保护性耕作制度与化感抗性育种

利用生物多样性作用机理进行不同作物轮作、间作和套种等保护性农业耕作制度，是目前养分利用、生物抗病、化感管理的研究热点。作物轮作可以化感抑草，且可以调整两作物管理和资源需求时间，轮作时应考虑季节、生活型、除草剂、作物科属等（Nichols et al., 2015）。

Narwal（2000）指出印度西北地区农业采用三种轮作模式，以一年三茬、进行三年为例，将显著抑制水稻或小麦农田的阔叶杂草和禾本科杂草，如珍珠稷（*Panicum miliaceum*）-水稻-小麦-珍珠稷-水稻-小麦-珍珠稷-水稻-小麦、珍珠稷-水稻-燕麦-珍珠稷-水稻-埃及车轴草（*Trifolium alexandrinum*）-休耕 30 天-水稻-小麦、珍珠稷-水稻-埃及车轴草-休耕 30 天-水稻-燕麦-珍珠稷-水稻-小麦。

赵娜（2014）报道连作香蕉园经辣椒、茄子、番茄轮作后改善了土壤的酸碱度，提高了土壤 pH，提升了土壤中的有机质含量，并且增加了土壤中碱解氮、速效磷、速效钾的含量。轮作后促进了再植香蕉叶面积和株高的增加，且降低了枯萎病的发病率。皇甫晶晶（2012）报道连作导致太子参（*Pseudostellaria heterophylla*）产量及药用品质显著下降，重茬导致产量、多糖及皂苷含量仅为正茬的 57.46%、81.5%、73.7%。而稻参轮作模式下太子参产量、多糖含量、总皂苷含量分别达正茬的 92.29%、116%、86.8%；太子参根际土壤中酸类、醇类及醛酮类物质含量下降；参与土壤营养循环、降解化感物质、改善土壤质地等功能的益生菌种类和数量呈上升趋势，土壤病原菌种类及数量略有下降；土壤蔗糖酶、脲酶及多酚氧化酶活性上升，土壤生态功能有所改善。并不是所有物种都适宜轮作，如熊勇等（2012）发现灯盏花（*Erigeron breviscapus*（Vant.）Hand.-Mazz.）根际土壤含有化感物质，对玉米具有明显的化感作用，对玉米种子发芽及幼苗生长表现抑制作用，指出玉米不宜与灯盏花轮作栽培。Wang 等（2015a）发现香蕉园长期连作容易因感染尖孢镰刀菌而枯萎，如果香蕉与凤梨轮作，将增加土壤中的真菌数量，显著降低尖孢镰刀菌种群数量，而减少香蕉枯萎病的发生。Jia 等（2011）指出烟草长期连作容易累积自毒物质邻苯二甲酸酯，如果与水稻轮作，则自毒物质数量及效应显著降低。Hruszka 和 Bogucka（2003）指出蚕豆长期连作将导致根结线虫发生，如果进行轮作处理，则线虫数量及危害显著降低，甚至无侵染。Narwal（2000）指出水稻、小麦轮作虽然理论上可行，但杂草发生严重。如果在轮作前采用高粱、谷子、玉米秸秆覆盖，则可显著降低杂草的危害。

树木枯落叶对作物的化感作用是建设林（果）粮间作复合体系所要考虑的重要问题之一。田楠等（2013）发现泡桐属（*Paulownia* Sieb. et Zucc.）、杨属（*Populus* spp.）处理促进了小麦种子萌发和幼苗生长；苹果处理提高了小麦发芽速度指数、幼苗苗高、生物量和叶绿素含量，因此泡桐、苹果和杨树适宜与小麦间作。柴强（2007）指出小麦间作蚕豆群体中两种作物对化感物质适应的补偿作用形成了间作稳产的重要基础。在低浓度间甲酚处理下，间作作物的经济产量和收获指数的化感正效应大于单作；高浓度时，两作物间作可以消除或弱化化感物质的毒害效应。沈雪峰等（2015）指出与花生单作相比，甘蔗、花生间作土壤杂草种子库种类和密度分别降低了 44.4% 和 34.0%；与甘蔗单作田土壤相比，甘蔗、花生间作土壤杂草种子库种类和密度分别降低了 37.5% 和 22.7%。间作系统影响土壤杂草种子库种类和密度的机制，可能是间作作物与杂草竞争资源及其产生的化感作用抑制了杂草生长。唐世凯等（2009）指出在烤烟（flue cured tobacco）成熟中后期，烤烟间作草木犀后能不同程度地增加植烟土壤的速效钾含量，对平衡和协调土壤养分有积极的作用。马洪英等（2014）指出番茄 / 罗勒（*Ocimum basilicum*）、番茄 / 薄荷（*Mentha haplocalyx* Briq.）、番茄 / 紫苏（*Perilla frutescens*（L.）Britt.）

间作后，番茄的株高、茎粗、单果重、单株结果数、小区产量等农艺性状都有所提高，尤以薄荷间作番茄促进作用最强。贾微等（2013）综述了农林间作复合生态系统对生态环境修复以及农林业的可持续发展具有重要意义，指出农林间作复合生态系统应作为一个整体研究，该系统有利于小气候、土壤养分状况及生物学活性、系统水分效应、系统产量与经济效益等，未来应加强区域农林间作系统物种配置、化感作用机理以及模型等方面的定量研究。Zhang 等（2015b）报道陕西关中平原树木和作物进行间作有利于作物生长，如乔木白花泡桐（*Paulownia fortunei*）、元宝槭（*Acer truncatum*）、花椒（*Zanthoxylum bungeanum*）、胡桃（*Juglans regia*）、柿（*Diospyros kaki*）、桃（*Prunus persica*）、杏（*Prunus armeniaca*）、枣（*Ziziphus jujuba*）和油菜间作，前者的枯落物均促进了油菜种子的萌发和幼苗生长。同时，树木也可和大豆进行间作，但应注意树种的选择和化感作用，如杜仲（*Eucommia ulmoides*）、白花泡桐、元宝槭、加拿大白杨（*Populus canadensis*）枯落物低促高抑大豆生长，而花椒枯落物均促进大豆的生长（Zhang et al., 2015a）。Gronle 等（2015）指出豌豆和燕麦可以间作，但对杂草的抑制作用需要合理控制翻耕深度。Iqbal 等（2007）研究发现棉花可与高粱、大豆和芝麻间作，其中大豆的促进作用最高，抑制杂草莎草潜力最强。Fujiyoshi 等（2007）报道菠菜和玉米可以间作，如菠菜的遮阴作用和化感作用可以清除玉米地中的杂草，尤其可抑制优势杂草反枝苋（*Amaranthus retroflexus*）和田旋花（*Convolvulus arvensis*）。

　　李发林等（2000）在果园分别全园套种宽叶雀稗（*Paspalum wettsteinii* Hackel）、百喜草（*Paspalum notatum*）、平托花生（*Arachis pintoi* cv. Reyan）、圆叶决明（*Cassia rotundifolia* cv. Wynn）4 种牧草，其土壤浸提液均对受体萝卜种子萌发有抑制作用，而对受体萝卜根的生长有不同程度的促进作用；全园套种百喜草处理对受体萝卜根干重起抑制作用；全园套种百喜草、平托花生、圆叶决明处理对受体萝卜的幼苗生长和干重均起显著的促进作用。用不同牧草区土壤浸提液进行砂培法培养的萝卜幼苗根系活力受到极显著抑制。郑浩等（2005）指出山地果园合理套种牧草改变了土壤水分、热量、通气状况以及土壤微生物的种类、数量、土壤酶活性等因子，提高土壤肥力，改善土壤结构和通气状况，加快土壤物质循环，提高土壤养分利用率以及防治水土流失等。利用植物化感作用的正效应可以防治杂草，开发天然农药，减少污染，保护环境等。高承芳等（2007）综述果园套种牧草的化感作用，有助于改善果园小气候条件，促进生态平衡，从而创造有利的果树生长环境；有助于增进对自然生物群落和生态系统结构本质的认识；有助于优化调整作物轮作制度、栽培方式及种植结构，使之更趋合理，有利于控制病虫害和调节植物生长。牟子平和雷红梅（1999）指出作物的间套种是复种的一种形式，作物间存在相生相克作用，如洋葱与食用甜菜、马铃薯与菜豆、小麦与豌豆种在一起，具有相生作用，可提高产量。相反，苜蓿和芝麻、小麦和玉米间作则相克。因此，研究作物间套种中的化感作用，有利于建立合理的耕作制度，为农业生产提供科学指导。Wezel 等（2014）指出估计到 2020 年全球人口将达到 91 亿左右，食物增加刻不容缓，一些保护性、持续性的农业生态措施应运而生。如在温带地区，大概有如下农耕措施：有机肥料、绿色农药、作物筛选与轮作、间作、套种、农林混合系统、农业与水果、化感物种、覆盖直播、半自然景观农业、分离施肥、少耕、滴灌、生物控制害虫等。

　　针对我国大量的作物种质资源，开展作物对野外主要田间杂草的化感作用研究，建立作物化感种质资源信息库，可为利用基因工程技术进行化感育种，培育高产、优质以及高抗性的水稻品种提供重要资源。王大力等（2000）通过室内生物检测和野外大田试验，评价了中国农业科学院作物品种资源研究所粳恢 2 号、农大 2 号、云粳 36 等 41 个水稻品种的化感抗稗草潜势，发现仅有 1%~3%的品种具有显著化感抑草潜势。汤陵华和孙加祥（2002）从江苏省农业科学院粮食作物研究所保存的近万份稻种资源中，随机抽取 700 份，通过培养皿发芽试验测定它们的化感作用，初步筛选出 35 份对青菜生长有抑制作用的品种。朱红莲等（2003）通过土培、砂培、特征性次生物质标记、田间试验方法对 225 份中国水稻种质资源进行了评价，发现 4 种评价方法的检测结果有一定的相关性和一致性。特征性次生物质标记法，即化感物质色谱峰总面积占总色谱峰面积的比例，可适性最强，如不损害水稻生长发育的条件、可大批量评价水稻品种及单株的化感作用、定性和定量评价均可、确定的化感指数的大小基本上与田间抑草效应一致等，是一种精确有效的水稻种质资源化感作用评价方法。何华勤等（2004）运用随机扩增多态性 DNA 标记（random amplified polymorphic，RAPD） 和简单重复序列间隔区分子标记（inter-simple sequence repeats，ISSR） 技术分析了引自美国、日本、韩国、菲律宾国际水稻所和中国台湾等 10 多个不同国家或地区的 57 份水稻化感种质资源的遗传多态。从供试材料中筛选到具有多态性的 RAPD 引物 12 条、ISSR 引物 7 条，发现地理位置相近的品种聚为一类。部分具有较强化感作用潜力的水稻品种亲缘关系很近，控制其化感作用性状的基因可能是等位的相同基因。郭怡卿等（2004）采用盆栽法与室内生物测定方法，发现亚洲栽培稻（*Oryza sativa*）近源种尼瓦拉野生稻（*O. nivara*）、普通野生稻（*O. rufipogon*）、非洲栽培稻（*O. glaberrima*）、短舌野生稻（*O. barthii*）和长雄野生稻（*O. longistaminata*）5 个品系 120 份单株材料在拔节期和返青期对稗草有显著的抑制作用；长雄野生稻（S37）对稗草发芽、株高具有抑制作用；短舌野生稻（S46）及普通野生稻（S72）对稗草的影响为距离稻株越近，对稗草的株高与干重抑制越大；野生稻的分蘖力与抑草作用有一定的相关性。李迪（2004）从中国水稻研究所的稻种资源中随机抽取了 474 份水稻材料，用砂培法、田间小区试验、叶片水浸提液试验等方法，获得了 3 份化感抑草潜力较为突出的水稻品种：我国台湾品种 I-Kung-Pao、No-Iku1716、云南品种 D-gu。同时发现水稻对无芒稗的竞争力与其株高、分蘖角度成正比，且在相同遗传背景下具有竞争优势的水稻生物型也具有强化感作用潜势。Olofsdotter 等（1995）在综述中提出由于可持续农业的需要，世界各国科学家正在鉴定水稻化感种质资源，目前已初步完成数百份材料的评定工作，其中 60% 的材料具有化感抑制一种及多种杂草的潜势，且与其分泌的化感物质有关，如黄酮、二萜内酯 B（momilactone B）、环己烯酮等，为多基因参与控制的性状。Lee 等（2004）采用延迟播种法测定了水稻品系对稗草的化感作用，发现水稻种质资源可导致稗草根系生长 5%~80% 的抑制率，各个种质资源的抑制顺序为 Landrace（（50±1）%）> Improved（（49±0.7）%）> Japonica（（48±0.6）%）> Weedy（（44±1.7）%）> Indica（（39±1.9）%），晚熟品种抑草潜势大于早熟品种。其中的化感抑草物质主要是酚酸类，抑草潜势越强酚类含量越高，如在 25d 幼苗中，三类不同化感作用的水稻品系 Sathi、Taichung Native 1、Tang Gan 酚类含量分别为 2.913mg/g、2.336mg/g、0.515mg/g。还有，化感强的品系（Taichung Native 1、Sathi、Tang Gan、AC1423）其秸秆酚类含量也高于弱的品系（Aus 196）。Junaedi 和 Sang（2008）采用完全双列杂交方法对水稻父本及 30 个杂交一代材料在田间评价了 6 个水稻种质资源化感抑草潜势的复合效应及其遗传学特点，未发现多种质化感复合效应，但强化感作用为显性基因控制，弱化感作用为隐性基因控制。广义遗传力发现对稗草的干重抑制化感遗传力为 41%，对稗草株高抑制化感遗传力为 51%。阮仁超等（2005）综述了化感水稻种质资源鉴定评价方法：植物根箱法、滤纸培养皿法、差时播种共培法、浸提液或提取物处理法、盆栽法、次生物质液相色谱法、田间测定法等。

陈祥旭（2005）以 289 份来自不同国家和地区的大麦品种为材料，运用琼脂迟播共培法进行化感作用评价，并通过田间试验考察验证其抗草性能和农艺性状，发现只有 3 个品种 M24、星胜、永 2176 不仅在室内具有化感抗草潜势，野外也存在显著抗草证据。部分具有较强化感作用潜力的大麦品种亲缘关系很近，控制其化感作用性状的基因可能是等位基因。耿广东等（2005）以生菜为受体材料通过滤纸培养皿法研究了 10 份番茄品种化感作用的差异，发现番茄不同品种间化感作用的差异较为明显，并通过综合隶属函数值评价了品种间的化感作用大小，如品种 00-10-1B 的化感作用最大，品种 98-3C-32 的化感作用最小。Harrison 等（2008b）报道 125 份西瓜（*Citrullus lanatus* v. lanatus（Thunb.）Matsum. & Nakai）种质资源中有 53 份材料种子分泌物对受体植物珍珠稷种子萌发和幼苗生长具有抑制效应。

Asaduzzaman 等（2014）评价了 70 份油菜种质资源对一年生硬直黑麦草（*Lolium rigidum*）的化感抑制潜力。随着油菜种植密度的增加，硬直黑麦草生长受抑制程度增强，不同的基因型抑制潜力不同。对硬直黑麦草地上部抑制最强的基因型是 Rivette、BLN3343、CO0402；对硬直黑麦草根系抑制最强的基因型是 Av-opal 和 Pak85388-502；最弱化感作用基因型是 Barossa 和 Cescaljarni-repka。Peterson 等（1999）评价了 11 份红薯种质资源根表皮部苷树脂含量、对油莎草（*Cyperus esculentus*）和糜子生长的影响，发现化感作用最强的品系是 Excel、Regal、Sumor。Harrison 等（2005）测定了美国南卡罗来纳州地区红薯种质资源的主要活性物质绿原酸及其抗病虫害的潜力，发现在表皮和皮质中含量丰富，含量分别为 33~214mg/g 和 1416~4213mg/g。生测发现，绿原酸对珍珠稷、病原真菌（*Fusarium oxysporum* f.sp. batatas、*F. solani*、*Lasiodiplodia theobromae*、*Rhizopus stolonifer*）和小菜蛾幼虫（*Plutella xylostella*）具有抑制潜力。Harrison 等（2006）从 14 份红薯克隆材料（Beauregard、Carolina Bunch、Excel、Jewel、Regal、Sumor、W-274、W-311、SC 1149-19、TIS 80/637、TIS 9101、TIS 70357、USPI 153655、USPI 399163）的根组织中鉴定分离出酚酸类化感物质，在表皮组织中含量为 0.22~8.25mg/g 干重，在皮质中为 2.16~9.26mg/g 干重，其中咖啡酸、绿原酸、异绿原酸占总酚酸的 92%~96%。此外，还含有莨菪亭和东莨菪苷等。2mg/mL 的咖啡酸导致 85%以上的根腐病菌菊欧文氏杆菌（*Erwinia chrysanthemi*）抑制，然而 5mg/mL 绿原酸可抑制 50%的根病菌生长，莨菪亭未检测出对真菌的抑制效应。Harrison 等（2008a）评价了 16 份红薯基因型次生活性物质绿原酸、异绿原酸（DCQA）的含量分布。发现绿原酸的含量在表皮组织 16~212μg/g、皮质为 826~7274μg/g、中柱组织为 171~4326μg/g；总异绿原酸的含量在表皮组织为 0~1775μg/g、皮质为 883~8764μg/g、中柱组织为 187~4768μg/g，3,5-DCQA 占总异绿原酸的 80%以上。在提琴叶牵牛花（*Ipomoea pandurata*）中也检测出绿原酸和异绿原酸的存在，通过生测实验，发现这两类物质对稷（*Panicum miliaceum*）、腐皮镰刀菌（*Fusarium solani*）和细菌具有化感抑制潜势，表明了这些次生代谢活性物质可以帮助红薯抵御根系病虫害。

李寿田等（2002）指出利用传统育种或现代生物技术手段，对作物品种进行化感育种，可以增强对杂草的抑制作用，减少自毒作用，最大限度地减少农田生态系统中化学农药使用，避免杂草的抗药性，减少连作障碍危害等。陈雄辉等（2007）利用化感指数辅助育种与田间播稗草检筛相结合的方法，对课题组历年选育积累的 230 个常规稻品系、100 个杂交稻组合和利用美国化感稻品种 PI312777 作化感基因供体杂交转育的 117 个水稻高代新品系进行了抗草化感特性的筛选，化感育种出化感稻 1 号、化感稻 3 号和培杂软香 3 个具有明显化感特性的水稻品种，并于 2007 年 6 月 3 日通过了广东省农业厅组织的专家现场鉴定，三个水稻品种对稗草具有明显的化感抑制特性，平均抑草率分别达 44.9%、42.2%、44.8%。刘探等（2014b）以 4 个化感稻品系与 7 个不育系所配的 28 个化感杂交稻组合为材料，以美国强化感稻 PI312777 为对照，研究了化感杂交稻田间抑制稗草的能力及其杂种优势表现。发现化感杂交稻田间抑制稗草的机制是化感作用与竞争复合作用，但化感抑草占主导。50%的材料在早、晚季均表现出优于相应父本以及美国强化感稻 PI312777 的抑草效果，其中化感稻 0210 的抑草能力表现出很强的超父本和竞争优势，且田间表现稳定。同年，采用田间小区试验评价了 22 个化感稻新品系抑制稗草的能力，发现化感稻的抑草作用主要表现在抑制稗草萌发，竞争资源力强（刘探等，2014a）。胡飞等（2004）发现水稻化感材料 PI312777 和化感 1 号在田间能显著地抑制杂草，而且其抑草作用与栽培方式相关，抛秧和移栽方式对杂草的抑制作用明显优于直播，其机制是这两类化感材料能产生和释放更多的化感物质，如多酚、黄酮、羟基肟酸等，且在 6 叶期植株中的化感物质含量达最大值，稗草对化感材料的化感物质具有诱导效应。

　　此外，化感引种目前也是化感种质资源育种的新热点和新方向。安雨等（2011）以 4 个引进柳枝稷高地品种为研究材料，采用室内培养皿的生测方法，发现 Nebraska 28 对生菜化感最强，而 Pathfinder 化感作用最弱。浸提液经过稀释后其甲醇浸提液化感作用强于蒸馏水浸提液；高质量浓度浸提液对生菜胚根生长影响较大，而低质量浓度对胚芽的化感作用较大。田丽丽和马淼（2013）采用海绵烧杯贴壁法，对引种新疆的加拿大一枝黄花化感活性进行研究，发现 50~100g/L 茎水浸提液、25~100g/L 叶和花序部位水浸提液对番茄种子萌发、幼苗生长均有显著抑制作用，且叶和花序的化感作用强于茎。Joshi 等（2007）总结提出在免耕或少耕农业中开展化感育种，如可在留茬中直播，发芽快，出苗早，对新病虫草害具有抗性，无自毒效应或连作障碍。

四、化感除草与农药减施增效

　　Briggs（2015）指出在有机农业中覆盖作物不仅能累积土壤碳、改善土壤结构，而且能有效抑制杂草、病虫害，减少对农药和肥料的用量与依赖，主要机制是覆盖作物具有化感作用。化感作用为生物间化学干扰的自然现象，可以在大田用作管理杂草、害虫和病原菌的手段，如化感轮作、绿肥覆盖、化感提取物等。现在复合化感物质显示出更强的化感作用，有降低农药使用比例的潜力，减少农药依赖和抗药性杂草的进化（Farooq et al.，2011）。Jabran 等（2015）指出世界范围内 34%的主要粮食作物产量损失是由杂草导致的，杂草能影响并抑制作物生长和发育，其危害高于害虫类。化感理论的运用可以避免环境污染风险和杂草抗药性的遗传变异。如主要作物大麦、高粱、水稻、向日葵、油菜、小麦均为重要的化感作物，这些物种释放化感物质不仅抑制杂草，而且能提高根部微生物活性。在大田中化感作用的应用模式一般有：种植化感品系、化感作物秸秆覆盖或留茬、化感作物与其他作物复合种植、化感作物与其他作物轮作、化感分子育种等。

Prabhakar 等（2012）发现鹰嘴豆（*Cicer arietinum*）、水稻、大豆和向日葵残茬具有化感作用，尤其谷子和水稻残体能显著降低小子藨草（*Phalaris minor*）种子萌发率、30d 的幼苗株高、幼苗鲜重、叶面积等。Kato-Noguchi（2011）指出水稻与稗草之间存在化学通信联系，如当有稗草或稗草根系分泌物时，则水稻可能会识别到，从而诱导增强水稻的化感作用，同时主要化感物质 momilactone B 分泌水平增高，竞争优势增强。Pheng 等（2010）通过盆栽和大田试验，发现柬埔寨水稻（line ST-3）秸秆还田能抑制大田杂草稗草、异型莎草（*Cyperus difformis*）和毛草龙（*Ludwigia octovalvis*）的生长和发育，抑制程度与秸秆还田时间、秸秆量等有关。李贵等（2014）发现水稻秸秆可以控制小麦田杂草，如水稻秸秆浸提液对小麦苗高、苗鲜重、根鲜重的影响表现为低促高抑。但水稻秸秆浸提液显著抑制了日本看麦娘（*Aloecurus japonicus* Steud.）、大巢菜（*Vicia sativa*）的生长，导致杂草叶片的加速衰老。

李朝阳等（2013）发现槲蕨（*Drynaria fortunei*（Kunze）J. Sm）水提液对三种杂草：黑麦草（*Lolium perenne*）、紫苜蓿（*Medicago sativa* Linn.）和紫云英（*Astragalus sinicus*）的发芽率及幼苗生长均有显著的抑制效应。江贵波等（2014）指出红花酢浆草（*Oxalis corymbosa* DC.）对黑麦草、三叶鬼针草（*Bidens pilosa* L.）和青葙（*Celosia argentea*）的种子萌发和幼苗生长均有化感作用，不同浓度（0.05g/mL、0.10g/mL、0.20g/mL）的水提液对黑麦草、三叶鬼针草和青葙的化感作用强度存在差异，且随着浓度的增大，抑制作用逐渐增强。邬彩霞等（2015）指出草木犀（*Melilotus suaveolens* Ledeb.）水浸提液对田间常见杂草藜（*Chenopodium album*）、臭草（*Melica scabrosa* Trin.）、千穗谷（*Amaranthus hypochondriacus*）、稗草、萹蓄（*Polygonum aviculare*）、山苦荬（*Lxeris chinense*）、车前草（*Plantago depressa* Willd.）的种子萌发和幼苗生长具有抑制作用。黄花草木犀干草粉能有效降低田间杂草生物量，且对田间杂草的抑制效应随施用量的增加而增强， 在施用量达 90g/m^2 时，对田间杂草数量和干重的抑制均达到显著水平。Yarnia（2012）指出苜蓿不同部位的残体和提取物能显著降低反枝苋的种子萌发率、幼苗长度、叶面积、干重；成体株高、生物量、千粒重和种子产量，且随秸秆量增加，降低程度增大。Alsaadawi 等（2012）发现 8 种代表性向日葵（*Helianthus annuus*）基因型具有化感作用，如向日葵残茬混入大田土壤，则对杂草数量及生物量具有显著抑制作用。化感抑制作用与基因型显著相关，如 Sin-Altheeb 和 Coupon 基因型化感作用最强，且促进小麦产量的提高，而 Euroflor 和 Shumoos 最弱。化感物质大约有 13 类，酚类占比最大，且化感作用强的基因型化感物质含量高。El-Monem 等（2011）在大田试验中发现高粱和向日葵提取物将显著降低杂草干重 65.62%和 63.56%。这两种作物明显增加扁豆干重的67.66% 和 64.41%，增加种子产量 61.34%和 56.18%。Kadian 等（2011）报道向日葵根际土和植株可抑制杂草银胶菊（*Parthenium hysterophorus*）的萌发和幼苗生长，尤其在杂草播种后 75d 达到最大抑制率，后期抑制率下降。

化感除草是一个涉及多学科的研究领域，国内对化感除草的研究大多还处于实验室阶段，多数还只是涉及化感现象的观察、化感物质的分离和鉴定等，对化感作用的生理、生化基础、作用机制、分子学研究等较少。某些植物体内可分泌羟化物质、单宁等抑制昆虫和小动物的取食，限制昆虫生长甚至使其死亡，从而达到保护自身不受伤害的目的。此外，植物能生成一定的化学物质，使其具有特殊的颜色、香味，从而对昆虫和害虫的天敌产生吸引力，有利于植物结实、繁衍后代、扩大分布和间接消灭害虫（吴琼等，2008）。

第三节　主要作物的化感作用

作物一般由野生品系经人工筛选、培育、驯化和诱导而来，关注的只是产量的提高和品质的改善，而其内在的抗逆性状则影响很大。作物的化感作用是农业生态系统中化感研究的重要组成部分，其包括作物化感作用的发现与评价，化感物质的分离鉴定与作用机制，作物化感作用在抗草除病虫害方面的理论应用等。

一、水稻

水稻是一种重要的粮食作物，其化感作用主要表现在抑制杂草、控制病虫害等方面。Kato-Noguchi 等（2013）发现 8 个水稻白色品系、5 个红色品系、5 个黑色品系的根、茎和种子提取物对生菜（*Lactuca sativa*）和白车轴草（*Trifolium repens*）幼苗均有抑制作用，抑制率为 1%~96%，平均值为 42%~88%。这些不同品系或者同一品系根、茎和种子提取物化感作用无显著差异，但红色品种 Tsushima-akamai 显示最强的抑制作用，其次为 Souja-akamai 品种和 Koshihikari 品种。Li 等（2015）在野外水稻土实际环境中，通过抑制圈法，加以大田校对，经过 30~35d 的测试，发现 5 叶期化感水稻品种 PI312777 对稗草的抑制半径为 12cm。以此为化感判定依据，估测了 40 个水稻品系的化感抗草潜力，发现 Taichung Native 1 与 PI312777 相似，具有较高的抑草活性，抑制率> 50%，但 Lemont 未显示抑草活性。Wathugala 和 Ranagalage（2015）在托盘试验、盆栽试验和大田试验中也发现水稻品种 40-Sri Lankan 能抑制稗草。在后续的 40 个水稻品系化感评价时，Ld 365、Ld 368、Ld 408、Ld 356 被证明具有较强的抑草潜力，导致杂草干重减少 40%。Rajput 和 Rao（2014）在实验室、温室、盆栽实验中发现 10 个水稻品系 Basmati 370、Govind、VL Dhan 85 等秸秆对长颖燕麦（*Avena sterilis* subsp. *ludoviciana*）具有显著化感抑制作用（$P < 0.01$），如降低杂草种子发芽率、减少幼苗干重和株高。其主要的活性化感物质是酚酸类，如 cinnamic、chlorogenic、 benzoic、gallic、ferulic、*p*-hydroxybenzoic、salicylic、syringic、vanillic acid 等。Thombre 等（2011）报道 12 个不同水稻基因型，其对光头稗（*Echinochloa colonum*）的化感作用显著不同，如降低稗草种子发芽率、抑制幼苗根长和苗长、幼苗干重、植株活力。3 类水稻基因型 Vasumati、Dubraj、Safri-17 展示最强的抑制潜势。Chau 等（2008）在实验室评价了 19 种越南籼稻的化感作用和抑草特性，发现只有 AS 996 品系显示促进作用，其他 18 种稻均显示为抑制效应。8 个籼稻品系（OM 5930、OM 4900、OM 5900、OM 3536、OM 4498、OM 4059、OM 2395、OM 4887）被证实有较强的化感作用，对受体根长和株高抑制分别为 51.6%~81.5% 和 50.7%~79.4%。

Tawata 等（2009）在实验室、温室和野外三类环境中评价了 73 种越南水稻品系对稗草的化感作用。在实验室中，4 种品系 Y1、U17、Nep Thom、Lua Huong 被证实具有最强的化感作用。同理，在温室试验中，Y1、Nhi Uu、Khau Van 显示显著的化感抑草效应。在野外试验中，Phuc Tien 展示最强的抑草潜力。一般，实验室和温室水稻品系的抑草潜力低于大田观测试验的 15%~20%。Bajwa 等（2008）指出 3 个水稻品系（Basmati385、Basmati386、Basmati Super）的地上部水提物、甲醇提取物、正己烷具有抗真菌（*Ascochyta rabiei*、*Macrophomina phaseolina*）的潜力。如水稻的水提取物和正己烷提取物能显著抑制活体真菌 *M. phaseolina* 的生长，两种提取物的抑制率分别是 21%~52% 和 18%~60%。甲醇提取物无显著抑制真菌的效应。只有 1% 的 Basmati 385 和 Basmati 386 水提取物显著抑制真菌 *A. rabiei*。Xiong 等（2007）通过 Japonica variety, Lemont（non-allelopathic rice）与 Indica variety, Dular（allepathic rice）重组自交系（recombinant inbred lines, RILs）获得 123 FIO lines。在水稻染色体 2 和 5 上，发现两个数量遗传位点（quantitative trait loci, QTL），在杂草抑制方面具有相加作用，对数优势值（log odds, LOD）值分别为 3.69 和 3.05，可解释 6.95%、4.35% 表型变异，与环境具有显著互作效应。上位分析表明，在染色体 1、3、4、5、10 存在三对数量遗传位点 QTLs，也存在显著的相加效应，其中一对位点与环境存在互作效应。

水稻活体和残体降解均能释放化感物质，如酚类、脂肪酸类、吲哚类和萜烯类等，其中二萜内酯（momilactone）、黄酮、环己烯酮为水稻最主要的化感物质（Kato-Noguchi, 2008）。Kato-Noguchi 等（2014）指出孟加拉水稻 BR 17 抗稗草的化感物质是（−）-3-hydroxy-beta-ionone、9-hydroxy-4-megastigmen-3-one 和 3-oxo-alpha-ionol，前者浓度远高于后两者。当（−）-3-hydroxy-beta-ionone 浓度高于 10 μmol 时，对稗草具有抑制作用。Sun 等（2012）验证了水稻的次生代谢物质 5-ureidohydantoin 对稗草生长的影响，发现稗草生物量与水稻尿囊素（allantoin）含量呈显著正相关，尿囊素能促进稗草生长。水稻通过产生尿囊素能感知稗草的存在，通过减少尿囊素产生量与稗草竞争。Kato-Noguchi 等（2011）

从孟加拉水稻 Kartikshail 品系的甲醇提取物中分离出两种新化感物质：3-hydroxy-beta-ionone 和 9-hydroxy-4-megastigmen-3-one。这两种物质对水芹受体 IC_{50} 是 4.9~9.5 μmol 和 0.54~0.72 μmol，对稗草的 IC_{50} 分别是 160~310 μmol 和 53~140 μmol。同时，这两类物质复合效应为协同作用，其抑制潜力强于任何一类物质。Salam 等（2009）从孟加拉国水稻 BR17 中鉴定分离出化感物质 2,9-dihydroxy-4-megastigmen- 3-one，当浓度超过 0.03 μmol、3 μmol 将分别对杂草水芹和稗草有抑制作用，IC_{50} 分别是 0.22~0.47 μmol、36~133 μmol。

Kato-Noguchi 等（2012）发现日本传统水稻品系 Awaakamai 甲醇提取物能化感抑制受体植物，如独行菜（*Lepidium apetalum*）、生菜、梯牧草（*Phleum pratense*）、马唐（*Digitaria sanguinalis*）、多花黑麦草、稗草。从中提取、分离和鉴定出两种化感物质：blumenol A 和 grasshopper ketone，它们对水芹（*Oenanthe javanica* (Blume) DC.）幼苗生长的抑制最低浓度分别为 10 μmol/L、30 μmol/L。Altop 等（2012）指出化感作物的推广有利于减少抗药性的杂草滋生。如水稻品种 Marateli、Kizilirmak、Karadeniz、Kiziltan 含有化感物质 momilactone B，这些品种具有导致杂草泽泻（*Alisma plantago-aquatica*）发芽率、根系生长和茎干重减少的潜势，其中叶组织化感作用最强。Kato-Noguchi 等（2008）指出 momilactone A 为水稻的化感物质，不仅抑草，还可抗病害。在 8 个被测试的水稻品种地上部和根系中均发现 momilactone A 物质，品种不同，含量不同。此外，这些品种不仅产生而且释放 momilactone A 至培养基或根际土中，与地上部的含量呈正相关性。

Ismail 等（2010）指出 8 个水稻品种在不同生长时期根、茎、叶、稻壳和秸秆均具有化感作用。从 3 个代表性品种 Sakha101 秸秆、Sakha103 秸秆和 Yasmin 稻壳中分离鉴定出 9 类酚酸类物质，阿魏酸为主要化感物质，它在 3 个品种中的平均浓度分别为 4.826mg/g、5.401mg/g 和 2.097mg/g。Kato-Noguchi 等（2010）报道水稻的主要化感物质为 momilactone A 和 momilactone B，两者的分泌浓度分别是 0.21~1.5 μmol/L 和 0.66~3.8 μmol/L。纯化合物对稗草有抑制作用，临界浓度分别是 30 μmol/L 和 1 μmol/L，IC_{50} 分别是 91~146 μmol/L 和 6.5~6.9 μmol/L。当两者综合抑草时，momilactone A 的抑制效应占 0.8%~2.2%，momilactone B 占 59%~82%。水稻可产生一系列二萜类植保素物质，如 momilactones、oryzalexins 等，其中 momilactone B 为水稻根系分泌的化感物质。此外，从水稻幼苗根系提取物和分泌物中检出 momilactone A 和 phytocassanes A-E，二萜环化酶基因表达分析这些物质主要在根系合成，化感活性测定发现 momilactone A、momilactone B 具有双子叶杂草抑制潜力，可能是水稻根害的防御物质。He 等（2006）比较了化感型水稻 PI312777 和非化感型水稻 Lemont 砂培根系分泌物的组成，GC-MS 检测其乙醚提取物，发现两物种根系分泌物中分别含有 63 和 77 种物质，主要为萜烯类、酚类、醛类、杂环醇、醚、烃等。两个品系中代谢物组成差异体现在种类数、含量、化学结构等，其中有 28 种物质相同，分别占两品系分泌物的 91.11%和 73.95%，但它们的代谢途径相同。Kong 等（2006）指出化感型水稻 PI312777与非化感型水稻 Huajingxian 尽管均有次生代谢，但化感物质有显著差异，如前者能分泌化感物质 momilactone B、3-isopropyl-5-acetoxycyclohexene-2-one-1 和5,7,4′-trihydroxy-3′, 5′-dimethoxyflavone，但后者没有。只是两个品系残体能释放相似种类和浓度的化感物质，如 momilactone B、酚类（p-hydroxybenzoic、p-coumaric、ferulic、syringic、vanillic acids）等。此外，化感型水稻对稗草的刺激更敏感，化感物质释放更多，化感作用被诱导增强，但非化感型水稻没有。

　　Kato-Noguchi 和 Ino（2013）指出稗草能刺激增强水稻的化感作用和化感物质 momilactone B 的产生。momilactone B 不仅是水稻的化感物质，而且能诱发稗草化感作用增强。momilactone B 是水稻与稗草之间化学通信的信号物质。Kato-Noguchi（2011a）指出稗草与水稻共生时，水稻的化感作用被诱导增强 5.3~6.3倍，稗草存在时化感物质 momilactone B 含量是水稻单独培养的 6.9 倍。此外，贫营养也能增强水稻幼苗的化感作用和 momilactone B 含量，只是贫营养的诱导程度低于稗草。进一步发现，大于 30 mg/L 稗草的根系分泌物也能诱导水稻化感作用增强和化感物质含量升高，浓度越大，诱导程度越大。Hu 等（2008）发现水稻化感作用与品系和稗草播种时间显著相关，一般杂交性化感作用强于自交系。在营养生长期和成熟期，水稻的抗草潜力与日均温度和日照时数呈正相关，与日降雨量呈负相关。因此，气候和环境因子将影响水稻田中水稻的化感抑制稗草的潜力。Fang 等（2009）指出外源水杨酸对化感型水稻 PI312777 和普通水稻 Lemont的化感抑制稗草潜势均有诱导效应，这种效应与水杨酸的处理剂量和处理时间有关。其中，水杨酸对化感型水稻的诱导程度高于对普通水稻，前者对稗草的抑制潜力强于后者。可能的机制是水杨酸处理的化感型水稻 PI312777 对稗草的保护性酶 SOD、POD、CAT 有显著抑制作用，且水杨酸诱导 PI312777 体内的 17 个与酚类合成有关的基因表达。Bi 等（2007）报道茉莉酸甲酯（methyl jasmonate，MeJA）、水杨酸甲酯（methyl salicylate，MeSA）为植物诱导防御害虫取食和病害微生物的重要信号分子，化感作用即为植被诱导防御的机制之一，因此这两个信号分子可能会诱导化感物质产生和释放。当水稻外在施用茉莉酸甲酯和水杨酸甲酯时，其化感作用诱导增强，酚类物质（3,4-hydroxybenzoic acid、vanillic acid、coumaric acid、ferulic acid）含量增加，酶活性提高，苯基丙酸类合成路径的关键酶（phenylalanine ammonia-lyase，PAL）和（cinnamate 4-hydroxylase，$C4H$）转录水平提高。只是信号物质对化感型和非化感型水稻品系的诱导效应不一致。如 5mmol MeSA 或0.05mmol MeJA 对化感型 IAC 165 品系的化感作用分别提高 18%~25%、21%~23%，但对非化感型 Huajingxian 1 品系的化感作用分别提高 63%、24%。

　　水稻化感作用不仅受内部分子学调控，而且受周围环境条件的影响。He 等

（2012）通过定量实时 PCR 技术（qRT-PCR），发现水稻酚类合成的 4 类基因：phenylalanine ammonia-lyase（*PAL*）、cinnamate4-hydroxylase（*C4H*）、ferulic acid 5-hydroxylase（*F5H*）和 caffeic acid O-methyl transferases（*COMT*）。在水培实验中设计水稻：稗草为 3 种比例分别是 4:1、2:1 和 1:1 时，PI312777 叶片和根系中的化感基因均为上游调控，而非化感型水稻 Lemont 中 *C4H*、*F5H*、*COMT* 为下游调控。*PAL* 在化感型水稻 PI312777 中比非化感型水稻 Lemont 上游调控更强，且酚酸类物质含量前者高于后者。Xiong 等（2010）指出低氮营养能诱导增强化感型水稻 PI312777 的化感作用，如低氮能诱导调控 9 类酚类合成酶基因，对叶片和根系组织相关基因水平上调 2.3~6.0 倍和 1.9~5.4 倍。CoA-ligase 和 salicylate glucosyl transferase 分别提高 1.7 和 2.3 倍。同时，酚酸类分泌量被诱导增加，如水杨酸等。同理，Wang 等（2010）发现低磷营养能诱导增强化感型水稻 PI312777 的抑草潜势，如低磷能上游调控 4 类酚类合成酶基因，一些典型酚类物质（cinnamic acid、caffeic acid、4-hydroxybenzoic acid、syringic acid、ferulic acid）分泌量增加。Mahmood 等（2013b）指出随着平流层臭氧的破坏，大气中 UV-B 射线照射强度增大。通过室内模拟紫外照射实验，观测紫外光对两种化感型水稻：BR-41（强化感型）和 Huajingxian（弱化感型）化感作用的影响。发现紫外照射增强了两个品系的化感作用，对生菜和稗草的抑制作用增大。生理生化分析表明，紫外照射也增强了 BR-41 品系叶片的酚酸含量，酶活（*PAL* 和 *C4H*）增大，化感物质合成酶（OsPAL、OsCYC1）的转录水平提高。Kato-Noguchi（2009）发现重金属、斑蝥素和茉莉酸等胁迫环境能增加水稻植株内的化感物质 momilactone B 含量，而且能诱导释放更多 momilactone B，这样提高了水稻对稗草的化感作用。

二、玉米

玉米作为重要的粮食作物之一，其化感作用已被合理评价。彭晓邦等（2011，2012）报道玉米叶浸提液对黄芩（*Scutellaria baicalensis* Georgi）和桔梗种子的萌发和幼苗生长具有显著影响。低质量浓度（0.005 g/mL、0.010 g/mL 和 0.020 g/mL）的玉米叶水浸提液对不同产地受体种子的萌发有明显的化感促进作用；随着水浸提液质量浓度的提高（0.030 g/mL 和 0.040 g/mL），其对受体的促进作用逐渐减弱、消失，甚至表现为抑制作用。在试验质量浓度范围内，玉米叶水浸提液对受体幼苗根长、苗高、相对电导率、可溶性糖含量及可溶性蛋白含量均表现为促进作用，当质量浓度为 0.020 g/mL 时，促进作用最强。因此，玉米叶水浸提液在一定程度上能促进黄芩和桔梗种子的萌发和幼苗的生长。曲哲等（2005）选取市场常见的 22 个玉米品种，在室内培养至 3~5 叶期时，分别选取根、茎、叶在 25℃条件下用蒸馏水浸提 24h，利用培养皿法测定了不同玉米品种、不同组织、不同浓度（5.0 g/100mL、2.0 g/100mL 和 1.0 g/100mL）的浸提液对玉米田间常见杂草马唐和反枝苋（*Amaranthus retroflexus*）种子发芽、幼苗生长的抑制作用。不同玉米品种的浸提液或不同浸提液浓度对供试杂草种子萌发均有不同程度的抑制，抑制率为 20%~90%。中原单 32、西玉 3 对两种杂草种子萌发的抑制作用最强，中单 2996 茎叶（5.0 g/mL）对反枝苋的发芽抑制率达 75%。农大 95 茎叶（5.0 g/mL）、中单 9409 茎叶和根（2.5 g/mL、5.0 g/mL）浸提液对反枝苋、马唐一周的幼苗根长、芽长的抑制率均超过 50%。不同品种玉米茎叶浸提液对杂草的抑制效果与根浸提液的抑制效果相当。李翠萍（2014）报道玉米根系分泌物能促进马铃薯块茎萌发和萌芽生长，但不同浓度（100%、50%和 25%）对马铃薯块茎萌发和萌芽生长的效应不同。高浓度（100%）玉米根系分泌物能显著促进马铃薯块茎萌发，提高马铃薯块茎发芽势；而低浓度（25%）则抑制马铃薯块茎萌发。玉米根系分泌物显著增加了马铃薯萌芽的鲜质量、干质量和长度，块茎中的淀粉酶活性，其中高浓度的根系分泌物表现出较强的促进作用。因此玉米是马铃薯的良好前茬作物，也可与马铃薯进行间作、套种。吴会芹等（2009）报道玉米作物秸秆对蔬菜种子的影响有抑制、促进、促进/抑制双重作用、无显著作用等多种形式。玉米水浸提液对黄瓜种子活力指数、幼苗根长和鲜重显著抑制，对黄瓜苗高和干重表现为低浓度促进，高浓度抑制；对生菜、茄子种子的发芽和根系生长显著抑制，对苗高和鲜质量均表现促进/抑制双重作用。根据化感敏感指数，玉米秸秆水浸提液对受体蔬菜的化感作用强于小麦。Contreras-Ramos 等（2013）通过温室实验发现玉米可通过竞争和化感抑制杂草 *Rottboellia cochinchinensis*。施肥有利于玉米的竞争优势，如玉米干重和叶面积增加。当未施肥处理时，高密度种植的玉米也有助于抑制杂草。同时，杂草密度增大时，杂草的叶面积和干重显著下降，因此杂草的种内竞争也将使杂草处于竞争劣势，且杂草的种内竞争的负面效应强于来自玉米的种间竞争效应。

根系分泌物是化感物质的重要来源之一，其中羟基肟酸、酚酸类物质是玉米的重要化感物质。柴强和冯福学（2007）从玉米幼苗的根分泌物中分离鉴定出烃类、苯、噻唑、酸、酮、酰胺、酯、醇和酚等活性物质，其中邻苯二甲酸是一种自毒作用强于化感作用的化感物质。梁春启等（2009）利用高效液相色谱从玉米秸秆腐解液中鉴定出 6 种酚酸类化感物质：对羟基苯甲酸、苯甲酸、丁香酸、邻苯二甲酸、香草酸、阿魏酸。不同时期的腐解液中酚酸类物质的种类和含量不同，邻苯二甲酸和苯甲酸含量明显高于其他酚酸。其中，前 5 种酚酸类物质对禾谷丝核菌（*Rhizoctonia cerealis* Vander Hoeven）、全蚀病菌变种（*Gaeumannomyces graminis* var.tritici）和平脐蠕孢菌（*Bipolaris sorokiniana*（Sacc.））3 种病原菌的菌丝生长及对后两种菌的孢子萌发具有不同程度的促进或抑制作用，且随着浓度的增高作用趋势增强。聂呈荣等（2004）指出丁布（DIMBOA）是玉米植株中含量最高的异羟肟酸。不同玉米品种之间异羟肟酸含量的差异很大，种子不含异羟肟酸，但萌发后其含量迅速增加，在萌芽几天后的幼苗植株其含量达最大值，随后逐渐下降。在玉米生长发育的不同时期，幼嫩叶片内异羟肟酸含量始终较高，地上部分异羟肟酸的浓度高于根系。植株异羟肟酸的浓度受生长环境条件影响显著，在紫外辐射、黑暗条件或水分胁迫下其含量明显增加。在各种禾谷类作物中，玉米根系分泌物内含异羟肟酸较高，铁的存在能显著增加玉米根系分泌物中异羟肟酸的含量。Dixon 等（2012）指出玉米、小麦和其他物种均能合成大量的肟酸，这些物质一般充当拒食剂和化感物质，且能与谷胱甘肽（GSH）、半胱氨酰硫醇反应，生成各种同分异构的偶联剂。因此，DIMBOA 将消耗 GSH，不可逆钝化有关半胱氨酸的活化酶，对一些取食 DIMBOA 的害虫或物种将有一定的潜在中毒效应。赵先龙（2014）从玉米稻秆 60d 腐解液检测出 6 种主要酚酸：对羟基苯甲酸、苯甲酸、丁香酸、邻苯二甲酸、香草酸、阿魏酸等。此外，还检测到香豆酸、苯丙酸、丁二酸、十四碳酸、苯甲酸甲酯、乳酸、肉桂酸、己二酸、戊二酸和其他一些未确定物质。随着腐解时间的延长，腐解液中酚酸类成分物质变少，一些挥发或半挥发性的酚酸类物质含量降低或消失。Kato-Noguchi 等（1998）发现玉米中一种新的化感物质 5-chloro-6-methoxy-2-benzoxazolinone（Cl-MBOA）对受体燕麦、黑麦草、生菜、独行菜、尾穗苋（*Amaranthus caudatus*）、马唐、梯牧草具有生长抑制作用。14d 生长的玉米幼苗期茎部和根系的 Cl-MBOA 含量分别为 37.5μg /g 和 8.7μg /g 鲜重。

玉米的化感物质与根系的微生物存在相互反馈作用，化感物质影响根际微生物群落的结构和功能，而根际微生物又将调控玉米的化感物质的合成、释放及其活性。林雁冰等（2010）发现覆膜模式下玉米根区土壤细菌、真菌和放线菌数量均高于常规处理，增率均为正值，玉米根系化感作用利于根区土壤真菌数量的增加。玉米根区形成的微环境有利于土壤细菌和真菌数量的增加，即根区与根外土壤微生物数量比值 R/B 值大于 1，玉米的根系化感作用能够强化根区与根外土壤细菌和真菌数量的差异，即 R/B 值较高；玉米根区土壤微环境更利于土壤放线菌生长；而玉米根系的化感作用利于根区土壤真菌数量的增加。张承胤等（2007）指出"郑单 958"玉米秸秆腐解液对小麦种子萌发、幼苗根干重均具有抑制作用，且随腐解液浓度增加，抑制作用增强。高浓度腐解液对小麦幼苗株高、茎叶干重的抑制作用较强。小麦根系活力随玉米秸秆腐解液浓度增高而降低，不同时期提取的腐解液对 3 种小麦根病病原菌禾谷丝核菌、禾顶囊壳小麦变种和平脐蠕孢菌的菌丝生长具有不同程度的抑制作用。齐永志等（2011）指出随着玉米"郑单 958"秸秆腐解液浓度的提高，小麦幼苗株高、叶片数、根长、根数等生长发育指标和 POD 活性均呈先升后降趋势，而根系离子渗漏呈先降后升趋势。不同浓度腐解液对禾谷丝核菌菌丝生长、菌核形成数量、菌核总重量及全蚀病菌菌丝生长均表现出低促高抑的作用，但对平均单菌核重量无明显影响。所有浓度腐解液对根腐病菌菌丝生长及孢子萌发均表现出较强的抑制作用。

　　Dzafic 等（2010）也指出菌根真菌能减弱玉米的自毒效应，如摩西球囊霉菌接种的玉米受体，当施用 0.15%质量浓度的玉米根系提取物时，受体根系干重下降不显著。但是这种玉米提取物将导致接种的真菌频度和强度均下降。Džafić 等（2013）指出玉米收获后留茬，将产生很多水溶性物质，从而导致对后茬作物的毒害，如自毒作用等。0.15% 质量浓度的玉米根系提取物能降低玉米幼苗受体的根系生物量，增强愈创木酚过氧化酶活性，诱导 2,4-dihydroxy-7-methoxy-1,4-benzoxazin-3-one（DIMBOA）含量上升。当受体玉米幼苗接种摩西球囊霉菌（*Glomus mosseae*）时，这些自毒效应消失。因此，丛枝菌根真菌与玉米共生时，可降低前茬玉米的毒害效应。Singh 等（2010）指出生长促进作用的根际细菌 *Paenibacillus polymyxa* 有助于缓解玉米自毒效应。如玉米在未受化感胁迫时，接种 *P. polymyxa* 可产生最大干重、根长和苗高。玉米自毒效应发生，且未接种细菌时，干重、株高、根长、总叶绿素含量、蛋白质含量、硝酸还原酶活性等生长参数均下降。但接种 *P. polymyxa* 后，自毒效应对这些生长参数无显著影响。在低剂量的提取物下，*P. polymyxa* 增加了叶绿素和蛋白质含量，增强了硝酸还原酶活性，降低了电解质泄露和脂质过氧化。

　　玉米的化感作用受化感基因、外界环境诱导因素调控。Feng 等（2010）指出茉莉酸和水杨酸能刺激玉米的化学诱导反应，如在玉米品种"Gaoyou 115"根系或叶片上施用茉莉酸或水杨酸一周后，改变了直接防御物质 DIMBOA 和酚酸类含量，影响直接防御蛋白基因 *PR-2a* 和 *MPI* 的表达水平，也影响了间接防御蛋白基因 *FPS* 和 *TPS* 的表达水平。同时发现玉米诱导防御中叶片和根系相关性显著，如玉米叶片喷施茉莉酸可系统诱导根系 *MPI* 基因表达，但是分别减少了根系中 DIMBOA、咖啡酸、丁香酸 10.5%、40.3%、43.6%的含量。而根系施用茉莉酸可诱导叶片中 *MPI* 和 *FPS* 基因表达，同时使叶片中 DIMBOA 含量增加了81.8%。当水杨酸在玉米叶片施用时，可系统诱导根系 *MPI* 和 *FPS* 基因表达，但分别降低了根系中 DIMBOA、香豆酸、咖啡酸、丁香酸45.8%、64.2%、60.2%、72.4%的含量。根系中施用水杨酸时，则使叶片中 DIMBOA 含量增加95.8%。Wang 等（2007）指出茉莉酸甲酯能诱导玉米叶片和根系的肟酸、酚酸及同系物含量累积，化感基因 *AOC*、*PAL*、*BX9* 也被诱导表达。当茉莉酸甲酯被处理 3h 后，编码合成 DIMBOA 的基因 *BX1* 转录水平达到最高，但 48h 后根或茎部 *BX1* 基因表达未检测出。茉莉酸甲酯处理过的玉米品系其叶提取物对稗草的化感作用被增强。Kato-Noguchi（1999）发现可见光照射发芽中的玉米，可诱导提高其化感物质 DIBOA 含量，从而增强其对生菜的化感作用。如黑暗处理玉米植株和根系中的 DIBOA 含量分别为 19mmol、0.17mmol。当黑暗下的玉米幼苗经光照处理后，其 DIBOA 含量急剧上升，如光照处理下 DIBOA 含量在植株和根系变为 43mmol 和

0.38mmol。一般 DIBOA 浓度大于 0.03mmol，则对生菜幼苗的根系和胚轴生长具有抑制作用。Feng 等（2010）指出亚洲玉米螟（*Ostrinia furnacalis*）能诱导转基因玉米品种 Bt 的化学防御，如直接防御物质含量的变化，以及防御有关的基因表达改变，这种诱导效应与玉米品种显著相关。当 Bt 品种 5422Bt1 被害虫侵害后 Bt 蛋白质含量未增加，但另一 Bt 品种 422CBCL 则被诱导增加。这两个 Bt 品种 *PAL*、*MPI*、*PR-2a*、*TPS* 基因被虫害诱导表达，而普通品种 5422 中 *MPI*、*PR-2a* 被诱导。这说明了 Bt 基因转入叶片后，玉米的化学防御反应被显著增强。

三、高粱

高粱（*Sorghum bicolor* L.（Moench））起源于非洲，现在热带和亚热带地区广泛种植，含有丰富的化感物质，具有生物除草潜力。高粱的化感作用在杂草控制和营养循环中显示出很大潜力，如高粱可用作覆盖作物（cover crop）、抑制作物（smother crop）、伴生作物（companion crop）、混播作物（mixing crop）或者其水提取物可控制杂草、抑制硝化作用，从而提高作物产量。Cheema 和 Khaliq（2000）指出高粱化感是一种新方法，可以替代农药，降低环境污染，去除麦地中的杂草。成熟的高粱组织含有许多水溶性的次生化学物质，即化感物质。高粱化感的利用模式主要有：水提物（sorgaab）、秸秆覆盖、土壤混茬、作物轮作等。高粱 5%或 10%水提物可降低 35%~49%杂草危害，增加 10%~21%小麦产量。而以 2~6mg/hm^2 的高粱秸秆覆盖，杂草控制在 40%~50%，小麦产量增加 15%。当小麦播种 30~60d 后，对小麦幼苗叶片喷施 10%的高粱水提物，杂草控制效果最好，小麦的净收益达到 535%。因此，高粱水提物可以作为天然除草剂在大田施用。Al-Bedairy 等（2013）在 2009~2010 年开展大田试验比较了两个化感高粱品系 Enkath 和 Rabeh 在 3 个种植密度下（6.6 株/m^2、13.3 株/m^2 和 26.6 株/m^2）对伴生杂草及其高粱产量的影响。试验发现高粱对杂草种群的抑制率为 26%~42%，导致杂草生物量降低 46%~57%。3 个种植密度下，对杂草种群的抑制率分别为 26%、31%和 42%，对杂草生物量的抑制率为 88%、91%和 96%。葛婷婷等（2015）发现高粱秆、穗、叶的水浸提液对小麦幼苗的苗高和根长均有极强的化感作用，浸提液在低浓度时促进小麦生长，高浓度时抑制小麦生长，且对根的化感作用大于对地上部的化感作用。高浓度时高粱浸提液降低了小麦的根系活力和叶片可溶性蛋白含量，提高了小麦叶片的丙二醛（MDA）含量，但小麦叶片 SOD、CAT、POD 等酶活性均显著下降。高粱不同组织水浸提液对小麦的化感作用表现为秆＞穗＞叶。

Al-Bedairy 等（2013）发现高粱品种 Enkath 对杂草的抑制潜势强于 Rabeh，如 Enkath 比 Rabeh 降低杂草种群和生物量分别多 23%~25%和 30%~44%。适当调整种植密度可以提高高粱产量，当种植密度为 26.6 株/m^2 时，高粱获得最高产量

12.68t/hm^2。Mahmood 等（2013）指出高粱对受体植物的化感机制主要是诱导氧化性损伤。当以 1:10 的质量体积比制备高粱的水提物，获得一系列浓度 0、25%、50%、75%、100%，这些处理均对玉米显示植物毒性，如延迟玉米种子萌发、抑制幼苗生长。当对杂交玉米种子播种前用 CaCl$_2$ 简单处理，可减轻高粱对玉米的化感胁迫，其机制是玉米中抗氧化性酶被激活，从而缓解外来的化感胁迫。Correia 等（2005）通过室内试验和大田试验发现高粱对杂草，甚至后茬作物种子萌发和幼苗生长具有化感抑制效应。研究组评估了 5 个高粱杂交品种（SARA、DKB860、DKB599、XBG00478、XBG06020）的根、茎、叶水提物对大豆（MG/BR 46, Conquista）萌发和幼苗的化感作用，发现仅对大豆幼苗胚根长度有显著抑制。SARA、DKB860、XBG00478、XBG06020 的根提取物显著降低大豆胚根长度；XBG00478 叶片和 SARA 茎提取物导致胚根最短。DKB860、XBG00478 叶片化感作用强于根和茎，DKB599、XBG06020、SARA 叶和茎化感作用相同。Irshad 和 Cheema（2004）采用高粱去除水稻中的恶性杂草稗草。如高粱水提物能显著降低稗草干重（37%~41%），但增加了 20.1%水稻产量。高粱水提物喷施为成本最低，可用作水稻田中的天然除草剂。Chittapur 等（2001）指出诱捕作物可以去除大田中的寄生杂草，同时减少农药的施用。诱捕作物可诱导寄生杂草的萌发，但不支持其发育生长，从而寄生杂草自杀发芽死亡。如独脚金（*Striga asiatica*（L.）O. Kuntze）的有效诱捕作物有：珍珠稷、高粱、玉米、苏丹草（*Sorghum sudanense* Stapf）。*S. gesnerioides*［（Wild.）Vatke］的诱捕种是细茎豇豆（*Vigna gracilicaulis*）。棉花（*Gossypium* spp.）、大豆（*Glycine max*（L.）Merr.）、花生（*Arachis hypogaea*）也是重要的诱捕作物。大豆或花生与高粱间作，可以有效控制寄生杂草 *S. hermonthica*［（Del.）Benth］。

Reinhardt 和 Tesfamichael（2011）发现抗寄生性物种高粱、旋扭山绿豆（*Desmodium intortum*（Mill.）Urb.）以及氮肥施用对寄生植物独脚金具有一定的控制作用。如一些高粱品系（Meko、Abshir、PAN 8564）、高粱与旋扭山绿豆间作比例、时间及相互作用显著影响独脚金种群的密度和生长。在独脚金萌发期，当高粱与旋扭山绿豆以 1:3 间作时，旋扭山绿豆成株能 100%抑制独脚金萌发。如果在独脚金萌发前 30d 移栽旋扭山绿豆，然后以 1:1 与高粱间作，也可完全去除独脚金。但上述两种处理会导致高粱产量显著降低。如果高粱与旋扭山绿豆以 1:1 间作，同时施用 100 kg/hm^2 氮肥，尤其在独脚金萌发期，则独脚金 100%被抑制，而高粱产量显著提高。高粱 Ethiopian 品系 Meko 和 Abshir 比南非品系 PAN 8564 抗独脚金寄生性更强，产量更高。如果能与旋扭山绿豆间作，则独脚金去除率更高。Milchunas 等（2011）指出在东科罗拉多州地区的自然保护区草场采用牧食、刈割和化感覆茬可以抑制一些杂草生长和外来植物入侵。覆盖高粱秸秆比小麦的区域一年生杂草和外来植物更少，多年生本地植物丰度更高，如根茎冰草急剧增加。牧食和刈割对一年生杂草和外来植物群落结构影响很小，若除草剂和刈割联合使用，可以控制草地杂草，但不利于牧场牲畜取食。因此，采用覆盖作物有利于草场的持续发展。Khalil 等（2010）指出玉米地可以采用化感方法和种植几何模式（planting geometry）控制杂草。一般玉米的行距为 75cm、85cm 和 95cm，且采用 3 个化感物种高粱、向日葵（*Helianthus annuus*）、绿豆（*Vigna radiata* Wilczek）与玉米间作，杂草的株高、密度和生物量被显著降低。75cm 的玉米行距促使玉米获得 161.0cm 的株高和 7093.7kg/hm^2 的青贮量；而与化感作物间作，配合人工除草，则玉米株高最高，为 170.9cm，青贮量最大为 8854.1kg/hm^2。3 种间作作物中，高粱化感抗草效应最强，如杂草 *Cyprus rotundus*、田旋花（*Convolvulus arvensis*）、假海马齿（*Trianthema portulacastrum*）的密度和生物量被显著降低。因此 75cm 的行距加上高粱间作，则玉米产量提高，杂草控制良好。Cheema 等（2007）比较了不同高粱品系化感作用的差异，发现高粱在成熟期收割后获得干草可以作为覆盖作物抑制杂草假海马齿（*T. portulacastrum*）和 *C. rotundus*，也可以提取化感物质进行抗草，如作为叶面农药喷施。但品种间化感物质种类、含量、抗草性有显著差异，与品系基因遗传结构有关。Balo 品系尽管产量很高（1325kg/hm^2），但化感物质浓度低于其他低产量品种如 Hegari 和 JS-2001，表明高粱产量与化感物质含量无显著相关性。Javaid 等（2006）发现高粱秸秆水提物具有除草剂效应，可显著抑制外来入侵植物银胶菊的萌发和生长。在室内培养皿试验，设计 5%、10%、15%、20% 和 25% 质量浓度的高粱新鲜植株根系或茎干的提取物，发现银胶菊发芽和根长伸长显著降低，但对幼苗苗长及生物量无明显影响。在 10d 的银胶菊植株幼苗上喷施 50% 和 100% 质量浓度的高粱水提物，根系生物量和地上部生物量被显著降低。Urbano 等（2006）在西班牙巴利亚多利德（Valladolid）地区 Torozos 地中海半干旱农业区采用高粱、苏丹草、红豆草（*Onobrychis viciifolia*）化感抑制大麦地杂草，试图减少农药施用。前两个物种抗草性较强，当苏丹草覆茬率达到 75% 时，杂草密度显著下降，大麦产量显著提高，收益净增加最大，为 302.27 欧元/hm^2。

　　在一些地区，高粱经常和农药混合施用，不仅可以减少农药施用量，而且可以降低杂草抗药性，绿色、环保、可持续。Ihsan 等（2015）指出高粱水提物和 25% 的农药阿特拉津可以有效去除玉米地中的杂草，如两者组合可显著抑制杂草密度、杂草干重，以及诱导增强作物抗草性。在化感与农药处理中 60d 后，玉米秸秆生物量和谷物产量与杂草密度和干重呈负相关，而与叶面积系数、作物生长率、干物质累积、净同化率呈正相关。Lahmod 和 Alsaadawi（2014）在两年期的小麦大田小区试验发现 3.5t/hm^2、5.3t/hm^2、7.6t/hm^2 的高粱秸秆，或秸秆+50% 甲基二磺隆（mesosulfuron）和碘甲磺隆（iodosulfuron）（160g/hm^2）处理，均显著降低杂草种群以及杂草干重。高粱秸秆+50% 农药比单独处理对杂草密度和干重的抑制程度更大。3.5t/hm^2 高粱秸秆+50%农药施用量、5.3t/hm^2 高粱秸秆+50%农药施用量、100%的农药施用量（320g/hm^2）等三处理获得相同的小麦产量，然而单独覆盖 7.6t/hm^2 高粱秸秆或者单独施用 50%农药量将导致小麦减产。高粱秸秆化感抑草，间接促进小麦的单株穗数增加，秸秆处理的土壤酚酸浓度较高，同时土壤理化性质得到改善。Khaliq 等（2012）在小麦大田中采用化感植物秸秆覆盖和减量化除草剂开展抗草研究。如单独使用 20 L/hm^2 的高粱或向日葵或桑树的覆盖量，可导致麦田杂草小子蘼草和野燕麦（*Avena fatua*）密度下降 34%~42%，干重降低 59%~67%。如果化感植物与 25% 或 50%的除草剂（3.6g/hm^{2}iodo、7.2g/hm^2 mesosulfuron）混用，其杂草抑制潜力与 100%的除草剂施用效果相同，且小麦产量无显著差异。Alsaadawi 等（2013）指出高粱秸秆与低剂量农药氟乐灵组合可以有效去除蚕豆（*Vicia faba* L.）地的杂草。大田小区试验发现高粱秸秆（3.5~7.6t/hm^2）与 50%农药组合（1.2 L/hm^2）导致杂草密度最低、干重最小，比单独施用高粱秸秆抑制杂草潜力强，进一步研究发现高粱秸秆存在大量化感物质酚酸。高粱秸秆与 50%农药组合，与 100%农药处理，除草效果与作物产量无显著差异，表明高粱秸秆不仅可以减少农药施用，而且可行、环境友好。Cheema 和 Iqbal（2008）指出高粱提取物配合除草剂施用，在灌溉条件下，可以控制棉花地中的杂草。当 12~15 L/hm^2 高粱提取物与 1/3 的（717g a.i./hm^2）丙草胺组合，可显著降低 62%~92%莎草密度和 75%~88%杂草干重。

高粱中的主要化学组分有单宁、酚酸、花青素、甾醇类、脂肪醇等，但主要化感物质为高粱醌（sorgoleone）、酚酸类等，可用作生物除草剂（Alsaadawi 和 Davan，2009）。通过分析高粱根系分泌物发现高粱醌（2-hydroxy-5-methoxy-3-[（*Z,Z*）- 8′,11′,14′-pentadecatriene]-*p*-benzoquinone）具有抑草潜力，酚酸类仅对杂草地上部具有抑制作用（Hien et al.，2015）。吴蕾等（2009）以二氯甲烷作为溶剂，提取培养 28d 的大豆、小麦、玉米、高粱的根系分泌物，运用气质联用仪分离鉴定大豆根系分泌物成分 77 种、小麦 97 种、玉米 84 种、高粱 80 种。4 种作物均鉴定出烷烃、醇、酸、酯、苯、酚、萘、酰胺、酮、醛类等。将 4 种作物的根系分泌物进行比较，相同成分有丙三醇、2, 4-戊二醇、邻苯二甲酸、乙苯、对二甲苯、苯乙烯、4-甲基-2, 6-二叔丁基苯酚、甲基酚和一部分烷烃等。二苯呋喃、芴、3-甲基-4-氧-戊酸、2-亚甲基-丁醛、3-羟基-丁醛、己醛、9, 10-二氢-11, 12-乙酰-9, 10-桥亚乙基蒽等是大豆根系分泌物中的独有成分。莎草是危害最严重的恶性杂草，而高粱具有化感抑制杂草的潜势，如 100%高粱 JS-263 提取物可显著抑制莎草茎长和干重，大田试验也发现高粱能完全降低莎草种群。通过气相色谱发现高粱中存在三种酚酸：绿原酸、咖啡酸、香豆酸等（Cheema et al.，2009）。Dayan（2006）指出高粱的化感物质高粱醌为疏水性物质，其产生及含量影响因素众多，如与根系生长情况、根毛成熟程度有关。在高粱的早期生长阶段，高粱醌产生与生长期无关，而根系生长及高粱醌合成产生的最佳温度是 30℃。当温度高于 35℃或低于 25℃时，高粱生物量及高粱醌含量显著降低。高粱醌含量对光敏感，当暴露于蓝光（470nm）时含量降低接近 50%，当照射红光（670nm）时，含量减少 23%。当对高粱幼苗进行机械胁迫时，根系生长被促进，但对高粱醌合成无显著影响。当幼苗进行植物防御诱导因子处理时，高粱醌含量未发生变化。当施用苘麻（*Abutilon theophrasti* Medik.）根系粗水提取物时，高粱醌含量增加，这表明高粱释放高粱醌来感知周边植物的存在。在幼苗生长发育期，高粱醌释放持续表达。Kagan 等（2003）指出高粱根系分泌物中含有两类重要化感物质高粱醌、对苯二酚。这些物质具有植物毒性，主要抑制受体光系统 II。

　　Baerson 等（2008）指出高粱根系根毛组织中将合成、产生大量化感物质高粱醌，EST 数据序列分析发现 *O*-甲基转移酶参与了一种醌类物质 5-*n*-alk（en）ylresorcinol 的合成。Won 等（2013）认为有机农业中利用高粱秸秆化感除草是一种有效的杂草管理方式。2~15d 的高粱幼苗中总酚酸含量较高，尤其高粱叶片的甲醇提取物中进行乙酸乙酯二次提取分离的酚酸抑制潜力强于其他有机溶剂。如果研磨加上煮沸技术，则高粱叶片的甲醇提取物抑制杂草潜力最强。Cook 等（2010）也指出高粱的主要化感物质是高粱醌，其重要合成场所是根毛组织，主要合成酶是 alkylresorcinol 合成酶（ARSs）、III型聚酮合成酶（PKSs）等。从高粱基因型 *BTx623* 中分离出所有与 PKS 有关的基因序列，其中 3 个基因序列优势表达，如 *ARS1* 和 *ARS2* 主要编码 ARS 酶，若两序列被屏蔽，则高粱醌的水平显著降低。*ARS1* 和 *ARS2* 基因序列及编码酶系列 ARSs 在水稻中也被检测出，它们均参与了水稻化感物质烷基间苯二酚(alkylresorcinols)的产生。Dayan 等（2010）通过水培实验收集了高粱根系分泌物，从中分离检测出重要化感物质高粱醌，同时也发现等量的 resorcinol 类似物。在根毛中高粱醌的合成途径主要包括脂肪酸脱饱和酶、alkylresorcinol 合成酶、*O*-甲基转移酶、P450 单加氧酶等，高粱醌一般不会向顶端转移，但会被子叶和胚轴组织吸收，其化感作用机制是抑制受体光合作用和分子靶点。由于高粱醌的水溶性，将被土壤吸附，而在一定时期存在，但会被微生物同化而矿化。Baerson 等（2008）认为高粱的重要化感物质是高粱醌，主要在根系根毛组织中合成分泌，其合成前体是 16:3 脂肪酰辅酶 A，然后生成中间物 pentadecatrienyl resorcinol，在 *s*-腺苷甲硫氨酸依赖的 *O*-甲基转移酶修饰，再在 P450 单加氧酶下催化双羟化反应，最后生成高粱醌。在高粱根毛中特有 cDNA 文库中发现参与高粱醌的合成的基因序列有 5468 条，一些直接决定合成的序列被筛选出来，其中基因 *SbOMT3* 是合成高粱醌的主导基因。Pan 等（2007）指出具化感作用的高粱对阔叶杂草和禾本科杂草显示出抑制效应，通过分子生物学手段讨论了高粱根系合成化感物质高粱醌的机理。前期的研究发现 16:3 且终端带有双键脂肪酸为高粱醌的最初前体。如 acyl-CoA 在 polyketide 合成酶催化合成

5-pentadecatrienyl resorcinol，在甲基转移酶和羟化酶作用经甲基化和双羟化，最终生成高粱醌。据此，三个相关的脂肪酸脱饱和基因被克隆，分别为 *SbDES1*、*SbDES2*、*SbDES3*，在根毛组织中能被鉴定和检测出，对 16:2 和 16:3 脂肪酸合成有优势表达。酿酒酵母（*Saccharomyces cerevisiae*）cDNAs 异源表达表明重组 *SbDES2* 基因能把棕榈油酸（16:1 Delta（9））转化为十六碳二烯酸（16:2 Delta（9,12））；重组 *SbDES3* 能把十六碳二烯酸变成十六碳三烯酸（16:3 Delta（9,12,15））。*SbDES3* 诱导产生的双键，位于脂肪链末端，具体在 C15-C16 位置。Dayan 等（2003）通过 NMR 和 ^{13}C 同位素技术发现高粱醌脂质尾部和醌类头部主要来自醋酸酯，只是在根毛不同区域内合成。高粱醌尾部中 16:3 脂肪酸前体主要是在根毛细胞质体中脂肪酸合成酶和去饱和酶共同参与合成的。脂肪酸前体从质体被输出，然后在聚酮合成酶作用下转化为 5-pentadecatriene resorcinol，这种中间产物在根系分泌物中可被检出。然后在 *O*-甲基转移酶作用下被甲基化，最后在单加氧酶作用下进行双羟化，生成高粱醌。

第二章　不同基因型小麦的化感作用

第一节　不同基因型小麦发芽期和苗期化感作用

化感作用被认为是一种生物防治杂草的有效措施，可以利用作物的化感作用抑制田间杂草的滋生（Bertholdsson，2005）。作物抑制杂草的化感作用一般应用于作物生长期和收获后阶段。小麦发芽早期根部有羟胺酸的形成；苗期对一年生硬直黑麦草有强烈的抑制作用（Wu et al.，2000）。在小麦收割后，余留下来的麦茬，可抑制后茬作物玉米地中的杂草生长，不适当的麦秸覆盖将会影响夏玉米的生长发育以及产量（马永清和韩庆华，1995）。从小麦中已鉴定出对羟基苯甲酸、香草酸、丁香酸等酚酸类物，以及 DIMBOA 等羟胺酸为主要的化感物质（Wu et al.，2001a，2001b）。这些化感物质将影响受体植物的氮吸收、生物膜通透性、蛋白质合成、光合作用、呼吸作用、酶活性、体内激素平衡和植物水势等（Baziramakenga et al.，1995；Einhellig，1986）。作物的化感特性起源于野生祖先，但经千百年的人工驯化培育，大部分品种的化感特征已经丧失，只有少部分品系的化感特性被保留下来（孔垂华等，2002）。尽管目前已找到与小麦对一年生硬直黑麦草的化感作用有关的 QTLs，但小麦的化感作用控制基因还未检测出来（Wu et al.，2003）。然而对于不同基因型小麦化感作用的遗传变异以及在杂草控制中的应用研究在国内外未见报道。本书通过分析 10 种不同基因型小麦进化材料（表 2-1）在发芽期和苗期的化感作用趋势，试图揭示小麦化感作用的生态遗传学机理，为小麦的进一步化感遗传育种提供理论依据。

表 2-1　供试小麦进化材料

测试序号	小麦材料	名称	染色体组型	染色体数
1	野生一粒	*Triticum boeoticum*	AA	$2n=2x=14$
2	栽培一粒	*Triticum monococcum*	AA	$2n=2x=14$
3	斯卑尔脱山羊草	*Aegilops speltoides*	BB	$2n=2x=14$
4	节节麦	*Aegilops tauschii* Cosson Syn	DD	$2n=2x=14$
5	法国黑麦	French *Secale cereale*	RR	$2n=2x=14$
6	野生二粒	*Triticum dicoccoides* K.	AABB	$2n=4x=28$
7	栽培二粒	*Triticum dicoccum* S.	AABB	$2n=4x=28$

续表

测试序号	小麦材料	名称	染色体组型	染色体数
8	普通小麦	*Tritium aestivum*	AABBDD	$2n=6x=42$
9	宁冬1号	No 1 Ningdong	AABBDD	$2n=6x=42$
10	陕160	Shan 160	AABBDD	$2n=6x=42$

一、发芽期不同基因型小麦的化感作用

不同基因型小麦发芽期对生菜幼苗的胚根产生化感抑制作用存在差异，10种不同基因型的小麦进化材料对生菜胚根的伸长抑制作用为19.3%~91.1%不等。小麦二倍体材料中，以斯卑尔脱山羊草的化感抑制作用最强，抑制率为61.6%，最小化感抑制作用的为野生一粒，抑制率为19.3%（表2-2）。二倍体中栽培一粒的抑制作用大于野生一粒，而四倍体中野生二粒抑制强于栽培二粒，表明了小麦的人工驯化与自然进化对小麦的化感作用影响不一样。考虑现代栽培品种的染色体倍性，对不同基因型小麦进化过程化感作用分析时，不考虑RR染色体组材料的影响（下同）。从4个二倍体材料、2个四倍体材料、3个六倍体材料的化感作用平均指数发现二倍体到四倍体以及四倍体到六倍体的染色组变化时（表2-3）化感作用强度分别增加21.9和22.0个百分点，表明小麦从二倍体→四倍体→六

表 2-2 不同基因型小麦发芽期和苗期对生菜幼苗胚根伸长的影响（cm）

材料	发芽期	苗期					
		根提取液			茎叶提取液		
		20d	40d	60d	20d	40d	60d
1	1.18ab^{AB}	0.79b^B	0.82cde^C	0.74b^{BC}	0.32c^{CDE}	0.06b^B	0.22bc^{BC}
2	0.67cd^{BCDE}	0.75bc^{BC}	0.88c^{BC}	0.68bc^{BC}	0.72b^B	0.02b^B	0.25b^{BC}
3	0.56de^{DE}	0.29de^{EF}	0.52e^C	0.84b^B	0.32c^{CDE}	0.03b^B	0.48a^{AB}
4	1.03bc^{ABCD}	0.50cd^{BCDE}	0.90c^{BC}	0.91b^{AB}	0.20cd^{DE}	0.21b^B	0.19bc^C
5	1.16ab^{ABC}	0.24de^{EF}	0.66cde^C	0.47cd^{CD}	0.08d^{DE}	0.07b^B	0.11bc^C
6	0.60cd^{CDE}	0.40d^{CDE}	0.84cd^C	0.91b^{AB}	0.57b^{BC}	0.01b^B	0.56a^A
7	0.86bcd^{BCD}	0.38d^{DEF}	0.66cde^C	0.28d^D	0.33c^{CDE}	0.08b^B	0.23bc^{BC}
8	0.13e^E	0.71bc^{BCD}	0.56de^C	0.94b^{AB}	0.03d^E	0.03b^B	0.04c^C
9	0.67cd^{BCDE}	0.29de^{EF}	0.74cde^C	0.71bc^{BC}	0.33c^{CD}	0.11b^B	0.28b^{BC}
10	0.95bcd^{ABCD}	0.03e^F	1.26b^{AB}	0.39d^{CD}	0.16de^{DE}	0.06b^B	0.12bc^C
11	1.47a^A	1.37a^A	1.66a^A	1.24a^A	1.07a^A	1.24a^A	0.63a^A

注：小写字母表示5%的显著水平，大写字母为1%的极显著水平，有相同字母表示不（极）显著。1：野生一粒；2：栽培一粒；3：斯卑尔脱山羊草；4：节节麦；5：法国黑麦；6：野生二粒；7：栽培二粒；8：普通小麦；9：宁冬1号；10：陕160；11：对照。下同。

表 2-3　　不同基因型小麦发芽期和苗期对生菜幼苗胚根的化感作用

发芽期		苗期/d						平均
		根提取液的化感作用			茎叶提取液的化感作用			
		20d	40d	60d	20d	40d	60d	
2n	−0.41	−0.51	−0.53	−0.38	−0.63	−0.93	−0.55	−0.59
4n	−0.5	−0.71	−0.55	−0.52	−0.58	−0.96	−0.37	−0.61
6n	−0.6	−0.72	−0.5	−0.45	−0.84	−0.95	−0.76	−0.7
平均	−0.5		−0.54			−0.73			−0.63

注：表中数字表示化感作用指数，$2n$、$4n$、$6n$ 分别表示二倍体、四倍体、六倍体小麦。

倍体进化过程中，发芽期的过程中，对生菜幼苗胚根伸长的化感抑制作用呈逐渐增强趋势，化感作用强度也逐渐增大，其中染色体倍性变化幅度相同时，化感作用强度表现也相同。

二、苗期不同基因型小麦的化感作用

在苗期过程中，二倍体小麦材料的根部化感抑制作用法国黑麦最强，而野生一粒最弱。二倍体小麦材料的茎叶部化感抑制作用法国黑麦的最强，栽培一粒和斯卑尔脱山羊草最弱（表 2-2）。20d 采收的小麦苗期材料，小麦从二倍体→四倍体→六倍体进化过程中，根部的化感抑制作用为 $6n>2n>4n$。而 40d 采收的材料中，小麦在长期进化过程中，化感抑制作用变化为 $2n≈4n≈6n$。在 60d 的苗期材料中，随着小麦的进化，化感抑制作用变化为 $4n>6n>2n$，详见表 2-3。苗期的小麦在进化过程中根部化感作用的变化，表明了小麦化感作用与进化环境下的选择压力有关。

由于小麦的长期进化，苗期生长的变化对其茎叶部的化感作用影响不明显。如 20d 和 60d 采收的小麦苗期材料，小麦从二倍体-四倍体-六倍体进化过程中，茎叶部的化感抑制作用均表现为 $6n>2n>4n$，而 40d 采收的材料，茎叶部的化感抑制作用变化不大（表 2-3）。而在苗期，不同基因型小麦的根部与茎叶部的抑制作用存在差异，根部提取液的抑制变化率为 44%~70%，但茎叶提取液的抑制率在52%~96%内变化，表明了小麦地上部比地下部对杂草的干扰有更强的抗性。

在小麦苗期，二倍体材料、四倍体材料、六倍体材料等不同基因型小麦对生菜幼苗胚根的化感作用均表现为抑制作用，在二倍体到四倍体的进化过程中化感作用指数增加 3.4 个百分点，而四倍体到六倍体的变化中增加了 14.7 个百分点（表2-3），因而随着染色体加倍，抑制作用逐渐增强，相应的化感作用强度呈逐渐增大趋势。小麦植株的化感作用介于茎叶部和根部之间，表明了小麦各部位的化感作用进化速度存在差异，相应的整个植株的化感作用发生变化。

三、苗期小麦的相关分析

对 10 种不同基因型的小麦在苗期茎叶部与根部的化感作用进行回归分析，发现其相关系数并不显著（$r=0.0293$，$n=10$），但存在一定的正相关关系，表明小麦在进化过程中，化感物质在地上部与地下部转运时浓度将发生一系列变化，地上部与地下部实施化感作用时有简单的协同关系。但 10 种不同基因型的小麦地上部的化感作用均大于地下部，表明了小麦在进化过程中地上部对外界环境有更强的抗性。在苗期，大部分小麦进化材料的地下部化感作用相对于地上部的化感作用与时间有更强的相关性，其中斯卑尔脱山羊草、节节麦、野生二粒、宁冬 1号的根部化感作用与苗期生长阶段有明显的相关性（表 2-4）。不同基因型小麦在苗期均与时间呈现一定的相关性，表明了小麦的化感作用随着进化历程而变化。

表 2-4　不同基因型小麦对生菜幼苗胚根的化感作用与苗期生长阶段的相关性

项目	基因型 1		基因型 2		基因型 3		基因型 4		基因型 5	
提取液	s	r	s	r	s	r	s	r	s	r
相关系数	0.027	0.029	0.143	0.021	0.156	0.901	0.202	0.999	0.826	0.688

项目	基因型 6		基因型 7		基因型 8		基因型 9		基因型 10	
提取液	s	r	s	r	s	r	s	r	s	r
相关系数	0.045	0.999	0.311	0.073	0.037	0.326	0.006	0.967	0.028	0.154

注：茎叶、根为小麦提取液的部位，表中的数字表示化感作用与小麦苗期天数的相关系数（s：茎叶；r：根）。序号同表 2-1。

四、不同基因型小麦的化感作用聚类分析

作物的化感作用是一综合的概念，是多因素综合作用的结果（张晓珂等，2004）。不同基因型小麦在进化过程中化感作用存在差异，如发芽期小麦对生菜幼苗胚根存在化感作用，有研究表明小麦在发芽期将累积羟基肟酸（Copaja et al., 1999）；20 d、40 d、60 d 的各基因型小麦幼苗茎叶和根系均对生菜幼苗胚根存在化感作用，对 10 个供试的不同基因型小麦化感作用进行类平均法聚类分析（UPGMA），得到图 2-1。根据小麦对生菜幼苗胚根的化感作用表现型特征，将供试的 10 个不同基因型小麦聚合为三类化感作用类型。野生一粒、节节麦、法国黑麦、栽培二粒、宁冬 1 号和陕 160 为弱化感作用类型；栽培一粒、斯卑尔脱山羊草和野生二粒为中等化感作用类型；普通小麦为强化感作用类型。综合不同基因型小麦发芽期和苗期对生菜幼苗胚根的化感作用，不同染色体组型化感作用存在差异：AABBDD>BB>AABB>RR>AA>DD，表明 BB 染色体组可能含有与小麦

化感作用相关的主要基因，与 Wu 等（2003）通过分子标记手段鉴定出含有与小麦对一年生硬直黑麦草抑制作用相关的数量遗传位点的染色体一致，并且表明了小麦化感作用受多基因控制。

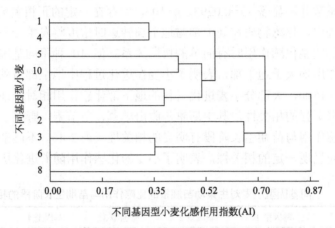

图 2-1　不同基因型小麦化感作用的 UPGMA 聚类分析

（序号含义同表 2-1）

　　作物化感作用潜力的差异是因它们产生和释放不同种类和浓度的化感物质所致。如 10 种不同基因型小麦化感作用在发芽期和苗期的化感作用差异，反映了它们之间释放（含有）的化感物质的浓度不一样（Wu et al., 2002）。小麦不同部位提取液对同一受体植物作用不一致，可能是化感物质合成部位以及实施化感作用部位不同所导致。而小麦地上部的抑制作用强于地下部，与 Khatib 等（1999）研究小麦对野燕麦的抑制作用结果相符。小麦不同时期对生菜幼苗胚根的化感作用进化趋势相同，表明了与小麦化感作用有关的基因在各时期均能表达。在苗期生长阶段，10 种不同基因型的小麦材料在进化过程中与时间的相关性存在明显差异，说明小麦在进化过程中，面对环境的变化，化感物质的改变以及其生物合成途径需要漫长的进化历程（张正斌，1990）。Kong 等（2004）也评价了胜红蓟（*Ageratum conyzoides*）在四叶期、开花前期、开花期、成熟期的抗草作用，发现路边胜红蓟在开花期具有最强的化感抑草和病害抗性潜势。

　　植物次生物质的多样化以及生物合成途径是在长期对环境的适应条件下逐步形成的（Bertholdsson, 2004）。化感物质在小麦进化过程中的产生及化感作用的强弱与周围环境的选择压力有关（Rizvi et al., 2000）。如不同基因型小麦材料根部在苗期对生菜幼苗胚根的化感作用的不稳定变化，表明了小麦在长期进化时形成了对外界植物的抗性，可能与化感物质在进化过程中逐渐自身合成有关（Huang et al., 2003），强化感作用基因型的小麦可合成比弱化感作用基因型更高浓度的化感物质（Wu et al., 2001）。张岁歧等（2002）报道在小麦染色体倍性从 2n 到 6n 的进化过程中，整株水平的水分利用率（WUE）随染色体倍性的增加而增加，而根系生长和根冠比则随染色体倍性的增加而降低；李秧秧等（2003）指出小麦从二倍体到六倍体的长期进化过程中，水分利用率（WUE）和氮利用效率（NUE）均增加，可能是小麦在进化过程中化感作用增强，从而增强与其他植物竞争水分和养分的能力，但存在一定的生理消耗。

在小麦发芽期和苗期，野生型与栽培型小麦的化感作用变化很大，表明了小麦驯化过程中化感作用生态遗传受染色体倍性的影响，说明不同基因型小麦携带的化感遗传信息不同，而不同的化感遗传信息又形成于小麦的不同进化及人工进化过程中，并储存在不同基因型小麦的染色体内（Motiul et al., 2001）。对二倍体小麦材料的化感作用比较发现不同染色体组的化感作用：BB>RR> AA > DD，表明了 B 染色体上分布有小麦化感作用的主要基因，并能与其他染色体组的相关化感作用的基因协同进化，而使小麦在进化过程中化感作用得到逐步增强（Zuo et al., 2005）。至于不同基因型小麦成熟期的化感作用趋势以及小麦化感作用的进化分子学机制有必要通过试验进一步探讨。

第二节　不同基因型小麦重要生长期化感作用

小麦是世界第一大粮食作物，在农业生产中占有重要地位。人们在提高小麦产量的同时，往往施用大量的除草剂和杀菌剂，对环境造成了极大危害（马永清等，1995）。小麦化感作用是利用小麦生长期或收获后残体向环境中释放的异羟肟酸和酚酸类物质等次生代谢物对自身或其他生物产生作用，它克服了除草剂和杀菌剂等引起的环境污染问题，具有抑制杂草、控制病虫害的潜力，但也存在自毒作用（Wu et al., 2000a）。小麦化感物质活性的发挥除了与化感物质的种类和浓度有关外，还由小麦自身的遗传因素、环境因素和生物因素的共同作用决定。环境条件直接影响作物的生长和化感物质的产生，而生物因素和化感作用之间是相互作用的（Allemann et al., 2016）。小麦化感作用的遗传变异、小麦化感作用与产量因素的关系以及相关的作用机理，还有小麦化感作用的稳定性是小麦化感作用研究的薄弱环节，其研究方法还需进一步探索改进。

Rizvi 等（2000）分析部分小麦材料发现其化感作用遗传变异为+10% ~ –30%，并指出不同小麦品系的生长与化感活性无显著相关性。Wu 等（2000）采用等分琼脂法（ECAM）评价了 50 个国家的 453 份小麦材料，发现对硬直黑麦草根长抑制作用为 9.7%~90.9%，表明小麦种质资源的化感作用存在明显的遗传变异，不同材料之间化感差异显著，但总体呈现正态分布。Motiul 等（2001）运用随机扩增多态 DNA（RAPD）标记分析了 26 份澳大利亚 *Triticum speltoides* 小麦材料的遗传多样性，发现品系之间化感作用遗传相似性平均为 55.0%，大致分布为 44.0%~88.0%，而同一品种中的化感作用 DNA 遗传多样性为 4.0%~24.0%。由于小麦化感作用在植物保护、环境保护以及作物育种等方面具有广泛的应用前景，促进了小麦抗逆性的增强以及产量和品质的提高。提高化感作用是当前各国小麦育种的重要目标之一，目前在提高小麦经济系数（0.45）以及降低株高（70~80cm）的同时，正追求高抗性的培育（孔垂华等，2002）。然而，只有把与产量相关的重要农艺性状与化感作用协调发展，达到合理的配比才能实现高产高抗目标。

　　前人应用相关分析和回归的方法对经济系数等重要农艺性状分别进行分析，揭示了主要性状的相关性，但很少涉及高产下化感作用与各性状的关系。周少川等（2005）选用特征次生物质标记过化感指数的 9 个华南水稻品种，在田间实验中得出其化感作用、抑草效应与产量构成因素如有效穗数、每穗粒数和千粒重等重要农艺性状无显著的相关性，但化感作用和有利于竞争的农艺性状的水稻品种均能在田间显示抑草效应。Siemens 等（2002）指出植物面对环境胁迫时，或选择分配有限资源加速生长增强竞争，或投资有限资源用于次生代谢加强防御，因此植物次生代谢过程应存在生理消耗，但由于小麦化感作用涉及的因素很多，而由诸多因素构成的化感表达系统是一个部分信息已知、部分信息未知或不完全明确的灰色系统，而灰色系统提出的灰色关联分析法所需要的时间序列短、统计数据少，不要求数据有典型分布，算法简便易行（刘录祥等，1989）。因此，本书拟应用灰色系统理论（邓聚龙，1992）分析小麦材料不同时期化感作用对后期构成产量性状的影响，计算化感作用与产量因子的灰色关联度，并排出关联序，从而得出不同时期化感作用表达对产量构成影响的定量结果。

　　对于品种在不同环境（指地点或不同年份）下的稳定性问题，金文林（2000）对多年多点不完全平衡的区域试验资料建立了秩次分析模型，指出品种表现是依环境变动呈非直线变化的，试图以环境指数（独立或不独立）来对环境效应和基因环境互作效应做出非线性解释，主要通过参数的选用、估计及变异来源和自由度剖分等方面具体分析品种与环境的交互效应，推导出品种间稳定性差异。本书拟采用秩次分析理论探讨作物区域试验中化感作用的稳定性（金文林和白琼岩，1999）。因此，本书以 20 世纪不同年代黄土高原干旱、半干旱地区以及中原麦区推广的小麦栽培品种为材料，通过遗传变异理论、灰色系统理论和秩次分析理论评价化感作用遗传变异状况，研究化感作用与农艺性状的相互关系以及对最终产量构成的影响，寻找重要农艺性状间的理想搭配以获得最大经济产量和最强抗性，以及化感表达的稳定性，试图从遗传、农艺和生态因素阐释培育高产高抗小麦的理论可行性，为筛选高产高抗的种质资源和人工培育高产高抗品种提出理论指导。

一、化感作用性状遗传变异分析

黄土高原旱作小麦的化感作用性状遗传变异在各品种间差异显著，化感作用遗传力均较高（表 2-5）。一般，遗传变异系数大的，遗传力相对较小。在发芽期到扬花期遗传力较高，分蘖期遗传力最大，扬花期后化感性状遗传力相对较小，而遗传变异系数与遗传力相反，从营养生长期到生殖生长期遗传变异系数呈增强趋势，其中返青期化感性状变异最小，而成熟期变异最大，说明了营养生长期小麦的化感性状遗传力表现充分，而生殖生长期由于形成产量的需要而导致遗传力难以表现，特别在灌浆期化感作用遗传表现最弱。化感作用遗传力比较为分蘖期>抽穗期>返青期>扬花期>拔节期>苗期>发芽期>成熟期>灌浆期，表明了化感作用总表现型变异中基因型变异在营养生长期为主效应，而生殖生长期环境因素对化感性状的遗传变异为主要决定因素。

表 2-5　黄土高原旱作小麦的化感作用遗传变异分析

生长期	CV/%	GCV/%	H/%	F	SH/%	T（H/SH）
发芽期	22.60	19.95	77.00	11.05**	5.78	13.31**
苗期	21.62	19.06	77.36	11.25**	5.71	13.55**
返青期	7.04	6.62	87.71	22.41**	3.35	26.17**
拔节期	15.62	13.83	77.75	11.48**	5.63	13.81**
分蘖期	14.60	14.33	94.87	56.46**	1.47	64.46**
抽穗期	14.53	14.13	93.47	43.98**	1.86	50.38**
扬花期	19.85	17.92	80.27	13.20**	5.09	15.77**
灌浆期	22.24	16.67	55.22	4.70**	9.33	59.18**
成熟期	31.04	25.68	67.31	7.18**	7.59	8.86**
	$F(34.68)_{0.05}=1.69$，　$F(34.68)_{0.01}=2.12$			$T(102)_{0.05}=1.99$，　$T(102)_{0.01}=2.63$		

注：表中字符 CV 为 coefficient of variation（变异系数）；GCV 为 genetic coefficient of variation（遗传变异系数）；H 为 Heritability（遗传力）；SH 为 selective heritability（选择遗传力）；F 和 T 为显著性检验参数，**表示极显著水平。

二、化感作用与农艺性状灰色关联分析

在灰色关联分析中，各因素的重要性以关联度表示，关联度越大，则表示因素间变化态势越接近，其相互关系越密切。通过灰色关联分析，得出不同时期化感作用与农艺性状紧密相关（表 2-6）。在发芽期和灌浆期，小麦化感作用对植株株高影响最大；在分蘖期和扬花期，化感作用的表达对小穗数影响最明显；返青期和拔节期主要影响小麦的千粒重；而苗期、抽穗期和灌浆期分别影响分蘖、穗长和经济系数，表明了不同时期的化感表达对小麦单产均存在明显影响。由关联分析结果可知，小麦株高与不同时期化感作用的关联度位序为 $x_8>x_1>x_7>x_2>$

$x_9>x_5>x_6>x_4>x_3$，而经济系数与不同时期化感作用的关联度位序为 $x_8>x_3>$ $x_1>x_4>x_2>x_9>x_5>x_6>x_7$，由此表明，与产量相关的 9 个时期的化感作用表达中，以灌浆期化感作用对产量的影响最大，其次依次为返青期>发芽期>拔节期>苗期>成熟期>分蘖期>抽穗期>扬花期。可见，灌浆期小麦化感作用表达不利于产量形成，但其他时期对小麦产量性状影响相对较小。

表 2-6　黄土高原旱作小麦的化感作用与农艺性状灰色关联分析

生长期	株高/cm	分蘖/(个/株)	穗长/cm	小穗数/(个/株)	穗粒数/(粒/株)	千粒重/(g/1000 粒)	单产/(kg/hm²)	经济系数
发芽期（x_1）	0.6717	0.5750	0.5535	0.5367	0.5200	0.5295	0.5322	0.5804
苗期（x_2）	0.5649	0.6563	0.5010	0.5076	0.5387	0.5274	0.5311	0.5463
返青期（x_3）	0.5034	0.5715	0.4979	0.6334	0.7034	0.6550	0.5779	0.5959
拔节期（x_4）	0.5068	0.5365	0.5139	0.6057	0.6549	0.6932	0.6331	0.5592
分蘖期（x_5）	0.5408	0.5334	0.5249	0.6692	0.5921	0.5917	0.5570	0.5241
抽穗期（x_6）	0.5241	0.6331	0.6585	0.5774	0.5653	0.5169	0.5472	0.5187
扬花期（x_7）	0.5936	0.6594	0.6923	0.7041	0.6219	0.5198	0.5355	0.4904
灌浆期（x_8）	0.6794	0.5690	0.6155	0.6321	0.6448	0.4972	0.5608	0.6394
成熟期（x_9）	0.5495	0.5554	0.5445	0.5477	0.5794	0.5523	0.6353	0.5351

注：经济系数=经济产量/生物学产量，无单位。

三、化感作用与农艺性状回归分析

利用小麦分蘖期、抽穗期、扬花期、灌浆期、成熟期 5 个重要生长时期化感作用（自变量 x），并选出 5 个有关小麦选育的重要代表性状（因变量 y）进行多元回归分析，并建立多元线性回归模型（表 2-7）。分析得出小麦不同生育期的化感指数与小麦选育性状目标之间关系密切，表现出明显的线性关系，回归方程效果非常显著，能较好地反映小麦生育过程中化感作用状况和最终选育目标之间的关系。当 5 个生育期的化感作用为 0 时，则株高、穗长、结实小穗数、平均穗粒数、千粒重分别为 43.60cm、9.16cm、21.00、50.27、38.28g。而随着化感作用值的升高，选育性状指标值均线性降低，当化感强度值均为 1 时，则上述 5 个选育性状指标值分别为 108.37cm、6.44cm、13.43、41.45、36.24g。

表 2-7　黄土高原旱作小麦的化感作用与农艺性状多元回归分析

项目	多元线性回归模型	r^2	p
株高/cm	$y=43.60+101.72x_1+38.01x_2+71.55x_3-75.89x_4-70.62x_5$	0.9885	0.01
穗长/cm	$y=9.16-4.68x_1-2.92x_2-7.28x_3+8.02x_4+20.18x_5$	0.9995	0.002
结实小穗数/(个/侏)	$y=21.00+7.03x_1-10.68x_2-20.73x_3+47.33x_4-30.52x_5$	0.9657	0.04
平均穗粒数/(粒/穗)	$y=50.27-42.17x_1-66.90x_2-94.38x_3+84.49x_4+110.10x_5$	0.8976	0.05
千粒重/(g/1000 粒)	$y=38.28-38.74x_1-6.29x_2-7.36x_3+37.62x_4+12.73x_5$	0.9895	0.003

四、化感作用的稳定性分析

计算四个环境条件下 15 个旱作小麦品种的分级值和秩次值,得出 03-1、04-1、05-1、05-2 四个环境的 Y_M 值分别为 81.3%、92.0%、96.3%和 87.5%。而 Y_M 平均值大于 80%,其中 04-1 和 05-1 的 Y_M 值均超过 90.0%,说明四个环境点品种间化感作用差异均显著,而且四个试区对品种化感作用差异具有较强的区分能力。计算获得平均秩次均值 H=4.858,S=1.686;表现高化感作用秩次均值上限为 3.604(H–2/3S),而表现为低化感作用的下限为 6.108(H+2/3S),其中 3.604~6.108 为中等化感作用。同理,高稳定性平均秩次均值的下限为 2.212,而不稳定均值的上限为 4.740,在 2.212~4.740 为中等稳定,计算分析得到表 2-8。从表 2-8 可看出,各个品种的平均秩次均值均存在显著差异。兰考 6 号、小偃 22 号为稳定的高化感作用品种,野生一粒和二粒为高化感作用,但性状为中等稳定,可能受明显的环境影响。兰考矮早八、小偃 6 号、长武 131 均为基本稳定的中等化感作用品种,兰考 95(25)为低化感作用品种,其中 86-5-22、92-19、新小偃 6 号为基本稳定的低化感作用品种,可能在环境胁迫的诱导下化感作用会增强。

表 2-8　黄土高原旱作小麦的化感作用的稳定性分析

品种	化感作用均值	平均秩次均值 (5%和 1%显著水平)	方差	化感作用	稳定性
野生一粒	0.438	8.125 a A	3.063	高	中等
野生二粒	0.470	6.250 abc AB	3.063	高	中等
碧玛 1 号	0.400	3.875 cde BC	1.563	中	不稳
丰产 3 号	0.372	4.875 bcde ABC	0.833	中	不稳
兰考 6 号	0.430	6.500 abc AB	7.729	高	稳定
兰考矮早八	0.360	3.875 cde BC	2.729	中	中等
兰考 95(25)	0.312	2.250 e C	4.750	低	稳定
豫麦 66	0.474	6.500 abc AB	1.563	高	不稳
86-5-22	0.348	2.500 e C	4.333	低	中等
92-19	0.330	3.375 de BC	4.250	低	中等
宁冬 1 号	0.402	4.875 bcde BC	1.563	中	不稳
小偃 6 号	0.390	5.625 abcd ABC	2.500	中	中等
小偃 22 号	0.434	6.625 ab AB	6.396	高	稳定
新小偃 6 号	0.266	3.375 de BC	4.063	低	中等
长武 131	0.388	4.250 bcde BC	3.750	中	中等
平均值(H)		4.858	3.476		
标准差(S)		1.686	1.886		

注:5%和 1%显著水平分别用小写字母和大写字母表示。

当前，采用分子生物学技术揭示作物化感的遗传背景成为热点，化感性状的内在遗传机理正在逐步清晰。Wu 等（1999）指出作物能产生和释放化感物质进入环境抑制周围杂草的生长，而且作物品系之间化感作用明显不同，认为多个基因可能参与了作物化感物质从产生到释放的过程。通过强化感品种（Tasman）和弱化感品种（Sunco）杂交，发现双单倍体（doubled haploid，DH）之间化感差异显著，对一年生硬直黑麦草根长抑制率为 23.7%~88.3%（Wu et al., 2002）。表型性状表明化感作用在双单倍体中呈正态分布，而且在幼苗期存在明显的超亲分离（transgressive segregation）现象。经限制性片段长度多态性（RFLP），扩增片段长度多态性（AFLP）和微卫星（SSR）等分子标记分析得出小麦化感作用主要由 2B 染色体上两个重要的 QTLs 决定（Wu et al., 2003），在小麦遗传育种中借助分子标记和 QTLs 连锁反应可以增强培育品系的化感活性，从而降低对合成除草剂的过分依赖。

本书得出黄土高原旱作小麦的化感作用性状遗传效应差异显著，在生活史中遗传力表现为 55.22%~94.87%，营养生长期的化感作用明显高于生殖生长期，其中分蘖期遗传力最大，灌浆期化感作用遗传力最弱，说明在营养生长期次生代谢活跃，可能合成更多的次生代谢物质，从而增强对外来生物侵扰的化感作用和竞争；而在生殖生长期，由于形成产量的因素为主导，导致化感性状表达的生理补偿机制降低，环境因素影响化感性状的遗传变异。小麦生长期化感作用遗传力比较为分蘖期>抽穗期>返青期>扬花期>拔节期>苗期>发芽期>成熟期>灌浆期，表明化感作用的相关基因加性效应和显性效应呈交替表达，这解释了普遍存在的作物化感作用间断性表型表现的遗传原因，说明了小麦生长对化感性状的遗传变异存在显著影响，而对自身化感作用表达无显著影响。苗期是作物与杂草竞争的重要时期，小麦化感遗传力高达 77.36%，适宜为化感性状遗传选择，而 He 等（2004）也指出水稻在 5|4、6|5 和 8|7 叶期条件遗传效应稳定，化感基因的表达受环境条件影响较小且影响的方向稳定，不需要加大基础群体选择压力，可获得较好的化感作用改良效果。

Romagni 等（2003）指出生物次生代谢过程需要消耗大量能量，Reuben 和 Rodney（2004）也指出植物在产生次生物质的代谢过程中将消耗能量，主要参与植物的防御、化感和营养关系调节，在复杂长期的生物合成途径选择和进化学中有利于植物的选择优势。本书中灰色关联分析表明不同时期化感作用与农艺性状紧密相关。不同时期的化感表达对小麦产量构成因素影响存在主导效应，如在发芽期和灌浆期，小麦化感作用主要影响植株株高；在分蘖期和扬花期，化感作用的表达主要导致小穗数变化；返青期和拔节期的化感主要影响小麦的千粒重；而苗期、抽穗期和灌浆期分别主要影响小麦分蘖情况、穗长和经济系数，说明了从发芽期到成熟期化感表达涉及多个调控基因，这些基因不仅参与了小麦生活史化感作用的调节，而且可能调控着小麦重要农艺性状的形成，影响最终产量构成。

当然，在调控过程中存在能量的重新分配和协调，在生理上表现为消耗现象和补偿机制。反之，作物的重要农艺性状也影响化感作用的表达。如 Dilday 等（2001）指出强化感水稻品系比弱化感或非化感品系的根系生物量多 2~3 倍，在稗草对弱化感或非化感品系减产 60%~68%时，强化感水稻品系减产为 37%。Kong 等（2004）也指出胜红蓟在不同生长期和不同生境下化感作用差异显著。如在路边和盛花期胜红蓟化感作用最强。由小麦株高和经济系数与不同时期化感作用的关联分析表明，与产量相关的 9 个时期的化感作用表达中，以灌浆期化感作用对产量的影响最大，其次依次为返青期＞发芽期＞拔节期＞苗期＞成熟期＞分蘖期＞抽穗期＞扬花期，表明了从能量生理上营养生长期的化感表达比生殖生长期对最终产量形成影响更大，但从化学防御上则不同生长期的化感作用有助于最终产量的有效形成。如 Song 等（2004）报道水稻在不同物候期根系化感分泌物明显不同，但大部分化感物质在水稻黄熟期出现；而 Gealy 等（2003）报道高化感作用的亚洲水稻品种最终产量高于弱化感的美国品种和一些商业品种。研究发现小麦分蘖期、抽穗期、扬花期、灌浆期、成熟期 5 个重要生殖时期化感作用与小麦产量选育性状呈明显的多元线性回归关系，反映小麦生育过程中化感作用状况对最终选育目标为线形影响。当 5 个生育期化感强度值均为 0~1 时，则株高、穗长、结实小穗数、平均穗粒数、千粒重变化分别为 43.60~108.37cm、6.44~9.16cm、13.43~21.00、41.45~50.27、36.24~38.28g。但在水稻中未发现化感作用与株高、单株穗重、穗数、穗长、实粒数、空粒数、结实率和千粒重等有显著相关性（周少川等，2005）。

用秩次分析法评价小麦区试品种的化感稳定性状，它能克服因区域试点不同、各小区收获面积不同，或缺区、某个重复试点报废以及参试的品种不同、参加的品种数量不同等造成误差检验不同质，给联合方差分析、回归分析和灰色关联度分析法等带来困难（周晓果等，2005），并能跨年度、多年度地分析，这样丰富了品种比较和区域试验的化感作用、稳产性及区域适应性研究（袁嘉祖，1991）。本书分析了四个环境条件下 15 个旱作小麦品种的分级值和秩次值，得出四个环境点品种间化感作用差异均显著，而且四个试区对品种化感作用稳定性差异具有较强的区分能力。同时得出兰考 6 号、小偃 22 号为稳定的高化感作用品种，兰考 95（25）为低化感作用品种，其他品种的化感作用性状表达不稳定。可见，小麦化感物质活性的发挥除了取决于化感物质的种类外，还由小麦自身的遗传因素、环境因素和生物因素的共同作用决定（Kashif et al.，2016）。因此在小麦化感作用实施中的生态因素、化学因素和生理因素在小麦化感作用稳定性评价中应日益重视。

第三节　不同基因型小麦成熟期的化感作用

作物的化感作用与作物的品种显著相关，作物品种间化感作用的差异是因不同品种产生和释放化感物质的种类和浓度差异造成的。Manievel 等（2001）报道一种基因型为 CE145-66 的高粱对后茬作物花生有负面影响，各地区种植的不同高粱品系化感差异不明显，但气候变化对化感作用影响显著，鉴定出其中的酚酸总含量为根干重的 1.1%~1.5%，为地上部干重的 1.1%~2.2%，主要是阿魏酸、对羟基苯甲酸、香豆酸。Souza 等（2000）指出化感植物的地上部是水溶性植物毒性物质的主要来源。Naumov 等（2004）指出田间作物种子用小麦发芽时的胚根分泌物处理后，可增强种子发芽活力，较早诱导茎的产生，提高对不利环境和病虫害的抗性，激活共生微生物，促进氮的固定以及氮和磷在根区土壤的转变，进而促进植物的生长发育以及提高最终产量。指出普通小麦的形成是自然变异和人工选择的结果，经历了从二倍体→四倍体→六倍体的进化过程。即由野生一粒小麦（AA）驯化成栽培一粒（AA），同时与拟斯卑尔脱山羊草天然杂交，产生野生二粒小麦（AABB），二粒小麦在分化出其他四倍体小麦的同时，又与节节麦（DD）天然杂交，产生了普通小麦（AABBDD）（张正斌，1990）。李善林等（1997）报道小麦颖壳提取物对白茅（*Imperata cylindrica*（L.）Beauv.）均有杀除效果，并指出小麦颖壳的甲醇可溶物有望开发成为防治白茅的生物除草剂。本书分析了 8份小麦进化材料在成熟期时地上部化感作用的变化规律，试图揭示小麦材料成熟期地上部化感作用的进化变异机制，从而为秸秆覆盖、颖壳还田技术等农业可持续发展措施提供有效理论参考。

一、成熟期地上部提取液化感作用

将小偃 22 号小麦作为生物测定受体，从图 2-2 可以看出不同基因型小麦成熟期提取液在原液时地上部的茎叶部和颖壳对小麦幼苗总根的影响均呈抑制作用，其中茎叶部的抑制作用比较为栽培一粒>栽培二粒>陕 160>野生一粒>宁冬 1 号>法国黑麦>野生二粒，见图 2-2（a）；而颖壳的抑制作用比较为栽培二粒>陕 160>栽培一粒>野生二粒>宁冬 1 号>野生一粒>法国黑麦，见图 2-2（b）。随着原液稀释 10 倍、100 倍，地上部均表现为促进作用，其中栽培一粒、野生二粒、陕 160的地上部，栽培二粒的颖壳明显地表现为高浓度抑制、低浓度促进作用。

分析不同基因型小麦成熟期地上部提取液在原液时对小麦最大根长的影响发现，茎叶部和颖壳均呈抑制作用，其中茎叶部的抑制作用比较为栽培一粒>栽培二粒>陕 160>法国黑麦>野生一粒>宁冬 1 号>野生二粒，见图 2-2（c）；而颖壳的抑制作用比较为栽培二粒>陕 160>栽培一粒>野生二粒>宁冬 1 号>野生一粒>法

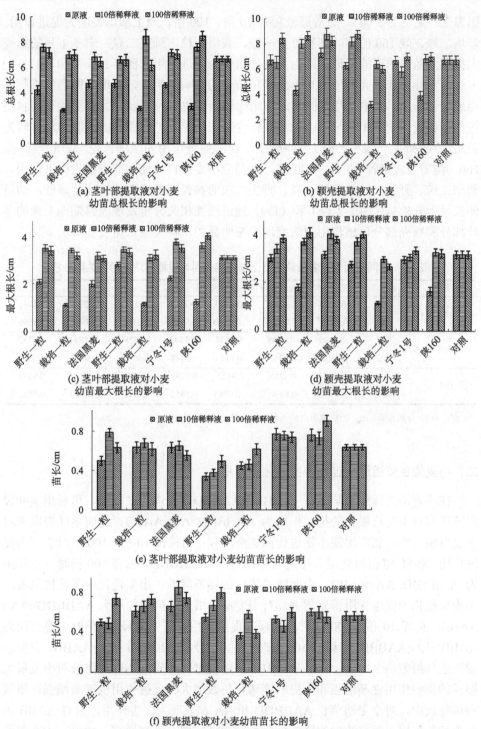

(a) 茎叶部提取液对小麦
幼苗总根长的影响

(b) 颖壳提取液对小麦
幼苗总根长的影响

(c) 茎叶部提取液对小麦
幼苗最大根长的影响

(d) 颖壳提取液对小麦
幼苗最大根长的影响

(e) 茎叶部提取液对小麦幼苗苗长的影响

(f) 颖壳提取液对小麦幼苗苗长的影响

图2-2 不同基因型小麦成熟期地上部提取液对小麦幼苗的影响

国黑麦，见图 2-2（d）。随着原液稀释 10 倍、100 倍，地上部均表现为促进作用。栽培二粒、陕 160 的茎叶部和野生一粒、栽培一粒、野生二粒、宁冬 1 号的颖壳水提取液随着浓度的降低逐渐由抑制作用变为促进作用（图 2-2（c）和（d））。

　　而茎叶部和颖壳的原液对小麦幼苗苗长的影响不明显，表现为微弱的抑制作用或促进作用。其中茎叶部的抑制作用比较为野生二粒>栽培二粒>野生一粒；促进作用比较为宁冬 1 号>陕 160 >栽培一粒>法国黑麦。而颖壳的抑制作用比较为栽培二粒>野生一粒>宁冬 1 号>野生二粒；促进作用为法国黑麦>栽培一粒>陕160。随着原液稀释 10 倍、100 倍，大部分小麦材料的地上部表现为促进作用。栽培二粒、野生二粒、栽培一粒、野生二粒的颖壳随着提取液浓度的降低，幼苗伸长呈上升趋势（图 2-2（e）和（f））。通过线性相关分析发现成熟期地上部的茎叶部分和颖壳部分化感作用与浓度均存在明显的正相关性，见表 2-9。

表 2-9　不同基因型小麦成熟期地上部化感作用与提取液浓度的相关性分析

项目	地上部	野生一粒	栽培一粒	法国黑麦	野生二粒	栽培二粒	宁冬 1 号	陕 160
总根长	茎叶	0.2237*	0.3268*	0.1877*	0.3184*	0.0377	0.2896*	0.4711**
	颖壳	0.9715**	0.4602**	0.0620	0.5408**	0.2166*	0.3906**	0.3596**
最大根长	茎叶	0.2595*	0.2385*	0.2548*	0.1543*	0.3718**	0.1841*	0.4552**
	颖壳	0.8508**	0.4742**	0.1113*	0.5448**	0.1904*	0.9722**	0.2955*
苗长	茎叶	0.0018	0.4286**	0.9415**	0.9780**	0.9999*	0.8972**	0.9335**
	颖壳	0.9864**	0.8900**	0.0015	0.8452**	0.1160*	0.6630**	0.9932**

注：**和*分别表示 0.01、0.05 显著水平，表中数字表示相关系数 R^2。

二、小麦染色体组进化过程中茎叶化感作用

　　在小麦染色体组型从 AA→AABB→AABBDD 的进化过程中，可看出茎叶提取液原液对小麦总根长的抑制作用为 AABBDD>AA>AABB，说明茎叶提取液对小麦总根长的抑制作用随小麦进化而逐渐增强；当稀释 10 倍、100 倍时表现为促进作用，稀释 10 倍时促进作用为 AABB>AA>AABBDD，稀释 100 倍时促进作用为 AABBDD>AA>AABB，表明随着浓度的逐渐降低，小麦进化中茎叶提取液对小麦总根长的促进作用得到增强。对小麦最大根长的抑制作用为 AABBDD>AA>AABB，稀释 10 倍、100 倍时均表现为促进作用，其中稀释 10 倍时促进作用为 AABB>AA>AABBDD，稀释 100 倍时促进作用为 AABBDD>AA>AABB，表明小麦染色体组型由 AA→AABB→AABBDD 进化过程中原液茎叶提取液对小麦最大根长的抑制作用逐渐增强和当提取液稀释倍数增大时促进作用也逐渐增强。原液和稀释液中，对小麦幼苗长 AABBDD 和 AA 都表现为促进作用，只有 AABB 表现为抑制作用，随着浓度的降低抑制作用逐渐减弱。而在原液、10 倍、100 倍稀

释液中促进作用均表现为 AABBDD>AA（表 2-10），表明小麦染色体组型由 AA→AABB→AABBDD 进化过程中茎叶提取液对小麦苗长的影响不明显。

表 2-10　不同染色体组型小麦成熟期地上部提取液对小麦幼苗的影响（cm）

染色体组	总根长			最大根长			苗长		
	原液	稀释10倍	稀释100倍	原液	稀释10倍	稀释100倍	原液	稀释10倍	稀释100倍
茎叶部提取液									
AA	3.46	7.28	7.08	1.58	3.45	3.28	0.57	0.734	0.62
AABB	3.79	7.53	6.39	1.98	3.26	3.26	0.39	0.42	0.55
AABBDD	3.40	7.11	7.93	1.50	3.51	3.83	0.75	0.75	0.84
CK	6.67	6.67	6.67	3.08	3.08	3.08	0.63	0.63	0.63
颖壳提取液									
AA	5.51	7.26	8.56	2.40	3.52	3.92	0.58	0.61	0.77
AABB	4.74	7.28	7.35	1.94	3.30	3.29	0.48	0.65	0.62
AABBDD	5.07	6.45	6.52	1.99	3.14	3.01	0.60	0.58	0.55
CK	6.71	6.71	6.71	3.13	3.13	3.13	0.59	0.59	0.59

三、小麦染色体组进化过程中颖壳化感作用

颖壳提取液对小麦总根长的抑制作用为 AABB> AABBDD>AA；稀释 10 倍、100 倍时 AA、AABB 均表现为促进作用，稀释 10 倍时促进作用为 AABB>AA，稀释 100 倍时促进作用为 AA>AABB，而 AABBDD 仍为抑制作用，且随浓度的逐渐降低，抑制作用减弱，表明小麦染色体组型由 AA→AABB→AABBDD 进化过程中颖壳提取液对小麦总根长的抑制作用总体为增强趋势。对小麦最大根长的抑制作用为 AABB>AABBDD>AA，稀释 10 倍时促进作用为 AA>AABB>AABBDD，稀释 100 倍时促进作用为 AA>AABB，说明颖壳提取液对小麦总根长的抑制作用随小麦进化先增强后减弱。原液和稀释液中，对小麦幼苗长表现为促进作用和抑制作用。在原液时 AABBDD 为微弱的促进作用，而抑制作用为 AABB>AA；稀释 10 倍、100 倍时 AABBDD 均为微弱的抑制作用，而 AA、AABB 的促进作用分别为 AABB>AA、AA>AABB（表 2-10），表明小麦染色体组型由 AA→AABB→AABBDD 进化过程中颖壳提取液对小麦苗长的影响也不明显。

四、成熟期小麦地上部化感作用平衡指数

在原液时，不同基因型小麦茎叶与颖壳的化感指数比值有变化，对小麦幼苗总根长的影响为宁冬 1 号>野生二粒>法国黑麦>栽培一粒>陕 160>栽培二粒>野生

一粒；对小麦幼苗最大根长的影响为野生一粒>宁冬 1 号>栽培一粒>陕 160>栽培
二粒>野生二粒>法国黑麦；对小麦幼苗苗长的影响为野生二粒>宁冬 1 号>陕 160>
野生一粒>栽培二粒>法国黑麦=栽培一粒，可能说明不同基因型小麦中成熟期地
上部化感物质的种类和浓度在茎叶和颖壳中的分配比值存在明显差异，导致小麦
幼苗生长的明显差异性。当提取液逐渐稀释时，不同基因型小麦茎叶化感指数与
颖壳的比值变化：逐渐升高的有陕 160 对最大根长的影响，法国黑麦对苗长的影
响，可能表明了陕 160 和法国黑麦地上部的化感物质在浓度降低时有逐渐向茎叶
部转移的趋势；而比值逐渐降低的有栽培一粒、野生二粒对总根长的影响，野生
一粒、栽培一粒对最大根长的影响，野生一粒、野生二粒对苗长的影响，可能说
明了野生一粒、栽培一粒、野生二粒地上部的化感物质在浓度降低时有逐渐向颖
壳部转移的趋势（表 2-11）。

表 2-11　不同基因型小麦成熟期茎叶与颖壳的化感指数比值变化

材料	总根长			最大根长			苗长		
	原液	稀释 10 倍	稀释 100 倍	原液	稀释 10 倍	稀释 100 倍	原液	稀释 10 倍	稀释 100 倍
野生一粒	0.00	4.33	0.27	8.25	1.75	0.45	2.10	2.00	0.00
栽培一粒	1.67	0.26	0.17	1.55	0.65	0.10	0.00	0.47	0.06
法国黑麦	3.50	0.06	0.13	0.00	0.11	0.05	0.00	0.06	0.41
野生二粒	4.67	0.05	0.03	0.69	0.71	0.27	23.00	2.16	0.52
栽培二粒	1.11	5.40	0.64	1.00	0.00	0.25	0.81	9.00	0.06
宁冬 1 号	30.00	0.50	1.50	3.86	5.50	2.60	4.40	1.24	2.43
陕 160	1.33	7.00	6.75	1.25	17.30	30.00	3.00	2.29	21.50

当染色体组由 AA→AABB→AABBDD 变化时，不同基因型小麦对总根长的
影响，表现为茎叶与颖壳化感指数的比值逐渐升高；不同基因型小麦对最大根长
的影响，表现为茎叶化感指数与颖壳的比值先降低后逐渐升高；而不同基因型小
麦对苗长的影响，表现为茎叶与颖壳的化感指数比值先逐渐升高而后降低，表明
影响小麦幼苗胚根生长的地上部的化感物质随小麦的进化历程而导致茎叶逐渐积
累化感物质，而对胚芽生长有影响的化感物质主要存在颖壳中。但比值指数绝大
多数大于 1，表明小麦进化过程中，成熟期时茎叶部分在地上部的防御作用中担
任主要角色。当提取液浓度逐渐降低时，AABB 对总根长、最大根长和苗长的影
响，AA 对最大根长和苗长的影响，表现为茎叶化感指数与颖壳的比值变化逐渐
降低，而 AABBDD 对苗长的影响，表现为茎叶化感指数与颖壳的比值变化逐渐
升高。AA 对总根长的影响茎叶化感指数与颖壳的比值先升高后降低，而 AABBDD
小麦的茎叶与颖壳对总根长和最大根长的化感指数比值均先下降后升高（表

2-12)，说明不同染色体组型小麦地上部化感物质浓度逐渐降低时，化感物质在地上部的转移方向有明显差异，但随染色体组由 AA→AABB→AABBDD 变化而呈现化感物质由颖壳向茎叶转移的趋势。

表 2-12　不同染色体组型小麦成熟期茎叶与颖壳的化感指数比值变化

染色体组	总根长			最大根长			苗长		
	原液	稀释 10 倍	稀释 100 倍	原液	稀释 10 倍	稀释 100 倍	原液	稀释 10 倍	稀释 100 倍
AA	0.84	2.04	0.22	4.9	1.2	0.28	1.05	0.77	0.03
AABB	2.89	2.73	0.31	0.85	0.36	0.01	11.91	5.58	0.23
AABBDD	11.12	1.83	2.25	2.12	1.93	10.31	1.87	2.68	6.93

五、不同基因型小麦成熟期的化感作用

成熟期地上部的茎叶部分和颖壳部分化感作用与浓度存在明显的正相关性，而 Huang 等（2003）通过琼脂培养基方法分析发现化感型小麦对硬直黑麦草的毒性与根分泌物中化感物质有明显的相关性，充分说明了小麦化感作用存在浓度效应。同时研究中发现小偃 22 号小麦种子幼苗的胚根比胚芽对不同基因型小麦成熟期地上部提取液更敏感。本书以小偃 22 号小麦品种作为受体，一方面可以把不同基因型小麦材料的化感作用生物评价规范统一，另一方面可以有效地探索小麦之间的相互影响，如原液时茎叶部和颖壳对小麦幼苗的总根长和最大根长的影响均呈抑制作用，但浓度低时有一定的促进作用，因而秸秆覆盖、颖壳还田时应保持适宜的水分条件。Yu 等（2000）指出像西瓜、葫芦和黄瓜等葫芦科植物存在明显的自毒作用，极易导致土壤病，产生连作障碍。通过研究发现不同基因型成熟期地上部材料对小麦幼苗生长影响差异显著，抑制作用明显，与马永清等（1995）研究麦秸的品种差异及其覆盖夏玉米的化感作用结果一致，因而可能导致后期小麦大田生产中小麦百粒重和产量的影响，其中的化感物质是导致不同基因型小麦材料对生殖生长影响差异的重要原因之一。

本书在分析不同基因型的小麦染色体组型材料时，发现染色体组型由 AA→AABB→AABBDD 的进化过程中，成熟期时地上部的化感作用有逐渐增强的趋势，可能与其化感物质分泌种类和分泌量有关（Motiul et al., 2001）。但 Bertholdsson（2004）从芬兰、瑞典、丹麦等国的大麦种质资源库中筛选 100 年来育种出的 127 个代表品种，进行硬直黑麦草生物评价实验，发现随着新品系的引入，化感基因的分化和稀释导致大麦种质资源品种的化感作用呈逐渐下降趋势。同时实验还发现当染色体组由 AA→AABB→AABBDD 变化时，不同基因型小麦对总根长的影响，茎叶与颖壳化感指数的比值变化逐渐升高，表明小麦在长期进

化过程中，化感物质由颖壳向茎叶转移导致成熟期地上部的抗逆性有逐渐增强的趋势，可能更有利于籽实的形成以及种质资源的自我保护性遗传，同时产生一定的防御性生理消耗。对于不同基因型成熟期地上部材料化感物质随进化历程的变化趋势和与根部化感作用的协同进化以及长期处于环境胁迫等各种逆境过程中等情况对不同基因型小麦材料的化感作用的影响值得进一步的研究。

不仅小麦成熟期具有化感作用，其他一些作物甚至杂草，在成熟期也具有相当的化感作用。Cheema 等（2007）指出高粱为化感型作物，具有抑制大田杂草的潜力，且不同品系化感作用不同，化感作用与高粱遗传特性有关。Balo 具有最高的产量（1325kg/hm^2），但化感含量较低。Yasumoto 等（2011）指出成熟期油菜根系含有高含量的葡糖异硫氰酸盐（glucosinolate），容易产生自毒效应，对后茬作物向日葵的生长、产量及千粒重具有抑制作用。Jeeceelee 等（2010）指出成熟期的杧果（*Mangifera indica*）叶片水提取物对水稻、玉米等作物具有化感作用，表现为高浓度抑制、低浓度促进效应。Hooper 等（2015）指出在撒哈拉干旱地区推广种植银叶山蚂蟥（*Desmodium uncinatum*）为玉米的间作物种，可以有效抑制寄生杂草 Striga hermonthica 和 S. asiatica。其去除机理为银叶山蚂蟥具有化感抑草作用，活性化感物质为 C-glycosyl flavonoid，尤其在成熟期植株化感物质含量较高。Dongre 和 Singh（2011）发现成熟期的杂草对小麦的化感抑制潜势较强，尤其 15%的水提取物具有最强的抑制作用。Aziz 等（2008）指出成熟期的杂草拉拉藤（*Galium aparine*）的根、茎、叶和果实对作物小麦均具有化感作用，如对小麦的根长、苗长和生物量分别降低 34.0%~67.9%、10.4%~61.6%和 16.5%~38.0%，其中果实具有最强的抑制潜势。

第三章 不同基因型麦茬和麦糠的化感作用

第一节 不同基因型麦茬对杂草的抑制作用

利用植物的化感作用控制农田杂草技术被视为 21 世纪发展可持续农业的生物工程技术之一（罗永藩，1991）。人们试图通过小麦麦茬化感作用的生物学方法来防治农田杂草，从而达到减少化学除草剂投入、降低生产成本、提高环境质量、增加农民收入的目的。在农业生产中，人们经常采用麦秸覆盖进行保墒培肥，同时也降低了杂草的侵害，有关麦秸覆盖的化感作用在国内外有许多报道。Al Hamdi 等（2001）报道小麦秸秆的渗出物对多年生黑麦草有毒性作用，可能是有机分子参与了抑制作用，并指出实验室的化感作用测定不能作为可观察到的田间抑制杂草作用的唯一解释。Wang 等（2010）指出小麦的秸秆 50%浸出液能促进黄瓜种子的萌发，100%的浓度对黄瓜幼苗的株高、根长具有刺激作用，因此高浓度的麦茬浸提液有利于促进黄瓜的生长。然而这两个浓度的麦茬抑制了尖孢镰刀菌（*Fusarium oxysporum*）菌丝的生长。Wu 等（2000，2003）报道小麦活体植株的化感作用受主基因控制，并且表现为数量遗传性状，目前已在小麦的 2B 染色体上找到了对一年生硬直黑麦草具化感作用的数量遗传位点（QTLs），因而鉴定其化感基因而培育出抗草的小麦品种是可能的。化感作用包含了植物之间复杂的关系，但到目前为止，尽管有大量的室内生物测试涉及化感作用，然而大部分试验不能完全解释田间的化感现象，尤其是对于不同基因型小麦材料残茬的化感作用研究国内外鲜有报道。本书使用 10 个品种的不同基因型小麦材料，采用抑制圈生物测试法（图 3-1），用收割后余留的残株进行田间小区试验，对小区中的杂草生物量进行调查研究，试图明确基因与化感作用之间的关系，揭示小麦秸秆化感作用的时间变化规律，为农业生产的免耕技术以及杂草控制等农业可持续发展提供理论借鉴。

一、不同基因型麦茬对杂草生物量的影响

以现代品种"丰产 3 号"麦茬地的杂草生物量为对照，其他小麦品种麦茬对麦地杂草均表现为一定的抑制作用（表 3-1）。在 2013 年 7 月 20 日，野生型与栽培型麦茬的抑制作用差异不显著，而普通小麦中陕 253 与小偃 6 号、陕 253 与一

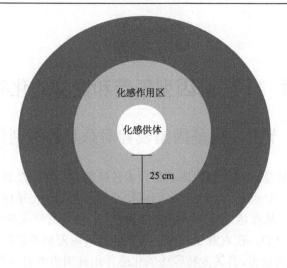

图 3-1　根际抑制圈生物测试法

粒和二粒小麦的麦茬，对杂草生长影响均达到了显著性水平，其中陕 253 麦茬对
杂草表现为明显的促进作用，其他麦茬均为抑制作用。10d 后（8 月 1 日）发现，
一粒小麦麦茬之间、二粒小麦麦茬之间以及普通小麦麦茬之间的抑制作用均不显
著，而野生二粒与其他基因型小麦麦茬对杂草干重的影响存在显著差异，尤其小
偃 22 号表现为明显的抗草作用。20d 后（8 月 22 日），野生二粒对杂草的促进作
用与栽培二粒对杂草的抑制作用差异显著，特别是对杂草干重的影响达到了极显
著水平。一个月后（9 月 22 日）再进行杂草生物量调查发现野生二粒与栽培二粒
对杂草鲜重的影响由显著水平演变为极显著水平，但对杂草干重的影响显著差异
出现在栽培二粒和长武 134（表 3-1）。总体而言，不同基因型麦茬在大部分腐解
时间（调查）表现为对杂草的抑制作用，而不同基因型间、同一基因型内小麦材料
麦茬地中的杂草生长存在显著差异，说明化感作用基因稳定遗传的同时可能存在一
定的变异。

表 3-1　不同基因型麦茬对杂草生物量的影响（g）

材料	7 月 20 日		8 月 1 日		8 月 22 日		9 月 22 日	
	鲜重	干重	鲜重	干重	鲜重	干重	鲜重	干重
栽培一粒	−0.3689bc^{AB}	−0.4563bcd^{AB}	−0.5087ab^A	−0.5478c^B	0.0535ab^A	0.4155ab^{AB}	0.0093abc^{AB}	−0.0858ab^A
野生一粒	−0.7364c^B	−0.7600d^B	−0.1823ab^A	−0.2615bc^{AB}	0.0381ab^A	0.1555ab^A	−0.0962abc^{AB}	−0.1411ab^A
栽培二粒	−0.4185bc^{AB}	−0.4725bcd^{AB}	−0.4958ab^A	−0.5015b^B	−0.4832b^A	−0.3682b^B	−0.4575c^B	−0.5413b^A
野生二粒	−0.4375bc^{AB}	−0.6242cd^B	−0.0486ab^A	0.4325a^A	0.4343a^A	0.8524a^A	0.5612a^A	0.0453ab^A
长武 134	0.0172ab^{AB}	−0.0638abc^{AB}	−0.4683a^A	−0.4756b^B	−0.2647ab^A	−0.1430ab^{AB}	0.4258ab^{AB}	0.2548a^A

续表

材料	7月20日		8月1日		8月22日		9月22日	
	鲜重	干重	鲜重	干重	鲜重	干重	鲜重	干重
晋麦	0.0000ab[AB]	−0.2651abcd[AB]	−0.1181ab[A]	−0.2918bc[AB]	−0.2801ab[A]	−0.1235b[AB]	−0.0289abc[AB]	−0.2487ab[A]
陕253	0.4000a[A]	0.3417a[A]	−0.4028ab[A]	−0.3860bc[B]	−0.3772b[A]	−0.2527b[A]	−0.0308abc[AB]	−0.3108ab[A]
小偃6号	−0.3453bc[AB]	−0.4377bcd[AB]	−0.2629ab[A]	−0.1409ab[AB]	0.1405ab[A]	0.4495ab[A]	−0.2904bc[AB]	−0.2815ab[A]
小偃22号	−0.1748abc[AB]	−0.1910abcd[AB]	−0.6163b[A]	−0.5817c[B]	−0.4098b[A]	−0.2651b[A]	0.0990abc[AB]	−0.2653ab[A]
丰产3号	1.0000ab[AB]	1.0000ab[AB]	1.0000a[A]	1.0000ab[AB]	1.0000ab[A]	1.0000ab[A]	1.0000abc[AB]	1.0000ab[A]

注：小写字母表示5%的显著水平，大写字母为1%的极显著水平，有相同字母表示不（极）显著。
　　表中数据为化感作用系数，即麦茬对杂草的影响指数，正号省略，表示促进作用；负号表示抵制作用。

二、不同染色体组型麦茬对杂草生物量的影响

　　AA 染色体组型的小麦秸秆各时期对杂草生长的影响不明显，但 AABB、AABBDD 染色体组型的麦茬杂草生长差异显著，表明化感作用的调节受多基因控制，但各小麦材料的残茬对杂草的鲜重和干重的影响趋势一致（图 3-2）。不同染色体组麦茬对杂草生物量影响的时间变化显示：从 7 月 20 日到 9 月 22 日，杂草生长量先下降，而后逐渐上升，直至稳定，同 Kimber（1966）用麦秆水提液抑制小麦和燕麦生长与时间关系的研究结论一致，可能是因为化感物质的产生开始达到最大，随时间延长逐渐减少，甚至消失，这可能是化感物质作用的一种模式。分析小麦残茬对杂草鲜重的影响，开始一段时间内各染色体组麦茬对杂草生长量的影响为 AABBDD>AABB>AA，而在 8 月 1 日各染色体组麦茬对杂草生物量的影响近似，在杂草生长量稳定开始点（至 8 月 22 日），各染色体组麦茬对杂草生物量的影响表现为 AABBDD<AABB<AA（图 3-2（a）），说明小麦化感作用可能

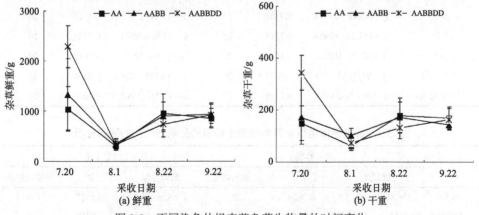

图 3-2　不同染色体组麦茬杂草生物量的时间变化

是有关化感物质与环境变化协同作用的结果。不同染色体组麦茬化感作用的时间变化表明随着小麦残茬残留时间的延长，抑制杂草的化感作用逐渐减弱，说明潜在的化感物质在染色体组上携带的化感作用基因调控下，浓度逐渐降低，活性趋于稳定。

三、不同基因型麦茬对杂草生物量的影响与时间的相关性

不同基因型麦茬对杂草生物量的影响与残茬滞留时间的逐步回归分析发现各小麦材料对杂草生长的影响与时间存在显著的正相关，其中对鲜重的影响比对干重的影响有更强的相关性。麦茬对杂草鲜重和干重的影响持续时间一般为 20d 以上，而野生一粒的影响时间分别只有 3d 和 8d（表 3-2）。对各染色体组型麦茬下杂草生物量与时间的逐步回归分析表明，当 AA→AABB→AABBDD 的染色体组型变化时，对杂草生长的影响与时间逐渐密切相关，抑制杂草的时间相应延长，各染色体组型麦茬对杂草生长的影响表现为 AABBDD>AABB>AA（表 3-3），说明染色单体之间可能存在简单的基因互作效应，导致当染色体组 AA→AABB→AABBDD 变化时对杂草的化感抑制作用呈逐渐增强的趋势。

表 3-2　不同基因型麦茬对杂草生物量的影响与时间的回归分析

材料	杂草鲜重			杂草干重		
	回归方程	R^2	有效天数/d	回归方程	R^2	有效天数/d
栽培一粒	$y = 58.3x - 1354.2$	0.3475	24	$y = 6.9x - 149.5$	0.2017	22
野生一粒	$y = 3.7x - 8.8$	0.0072	3	$y = 0.9x + 6.8$	0.0293	8
栽培二粒	$y = 56.0x - 1409.8$	0.6050	26	$y = 7.4x - 186.9$	0.5843	26
野生二粒	$y = 46.4x - 898.8$	0.2920	20	$y = -3.3x + 84.2$	0.1643	26
长武 134	$y = 135.4x - 3072.8$	0.7985	23	$y = 21.2x - 462.7$	0.8508	22
晋麦	$y = 105.4x - 2595.0$	0.7381	25	$y = 11.4x - 273.7$	0.6722	24
陕 253	$y = 163.2x - 4060.6$	0.7515	25	$y = 23.8x - 603.1$	0.7343	26
小偃 6 号	$y = 37.7x - 1051.2$	0.1619	28	$y = 3.0x - 86.1$	0.0619	29
丰产 3 号	$y = 91.0x - 2298.1$	0.5675	26	$y = 16.4x - 392.4$	0.7966	24
小偃 22 号	$y = 108.7x - 2487.2$	0.7776	23	$y = 15.2x - 359.8$	0.7040	24

表 3-3　各染色体组型麦茬对杂草生物量的影响与时间的回归分析

染色体组型	杂草鲜重			杂草干重		
	回归方程	R^2	有效天数/d	回归方程	R^2	有效天数/d
AA	$y = 31.0x - 681.5$	0.2024	22	$y = 3.9x - 71.3$	0.1472	19
AABB	$y = 51.2x - 1154.4$	0.4318	23	$y = 2.1x - 51.3$	0.0848	25
AABBDD	$y = 106.9x - 2594.2$	0.6721	25	$y = 15.2x - 363.3$	0.6902	24

本书初步表明不同基因型小麦材料的麦茬对麦茬地小区内杂草产生的抑制作用不同，同一基因型不同品种的麦茬的不同滞留时间对杂草生长的影响也存在显著差异，与马永清等（1995）对不同品种麦茬杂草生长影响的研究结果一致，表明小麦材料中化感作用的相关基因可能具有稳定遗传的同时，还可产生变异（Zuo et al., 2007）。而染色体组型为 AA、AABB 及 AABBDD 的麦茬的化感作用强度随残留时间的延长均逐渐减弱，可能是环境条件对小麦进化材料的化感物质产生的诱导效应并不能长久维持，但不同染色体组型抑制杂草的不同有效期说明小麦在从二倍体→四倍体→六倍体的染色体组变异与加倍变化的长期进化过程中，其遗传可塑性可能有助于化感作用的增强（左胜鹏等，2005）。张翔等（2013）在大田试验中，发现麦茬处理方式（平茬、灭茬＋旋耕、灭茬＋犁耙）对夏花生播种质量和生长发育及产量有显著影响。如麦茬处理方式对每 2m 长的播种穴数影响较小，对每 2m 长的出苗数影响较大，以旋耕处理 2m 内出苗株数最少。苗期花生株高、单株鲜重均以平茬处理最高；花针期株高、单株鲜重和单株干重以犁耙处理最高。花生产量以犁耙处理最高，平茬产量较低。以小麦秸秆用粉碎机械灭茬、再犁地耙平后机播的麦茬处理方式夏花生增产效果最佳。Wang 等（2010）报道麦茬的 50%渗滤液将促进黄瓜种子的萌发，100%浓度的渗滤液可促进黄瓜幼苗株高和根长。因此，高浓度麦茬渗滤液将促进黄瓜种子萌发和幼苗生长。然而麦茬在 50%和 100%将抑制尖孢镰刀菌（*Fusarium oxysporum*）菌丝体生长，25%和 12.5%的麦茬渗滤液可促进菌丝体生长。Ohno 等（2000）发现用红车轴草（*Trifolium pratense*）和麦茬混合处理土壤，可以抑制田间杂草野芥（*Sinapis arvensis*）幼苗的生长。

四、作物残茬化感作用的可能机制

作物残茬的化感作用与环境有着密不可分的联系。韩丽梅等（2000）报道大豆根茬腐解时间不同，其腐解产物有一定区别，产生的化感作用也不同，2 周腐解的酸性组分与 4 周根茬处理的酸性组分产物差异明显。研究发现不同基因型麦茬对杂草生物量的影响与时间存在明显的正相关，可能表明化感物质的产生和作用方式的时空变化是环境诱导调节的结果。胡飞等（2002）在研究胜红蓟黄酮类物质对柑橘园主要病原菌的抑制作用时指出，从胜红蓟植株中分离鉴定出 10 种黄酮类物质，包括一个糖苷黄酮分子，但胜红蓟植株产生的大部分黄酮物质在土壤中逐渐降解，只有 3 种黄酮类物质能在柑橘园的土壤中累积并存在较长时间，而这 3 种黄酮类物质对柑橘园主要病原菌具有显著的抑制活性。残茬化感作用的时空变化反映了化感物质在环境的影响下随时间变化其活性结构的相应变化，暗示了化感作用相关基因时间和空间的诱导调节。如胡飞等（2003）报道在较差水肥条件下华航 1 号水稻中化感物质没有显著变化，只是次生物质的种类有所增加，尤其是一些具有抗病功能的次生物质含量增加。

Liebl 和 Worsham（1983）报道小麦连作后，后茬小麦产量降低，原因是麦秸在土壤中经微生物作用可以分解产生大量的羟胺酸和酚酸类物质，并能累积在土壤中导致土壤病的发生，而对其他植物产生毒性效应。但 Steinsiek 等（1982）研究发现栽培小麦秸秆水提液对裂叶牵牛和小绒毛草的种子萌发有抑制作用，显著地抑制其幼苗生长，而对日本稗草和田菁的萌发无明显影响。马瑞霞等（1996）对麦秸腐解所产生的化感物质及其生物活性进行了研究，结果表明小麦残体产生的化感物质中起抑制作用的主要有酚、酸、醛、酮类化合物；起刺激作用的物质主要是一些含氮化合物，包括生物碱。因而在小麦生产中应重视秸秆还田抑制杂草的作用，适时（根据理论计算出残茬化感有效时间）、适量地将前茬作物的残茬留在地里或以残体覆盖在地表，有效控制后茬作物田杂草的发生。这不仅有利于降低成本，而且可以提高土壤有机质含量。在农业生产中还应鼓励不同作物轮作和多熟制度，以减少作物的自毒作用，避免产量损失，并最大限度地抑制杂草。

第二节　不同基因型麦茬对杂草生物多样性的影响

农田杂草与作物之间不仅存在对光照、土壤养分与水分等资源的竞争，而且两者存在化感互作效应，所以，为保证作物的良好生长，就必须对杂草进行合理的控制（Nawaz 和 Farooq, 2016）。但杂草同时也是农业生态系统的重要组成部分，研究认为保持农田一定的杂草生物多样性，在保护天敌、控制害虫、防止土壤侵蚀、促进养分循环、消除环境污染、维持生态系统功能的正常发挥和保持生态平衡等方面有着不可忽视的作用，因此有必要对杂草的生物多样性给予适当的保护（Masalles et al., 2016；陈欣和王兆骞，2000）。为解决这一矛盾，就必须对作物进行合理的栽培管理，使农田杂草在这种栽培管理措施下，既能得到较好的控制，又能维持较高的生物多样性。当前农业生产实践中大量采用残茬或秸秆覆盖、免耕技术和秸秆还田技术等有效措施进行降水拦截蓄积，减少地表径流和蒸发散失，增加土壤水库的蓄水保墒作用（Li et al., 2016）。秸秆覆盖改变了土壤与大气的界面层状况，对土壤产生综合生态效应，使土壤的物理、化学和生物特性发生变化，进一步影响作物的生长发育；并且农田秸秆覆盖以后，土壤的水、肥、气、热等状况重新组合，具有明显的农田生态综合效应，其生态、社会和经济效益都较高（Kunz et al., 2016）。不仅如此，秸秆还田还可以有效控制杂草滋生，提高作物的资源竞争力（Kosterna, 2014）。因此秸秆还田免耕技术作为一项很重要的农业管理措施，是我国农业持续稳定发展的有效途径。

我国是世界上玉米的主要生产国，常年种植面积约 3 亿亩（马永清和韩庆华，1995）。特别在北方地区，多为前茬小麦、后茬玉米的一年两熟制度，由于少耕和免耕技术的推广，使得小麦残茬留地玉米直播技术非常普遍，但同时也带来了杂草的防除问题（李香菊，2003）。玉米田主要杂草有马唐、牛筋草（*Eleusine indica*）、稗草、马齿苋（*Portulaca oleracea*）、反枝苋、田旋花（*Convolvulus arvensis*）、灰绿藜、画眉草（*Eragrostis pilosa*）、狗尾草（*Setaria viridis*）、莎草（*Cyperus rotundus*）、铁苋菜（*Acalypha australis*）、龙葵（*Solanum nigrum*）等。一般年份，杂草危害可使玉米减产 10%~20%，严重时减产 30%~50%。由于玉米田杂草生命力极其旺盛，一些种子埋在土壤中 20 年后仍可发芽，如莎草、灰绿藜、酸模叶蓼（*Polygonum lapathifolium*）、马齿苋、田旋花等。一般杂草具有成熟早、不整齐、分段出苗等特点，不利于防治，并且很多杂草能死而复生，尤其是多年生杂草，如马齿苋人工拔除后在田间晒 3d，遇雨仍可恢复生长（Jin et al., 2015）。此外，杂草还具有惊人的繁殖能力，绝大多数杂草的结实数是作物的几倍、几百倍甚至上万倍（Brainard et al., 2011）。据调查，一株马唐约有 22 万粒种子（Zhang et al., 2013）。大量研究表明麦茬免耕播种技术不仅对作物的生长发育产生影响，同时也能影响田间各种杂草的生长，从而对农田杂草的生物多样性产生影响（罗永藩，1991），但国内外对不同化感差异的基因型小麦材料对农田杂草生物多样性的影响未见报道。本书采用小区点样法和生物测定技术，通过调查不同基因型小麦单播和套种及免耕措施杂草生物多样性状况，构建一定化感梯度上的土壤生长集合环境，研究免耕残茬化感梯度对玉米田间杂草生长密度、优势杂草组成和杂草的生物多样性和种间联结的影响，试图揭示残茬化感对农业生态系统中杂草多样性的影响机制和杂草对免耕化感的生态适应，为农业生态系统高效利用和合理管理麦茬免耕技术提供理论参考。

一、不同基因型麦茬的化感作用梯度

从图 3-3 可看出不同基因型小麦麦茬的化感作用存在明显的梯度效应，单播下进化选育小麦中品种豫麦 66、新小偃 6 号、碧玛 1 号和野生一粒、栽培一粒以及野生二粒化感差异显著和不同历史年代的现代普通小麦套种中豫麦 66×小偃 22 号、宁冬 1 号×新小偃 6 号以及兰考 95.25×宁冬 1 号化感作用明显下降。总体上，从一粒小麦（0.365）、二粒小麦（0.485）、普通小麦（0.693）到小麦套种（0.720），麦茬化感作用为逐渐增大梯度；其中普通小麦新小偃 6 号、豫麦 66、小偃 22 号为较高化感作用，三者的平均化感梯度为 0.79，而 7 个套种麦茬处理中化感梯度为 0.63~0.85，最大化感作用出现在豫麦 66×小偃 22 号处理中，说明小麦套种有利于单播各品种化感梯度的跃迁。

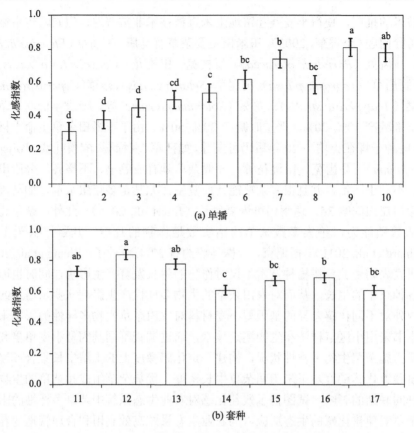

图 3-3　小麦单播和套种（播）麦茬的化感作用梯度

1. 野生一粒；2. 栽培一粒；3. 野生二粒；4. 栽培二粒；5. 碧玛 1 号；6. 宁冬 1 号；7. 新小偃 6 号；8. 兰考 95.25；
9. 豫麦 66；10. 小偃 22 号；11. 碧玛 1 号×兰考 95.25；12. 豫麦 66 ×小偃 22 号；13. 兰考 95.25 ×豫麦 66；
14. 兰考 95.25 ×宁冬 1 号；15. 新小偃 6 号×小偃 22 号；16. 宁冬 1 号×新小偃 6 号；17. 碧玛 1 号×宁冬 1
号。图中字母表示 5%显著水平，处理间有相同字母表示无显著差异，字母不同表示有显著差异

二、麦茬化感梯度对杂草总密度与优势杂草的影响

　　在田间共发现铁苋菜、灰绿藜、狗尾草、马齿苋、节节草（*Equisetum ramosissimum*）、波斯婆婆纳（*Veronica persica*）、针子草（*Rhaphidospora vagabunda*）、鬼针草（*Bidens pilosa*）、地锦（*Euphorbia humifusa*）、牵牛（*Ipomoea nil*）、莎草、刺儿菜（*Cirsium setosum*）和艾蒿（*Artemisia argyi*）13 种杂草（表 3-4）。在不同麦茬处理间，田间杂草的总密度明显不同。二粒小麦麦茬时，杂草的总密度最大；而不同套种小麦麦茬合理搭配时，田间杂草的总密度较低，其中，进化小麦麦茬处理时，一粒小麦麦茬的杂草总密度又要低于二粒麦茬的处理；而单播条件下普通小麦麦茬田间杂草的总密度明显高于一粒麦茬的处理；但

低于二粒麦茬杂草的总密度。普通小麦的套种混播麦茬处理的田间杂草总密度最低。不同基因型麦茬和栽培方式不仅影响田间杂草的总密度，而且影响各种杂草在群落中的相对重要程度（表 3-4）。在大多数麦茬处理下，优势杂草（相对密度>10%）为铁苋菜和狗尾草；在处理 5、20 和 21 中，优势杂草为铁苋菜、狗尾草和牵牛；在处理 7 和 19 下，仅有铁苋菜的相对密度大于 10%；在处理 11 下，优势杂草为铁苋菜、狗尾草和节节草；在处理 23 下，优势杂草为铁苋菜、狗尾草和刺儿菜；在处理 24 下，优势杂草为牵牛与节节草。总的来看，铁苋菜和狗尾草是玉米田间两种最重要的杂草，它们在田间的分布受到麦茬的影响。所有处理中，铁苋菜要比狗尾草占优势，即使是在不同基因型小麦麦茬及播种方式下，铁苋菜在杂草群落中占据绝对优势，只是密度有所变化，而狗尾草优势度相对较低，说明铁苋菜和狗尾草对麦茬化感作用有明显的抗性适应。

表 3-4　不同麦茬处理下杂草的种类及其密度（株/m^2）

处理或样地	铁苋菜	灰绿藜	狗尾草	马齿苋	节节草	波斯婆婆纳	针子草	鬼针草	地锦	牵牛	莎草	刺儿菜	艾蒿	总密度
1	25.7	7	19.5	6	0	0	1.2	0	0.8	0	4.3	0	0	64.5
2	41.3	1.2	8.8	0.8	0.9	0	0.6	0	0	0	3.4	0	0.2	57.2
5	31.5	0	31.0	0	0	0.3	3.8	0.3	1.1	8.9	0	0	0	76.9
7	49.1	0.3	0	0	0.6	0	1.2	0	0	0	0	0	0	51.6
8	29.2	0.4	12.1	0	2.5	0	0.1	0	0.3	15	0	0	0	59.6
9	9.5	3.4	53.7	0	1.0	0	0.1	0.4	0	0	0	1.8	2.3	72.4
11	26.7	0	18.9	0	25.2	0	0.2	0	0	0	0	1.2	0	72.4
12	37.8	0	34.8	0	0	0	0	0	0	0.5	0	1.6	1.8	76.5
14	84.3	0	23.1	0	0.6	0	0.8	0	0.4	0	2.1	0	0	111.3
15	104.2	0	51.5	0	7	0	0	0	0	0	0	0	0	162.9
18	24.0	0	35.2	0	0	0	0	0	0	0	0	0	0	59.3
19	17.2	0	0	3	1.5	0	0	0	0	0	0	0	0	21.7
20	10.1	1.8	6.1	2.5	0	0	0.4	0.3	0	5	0	2.5	0	28.7
21	10.4	0	1.8	0	0	0	0	0	0	2.6	0	0	0	15.7
22	16.8	0	5.6	0	1.8	0	0	0	0.1	0	0	1.2	0	25.6
23	16.5	0	3.2	0	3	0	0	0	1.7	0	0	6.1	0	30.5
24	1.6	0	0.6	0	2.2	0	0	0	0	2.3	0	0	0	6.7

注：1. 兰考 95.25；2. 豫麦 66；5. 小偃 22 号；7. 野生一粒；8. 栽培一粒；9. 宁冬 1 号；11. 碧玛 1 号；12. 新小偃 6 号；14. 野生二粒；15. 栽培二粒；18. 碧玛 1 号×兰考 95.25；19. 豫麦 66×小偃 22 号；20. 兰考 95.25×豫麦 66；21. 兰考 95.25×宁冬 1 号；22. 新小偃 6 号×小偃 22 号；23. 宁冬 1 号×新小偃 6 号；24. 碧玛 1 号×宁冬 1 号，下同。

三、麦茬化感梯度对杂草物种多样性的影响

由于麦茬的化感梯度性，很多面积相同的样方物种数目和物种丰富度不相同，绝大多数样方的 Gini 指数、种间相遇概率（PIE）、Shannon 指数和 Pielou 指数等数值不一致，因为即使各样方具有相同的物种数目，每个样方的物种组成以及各物种的多度和盖度都有差异，从而影响各样方的多样性指数（表 3-5）。如位于 1、5、8 和 20 的样方具有相同的植物种类，但它们的 Gini 指数、PIE、Shannon 指数和 Pielou 指数的数值都不相同。由于麦茬化感微环境的差异而造成不同地点样方的物种丰富度和多样性指数具有较大的差异，而呈现一定程度的异质性分布特性。从表 3-5 分析得出物种丰富度最大的样方在处理 2，杂草数目为 10 种，物种丰富度为 14.4；物种丰富度最小的样方在处理 19，杂草数目为 3 种，物种丰富度为 4.3，物种丰富度相差 2 倍多，因为套种化感梯度增大，导致物种多样性降低。Gini 指数最大值在处理 15，最小值在处理 23。种间相遇概率（PIE）的最大值在处理 15，最小值在处理 9。Shannon 指数（H 指数）的最大值在处理 11，最小值在处理 21。Pielou 指数（J 指数）的最大数值在处理 21，最小值在处理 22。从表 3-5 中也可以看出，物种丰富度最高的样方，其多样性指数不一定最高。如 2 号样方与 15 号相比，具有最高的物种数，但它的 Gini 指数、Shannon 指数、PIE 和 Pielou 指数不是最高的，因为各种多样性指数不仅是物种丰富度的函数，而且是各个物种多度或盖度的函数（Peet, 1978），而化感因素可能是影响函数变化的重要因子之一。

表 3-5　杂草物种丰富度和物种多样性指数值

样地	物种数	丰富度	Gini 指数	PIE	H 指数	J 指数
1	7	10.1	0.640	0.693	1.750	0.699
2	10	14.4	0.725	0.746	2.079	0.804
5	7	10.1	0.628	0.713	1.654	0.753
7	6	8.7	0.659	0.788	2.065	0.676
8	7	10.1	0.688	0.741	1.206	0.741
9	9	13.0	0.502	0.602	1.631	0.651
11	6	8.7	0.742	0.796	2.500	0.685
12	6	8.7	0.668	0.737	2.013	0.650
14	6	8.7	0.655	0.708	1.787	0.874
15	6	8.7	0.751	0.808	1.652	0.815
18	4	5.8	0.647	0.695	1.236	0.658
19	3	4.3	0.670	0.721	1.287	0.714
20	7	10.1	0.712	0.658	1.576	0.781
21	5	7.2	0.665	0.676	1.006	0.896
22	6	8.7	0.702	0.732	1.564	0.564
23	5	7.2	0.498	0.654	1.328	0.589
24	4	5.8	0.562	0.798	1.467	0.776

四、麦茬化感梯度下杂草物种多样性指数的相关性

　　种间联结是指不同物种在空间分布上的相互联结性，种间联结一般有两种情况，即负联结和正联结。负联结表明的是两个物种所需的环境条件不同或一个种的存在对另一个物种不利而相互排斥；正联结则表明两个物种对环境差异有相似的反应或是一个物种的存在对另一个物种有利。从不同麦茬处理下铁苋菜与邻近杂草的种间联结（表 3-6）分析，不同小麦基因型前茬的优势杂草铁苋菜的主要伴生杂草种类和数量明显不同，联结值一般为 0~93.3，而主要伴生非优势杂草为 2~6 类，处理 9 伴生非优势杂草种类最多，为狗尾草、灰绿藜、节节草、针子草、鬼针草、地锦等，而处理 12，18，19，24 伴生非优势杂草最少，主要分别为狗尾草和针子草、马齿苋和节节草以及狗尾草和节节草，可能适应的化感环境比较

表 3-6　不同麦茬处理下铁苋菜与邻近杂草的种间联结

样地	狗尾草	灰绿藜	马齿苋	节节草	波斯婆婆纳	针子草	鬼针草	地锦	平均种间联结	伴生种类
1	73.3*	93.3*	16.3	0	0	65.2*	0	45.3	36.67	5
2	60.0*	53.3*	13.4	23.3	0	55.1*	0	0	25.64	5
5	53.3*	0	0	0	34.8	21.7	4.3	26.7	17.60	5
7	0	46.7	0	50.0*	4.3	24.3	0	43.3	21.08	5
8	43.3	20.0	0	56.7*	0	30.4	0	30.0	22.55	5
9	40.0	16.7	0	36.7	0	13.0	55.6*	56.6*	27.33	6
11	33.3	0	0	13.3	0	60.9*	0	50.8*	19.79	4
12	20.0	0	0	0	0	0	0	31.5	6.44	2
14	20.0	0	0	10.0	0	47.8	0	26.4	13.03	4
15	16.7	0	0	3.3	0	26.1	0	0	5.76	3
18	6.7	0	0	0	0	22.7	0	0	3.68	2
19	0	0	6.7	66.7*	0	0	0	0	9.18	2
20	7.6	15.6	3.3	0	0	13.0	12.3	0	6.48	5
21	3.3	0	0	0	0	8.7	28.9	0	5.11	3
22	5.3	0	0	20.0	0	0	56.5*	0	10.23	3
23	6.3	0	0	16.7	0	0	44.7	0	8.46	3
24	3.5	0	0	3.3	0	0	0	0	0.85	2
有杂草生长的样地数	22	6	4	11	2	12	7	8		

　　注：1. 兰考 95.25；2. 豫麦 66；5. 小偃 22 号；7. 野生一粒；8. 栽培一粒；9. 宁冬 1 号；11. 碧玛 1 号；12.新小偃 6 号；14. 野生二粒；15. 栽培二粒；18. 碧玛 1 号×兰考 95.25；19. 豫麦 66×小偃 22 号；20. 兰考 95.25×豫麦 66；21. 兰考 95.25×宁冬 1 号；22. 新小偃 6 号×小偃 22 号；23. 宁冬 1 号×新小偃 6 号；24. 碧玛 1 号×宁冬 1 号。*表示处理间达到显著水平。

相似，所以杂草群落构成有明显区别。从杂草的异质性分布来看，各类非优势杂草的生长频度明显不同，一般为 8.33%~91.67%，说明非优势杂草可能存在不同程度的种间联结。从表 3-6 可见，根据铁苋菜的伴生杂草情况，其杂草群落可分为两种类型：以正联结为主的群落是化感较适应的类型（联结值≥50.0），生境位较宽，如处理 1~11，19 和 22 等；以负联结为主的群落是化感较敏感的类型（联结值<50.0），生境位较窄，如处理 12~18，20~21 和 23~24 等。造成铁苋菜主要伴生杂草差异的原因可能是调查的区域不同小麦基因型前茬存在化感梯度扰动。

基于 Wu 等（2003）提出的小麦秸秆水提取物对抗药性一年生硬直黑麦草有化感抑制作用和 Whittaker（1967）的集合环境梯度理论，实验发现不同基因型小麦麦茬的化感作用存在明显的梯度效应，单播方式下小麦残茬的化感作用明显低于小麦套种的化感作用。从小麦基因型分析，一粒小麦、二粒小麦、普通小麦到小麦套种，麦茬化感作用梯度逐渐升高，其中单播普通小麦中新小偃 6 号、豫麦66、小偃 22 号处在较高化感梯度，而套种处理最大化感梯度出现在豫麦 66 与小偃 22 号套种麦茬中，说明小麦播种方式对麦茬的化感梯度有显著影响（张改生和曹海录，1988）。小麦套种为农田杂草的合理控制提供了一种全新的思路。而麦茬梯度效应可能是根茬分泌在土壤中的残留物质以及残茬分解后的降解物质浓度不一致所导致（Verma，2014）。除此之外，对小麦生长期的套种方式下小麦活体化感梯度动态，套种过程中根际化感物质的交互作用和土壤运移过程值得进一步的讨论。

在一个局部地区较小的尺度上，物种丰富度的分布格局受水分、养分和光照等资源利用情况以及竞争、演替和散布等影响。在玉米地中，杂草的物种多样性指数与化感梯度具有明显的相关关系（$p<0.05$）（图 3-4），说明麦茬的化感梯度对杂草的样方物种数目和物种丰富度有显著影响。绝大多数小区的 Gini 指数、PIE、Shannon 指数和 Pielou 指数等数值不一致，而且各指数之间表现为非重叠效应，因为即使各样方具有相同的物种数目，由于麦茬的化感扰动，每个样方的物种组成以及各物种的多度和盖度都有差异，从而影响各样方的多样性指数。但即使在相同的化感梯度下，在其他因素的变化下不同小区杂草的物种数目和丰富度也将有差异。不同小区的化感环境往往是异质的，不是完全相同的，因此分布的植物种类也常常具有差异；因而物种多样性指数如 Gini 指数、PIE、Shannon 指数和Pielou 指数，也几乎都不一样。因为物理因子、生物因子和化感因素的异质性发生在空间的各个尺度上，导致微生境的变化而产生资源的异质性，从而影响杂草物种的多样性，因此呈现异质性的分布。

种间联结（物种联结性）通常是由于群落生境的差异影响了物种分布引起的。根据国外 Jari（1997）与 Roxburgh 和 Chesson（1998）提出的点测定法测定杂草物种的联结性或邻体多样性，以优势杂草苋菜与其他杂草的典型联结为例，调查得出不同小麦基因型麦茬化感梯度下优势杂草苋菜的主要伴生杂草种类和数量明

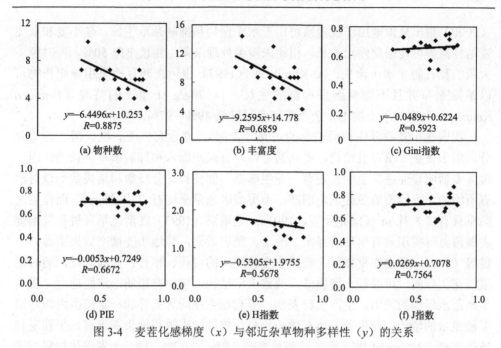

图 3-4 麦茬化感梯度（x）与邻近杂草物种多样性（y）的关系

显不同，联结值一般为 0~93.3。从杂草的异质性分布来看，主要存在以正联结为主的化感较适应的类型群落和以负联结为主的化感较敏感群落类型。造成杂草异质联结的原因可能是相似的环境需求和麦茬化感的扰动，说明作物残茬化感环境可能为杂草群落动态演替的驱动力（Kashif et al., 2016）。群落由许多物种组成，这些物种通过食物链、食物网及各种资源的利用为纽带而建立起紧密或松散的联系，而农业生物群落是典型的人工生物群落，是在人为的控制下遵循自然规律而发展形成的，其物种配置和分布变化都受到人类意志的影响（Li et al., 2013）。如麦茬残留和免耕技术的应用，导致大田化感微环境的人为变化，从而使农田杂草生境破碎化，以至于影响生物群落的稳定和生物生存（Moyer 和 Huang，1997）。因此，留茬的化感环境将对杂草物种多样性产生重要影响，其中影响机制主要为种间联结（物种联结性）的波动（Mennan et al., 2011）。对于大田小麦的化感梯度变化与杂草生物多样性的动态，有必要作进一步的试验分析。

第三节 不同基因型麦糠的化感作用

农作物的秸秆或残茬等是农业生产中最主要的副产品，资源数量很大且分布极为广泛（Chen，2016）。随着农业资源开发进程的加快，农作物的残体部分利用潜力巨大。美国水生植物管理中心开发了一种新的控制天然水体中有害藻类的方法——将大麦秸秆直接投入水体抑制藻类（Prygiel et al., 2014）。Moyer 等

（2000）指出夏闲地用作物覆盖可用于水土保持和抑制杂草生长。冬小麦和秋黑麦秸秆覆盖可使杂草停止生长，相比未覆盖处理杂草生物量下降 50%，同时留下大量的秸秆防止水土流失。Al-Khatib 等（1997）报道在豌豆地里用绿肥作物可以消除杂草并且不影响豌豆种群的生长，以 20g/g 干重土的芸薹（*Brassica campestris*）添加于土壤中，杂草侵害率可降低 49%～97%。

我国在小麦收获脱粒后遗弃的芒壳（麦糠），富含有机质、氮、磷、钾等养分，用于覆盖土壤有机培肥，提高通透性，有保肥保水和抑制杂草生长的作用。覆盖麦糠明显促进花生生长发育，花生株高、侧枝长、分枝数和结果数均较对照有所增加，不同覆盖量处理均增产。不覆盖区杂草平均有 27.1 株/m²，而覆盖区杂草只有 2.3 株/m²（闻兆令等，1991）。毛瑞洪（1993）在渭北旱塬进行夏闲地麦糠覆盖时发现具有明显的保水、改土、肥田效果，旱地小麦增产效果明显。王健等（1996）报道在旱作区，利用小麦收割后的根茬、秸秆、麦糠等物，适时覆盖在花生行间，可减轻土壤板结，改善土壤结构，增加有机质，培肥地力，提高旱地蓄水保墒的能力。生产实验表明，麦套花生在同等条件和一定范围内随着根茬覆盖量的增加，花生营养体有增长趋势，单株结果数和饱果率提高，平茬麦套覆盖增产 4.74%～14.1%，高留茬覆盖增产 7.9%～21.7%。对于小麦进化材料的麦糠化感作用研究，国内外鲜有报道。本书比较了 7 份小麦进化材料麦糠对生菜、马齿苋、谷子和玉米的化感作用，分析了一粒小麦、二粒小麦、普通小麦和黑麦麦糠化感作用的平均表现（左胜鹏和马永清，2005），试图从理论上阐明麦糠化感作用的变异性和选择性，从而为我国麦糠覆盖还田高效利用提供切实可行的指导。

一、不同基因型麦糠化感作用

不同基因型麦糠对生菜幼苗的化感作用表现为：对幼苗的根长和苗长均表现出抑制作用，与对照相比均达到 5%的显著差异性。对根长的抑制作用为 35.1%～78.4%，最大抑制作用为栽培二粒；而对苗长的抑制作用为 56.3%～86.6%，陕 160 表现为最强。野生一粒对生菜幼苗表现为最弱的抑制作用。不同基因型麦糠对马齿苋幼苗的化感作用表现为：对幼苗根长抑制率为 0～62.5%，最大抑制作用是栽培一粒，与对照相比均达到 5%的显著差异性。而对苗长抑制作用为 17.4%～52.1%，野生一粒和栽培二粒表现最强。栽培一粒、野生二粒、宁冬 1 号的麦糠对马齿苋的苗长有一定的促进作用，但影响不明显。对谷子和玉米两种作物生长的影响，不同基因型麦糠表现出一定的差异性。对谷子幼苗的化感作用表现为：对幼苗的根长和苗长均表现出抑制作用，但野生二粒、栽培二粒对谷子幼苗有促进作用。对幼苗的根长抑制作用为 7.8%～38.8%，而对苗长的抑制作用为 13.0%～50.9%，对谷子根长和苗长抑制作用最强的分别为法国黑麦和野生一粒，抑制最弱的均为栽培一粒对玉米幼苗的化感作用表现为：对幼苗的总根长和最大根长均表现出促进作用，且促进作用分别为 3.5%～14.5% 和 11.8%～31.6%，对根长有最大促进作用的为宁冬 1 号。但野生一粒、法国黑麦、栽培二粒却有一定的抑制作用。对苗长的影响均为抑制作用，抑制率为 5.0%～43.0%。上述结果详见表 3-7，说明各基因型材料针对不同的生物测试受体化感作用将发生变异性和选择性。

表 3-7 不同基因型麦糠对受体植物幼苗的影响（cm）

材料	生菜		马齿苋		谷子		玉米		
	根长	苗长	根长	苗长	根长	苗长	总根长	最大根长	苗长
野生一粒	0.62bc	0.38b	0.20cd	0.11c	1.14abcd	0.53c	6.11d	3.49d	0.69c
栽培一粒	0.44bcd	0.33b	0.19cd	0.24a	1.19abc	0.94ab	10.82a	5.03ab	1.03ab
法国黑麦	0.44bcd	0.29b	0.21cd	0.18abc	0.79d	0.62c	8.39bcd	3.79cd	0.79bc
野生二粒	0.37cd	0.17b	0.32a	0.27a	1.38a	1.12a	10.12ab	4.56bc	0.94abc
栽培二粒	0.21d	0.17b	0.12e	0.12c	1.32ab	1.15a	7.26cd	3.81cd	1.01abc
宁冬 1 号	0.46bcd	0.19b	0.30ab	0.27a	0.99bcd	0.93ab	10.68ab	5.37a	1.12ab
陕 160	0.23d	0.15b	0.24bc	0.19abc	0.88cd	0.70bc	9.78ab	4.04cd	1.15a
对照	0.97a	1.12a	0.32a	0.23ab	1.29ab	1.08a	9.45abc	4.08cd	1.21a

注：小写字母表示 5% 显著水平差异。若处理间字母有相同，则表示无显著差异。

二、不同物种的麦糠化感作用

根据 Percival（1921）提出的小麦从二倍体→四倍体→六倍体的进化过程，分析不同物种的麦糠对受体植物的化感作用平均表现，得到表 3-8。从表 3-8 中可看出不同物种麦糠对生菜幼苗生长和马齿苋幼苗生长均存在抑制作用，对生菜幼苗的抑制作用比较为二粒小麦>普通小麦>黑麦>一粒小麦；而对马齿苋幼苗生长的抑制作用恰好与生菜相反，表明选择麦糠覆盖生菜可有效抑制马齿苋的生长。不同物种麦糠对谷子幼苗生长影响如下：对根长抑制作用比较为黑麦>普通小麦>一粒小麦，对苗长的抑制作用一粒小麦强于普通小麦；而二粒小麦对谷子幼苗生长为促进作用。在对玉米幼苗生长影响中发现普通小麦总体促进玉米幼苗的生长，而一粒小麦、二粒小麦、黑麦对玉米幼苗生长均有抑制作用。对总根长和苗长的抑制作用均表现为黑麦>一粒小麦>二粒小麦，对最大根长抑制作用表现为二粒小麦强于一粒小麦。上述分析可初步得出二粒小麦和普通小麦麦糠覆盖分别能促进谷子和玉米幼苗的生长。

表 3-8 不同物种麦糠对受体植物幼苗的影响（cm）

物种	生菜		马齿苋		谷子		玉米		
	根长	苗长	根长	苗长	根长	苗长	总根长	最大根长	苗长
一粒小麦	0.3	0.35	0.21	0.18	1.16	0.74	8.46	4.26	0.86
二粒小麦	0.29	0.17	0.22	0.19	1.35	1.13	8.69	4.18	0.93
普通小麦	0.43	0.28	0.23	0.20	0.98	0.76	10.23	4.71	1.14
黑麦	0.44	0.29	0.21	0.18	0.79	0.62	8.39	3.79	0.79
对照	0.97	1.12	0.32	0.23	1.29	1.08	9.45	4.08	1.21

三、不同基因型麦糠化感作用的总体评价

不同基因型麦糠对受体幼苗植株影响对生菜均抑制作用，但对马齿苋、谷子和玉米幼苗生长则抑制作用和促进作用均存在。野生二粒和宁冬 1 号可促进马齿苋幼苗生长，栽培二粒和野生二粒，宁冬 1 号和陕 160 可分别促进谷子和玉米幼苗的生长。因而麦糠覆盖应选择适当的基因型材料。对马齿苋、谷子和玉米幼苗生长抑制作用可看出野生一粒>栽培一粒，栽培二粒>野生二粒，说明小麦自然进化与人工选育过程影响麦糠抑制作用的强弱变化。对 4 种受体化感作用的平均因子比较发现，7 种小麦材料总体表现为抑制作用，强弱顺序依次为野生一粒>法国黑麦>栽培二粒>陕 160>栽培一粒>宁冬 1 号>野生二粒（表 3-9）。

表 3-9　不同受体植物对不同基因型麦糠材料的总体生物评价

小麦材料	生菜	马齿苋	谷子	玉米	平均影响因子
野生一粒	0.49	0.56	0.69	0.70	0.61
栽培一粒	0.37	0.83	0.89	0.98	0.77
法国黑麦	0.35	0.73	0.59	0.82	0.62
野生二粒	0.27	1.08	1.05	0.98	0.85
栽培二粒	0.18	0.44	1.04	0.84	0.63
宁冬 1 号	0.32	1.07	0.82	1.12	0.83
陕 160	0.18	0.79	0.66	1.01	0.66

不同物种的麦糠对 4 种生物测试受体总体表现是一粒小麦对生菜、马齿苋、谷子和玉米均为抑制作用，抑制效果比较为生菜>马齿苋>谷子>玉米；二粒小麦抑制作用与一粒小麦趋同，只是对谷子有促进作用；黑麦对 4 种受体均有抑制作用，作用程度比较为生菜>谷子>马齿苋>玉米；普通小麦抑制作用与黑麦相同，但对玉米为促进作用。根据 4 种受体总体生物评价发现 4 份物种材料总体表现为抑制作用，强弱顺序依次为黑麦>一粒小麦>二粒小麦>普通小麦（表 3-10），上述结果可见黑麦麦糠化感抑制作用强于小麦类；而小麦麦糠从一粒小麦、二粒小麦进化到普通小麦抑制作用减弱，反过来促进作用为增强。

表 3-10　不同受体植物对物种麦糠材料的总体生物评价

物种	生菜	马齿苋	谷子	玉米	平均影响因子
一粒小麦	0.43	0.70	0.79	0.88	0.79
二粒小麦	0.22	0.76	1.04	0.90	0.90
普通小麦	0.25	0.93	0.74	1.07	0.92
黑麦	0.35	0.73	0.59	0.82	0.71

对生菜、马齿苋、谷子和玉米 4 种生物测试受体进行不同基因型小麦麦糠化感作用评价，虽然结果不能一一对应，但有相关性。二次曲线回归分析表明：各测试物种优感作用指数值之间的相关系数 R^2 都存在显著相关性（表 3-11），四测试生物受体对不同基因型麦糠材料和物种的麦糠化感作用平均表现均能准确评价麦糠化感作用的效果。

表 3-11　不同受体植物的总体生物评价的相关性分析

受体物种	小麦材料	小麦物种
生菜×马齿苋	$y = -10.9920x^2 + 7.2927x - 0.2907$ $R^2 = 0.5371^{**}$	$y = -3.0907x^2 + 1.7232x + 0.5305$ $R^2 = 0.4974^{**}$
谷子×玉米	$y = -3.9982x^2 + 6.8576x - 1.8778$ $R^2 = 0.3710^{**}$	$y = -2.1814x^2 + 3.6662x - 0.5615$ $R^2 = 0.3376^{**}$
生菜×谷子	$y = -0.6367x^2 - 0.0976x + 0.9225$ $R^2 = 0.1738^{**}$	$y = 21.658x^2 - 15.268x + 3.3507$ $R^2 = 0.9076^{**}$
马齿苋×玉米	$y = 0.0573x^2 + 0.2567x + 0.7186$ $R^2 = 0.3047^{**}$	$y = 60.6060x^2 - 88.2x + 32.9170$ $R^2 = 0.9920^{**}$
生菜×玉米	$y = -1.5349x^2 + 1.0112x + 0.8041$ $R^2 = 0.0275^{*}$	$y = -5.0366x^2 + 3.1786x + 0.4445$ $R^2 = 0.0857^{*}$
马齿苋×谷子	$y = 2.7313x^2 - 4.0903x + 2.2022$ $R^2 = 0.5441^{**}$	$y = -67.4240x^2 + 101.7000x - 37.4700$ $R^2 = 0.1833^{**}$

注：*和**分别表示处理间达到显著和极显著水平。

研究中初步得出不同基因型麦糠材料的化感作用与不同物种麦糠的化感作用平均表现存在变异性和选择性，其原因可能是麦糠材料化感作用表现随麦类作物生长过程中基因型与环境互作的影响而发生变异（He et al., 2004）。不同的生物测试受体对麦糠的化感物质抗性不同，导致麦糠化感作用表现出一定的选择性（Minh et al., 2016）。林文雄等（2003）采用基因型与环境互作的数量性状加性显性发育遗传模型得出环境胁迫会增强化感作用的性状表现。从理论上得出二粒小麦对谷子幼苗生长有促进作用，现代普通小麦的麦糠可抑制马齿苋等杂草生长而促进玉米生长。由于只是实验室生物评价，田间条件麦糠覆盖将有一定的变化，针对田间杂草丛多，条件复杂，因而需要进一步进行野外实验论证。

结果中显示黑麦麦糠化感抑制作用强于小麦类，可能是物种基因型的差别所致。而小麦麦糠从一粒小麦、二粒小麦进化到普通小麦抑制作用减弱，反过来促进作用增强。与 Bertholdsson（2004）从芬兰、瑞典、丹麦等国家的大麦种质资源库中筛选 100 年来培育出的 127 个代表品种，进行硬直黑麦草生物评价实验，发现随着新品系的引入、化感基因的分化和稀释，导致大麦种质资源品种的化感作用呈逐渐下降趋势结果一致。在黄瓜的化感作用评价中得到同样结果，野生种表现最强的化感作用，少部分材料显示较强的抑制杂草的化感作用，大多数材料和商业品种不能显示化感抑制作用（Putnam 和 Duke，1974）。不同基因型麦糠材料在化感作用特性上存在明显差异，因而选用合适的生物检测材料进行化感作用评价显得十分重要。生菜、马齿苋、谷子和玉米是农业生产中常见的植物，同时研究得出四测试生物受体对不同基因型麦糠材料和物种的麦糠化感作用平均表现均能准确评价麦糠的化感作用效果，因此本研究具有重要的理论意义和实践意义。对于不同基因型麦糠材料的化感物质类型和含量以及大田实验中麦糠化感作用的表现需要更深一步的研究。

第四章　不同基因型小麦化感作用的理论基础

第一节　不同基因型小麦化感作用的化学基础

化感作用是植物通过向周围环境释放植物毒素使自身产生竞争优势的一个过程。作物化感抑制杂草主要发生在植物生长阶段和收割后阶段两个阶段，即在植物生长阶段可分泌释放化感物质，而在收割后期留茬或秸秆覆盖会通过微生物降解或气候因素腐解产生化感物质。一般，化感物质释放包括根系分泌、雨雾淋洗、挥发、残体分解、种子萌发、花粉扩散等途径。作物对杂草的化感抑制潜势与其组织中化感物质含量显著相关，化感物质含量高的小麦品系，对杂草的抑制潜势就大。综观植物化感物质类型，主要为酚类次生物质、萜类次生物质、含氮次生物质等。

一、小麦的主要化感物质

现在，从小麦活体或残体组织中主要鉴定分离出两类化感物质，即酚酸类和 benzoxazinone 物质。Lodhi 等（1987）从小麦秸秆覆盖物和根际土壤中分离鉴定出 5 类典型酚酸类化感物质：p-hydroxybenzoic、syringic、vanillic、p-coumaric 和 ferulic acids，这些物质对棉花、萝卜和小麦种子的发芽率和幼苗生长具有显著抑制作用。Wu 等（2000a，2001a，2001b）从根系、茎组织、整株中分离鉴定出 7 类典型酚酸化感物质：p-hydroxybenzoic acid、vanillic acid、cis-p-coumaric acid、syringic acid、cis-ferulic acid、trans-p-coumaric acid、trans-ferulic acid。另外，从小麦中也检出羟胺类化感物质 2,4-dihydroxy-7-methoxy-1,4-benzoxazin-3- one（Wu et al., 2001c）。这些化感物质不仅存在于小麦各部位组织中，也可以通过分泌物的方式释放出来，如根系分泌物等（Wu et al., 2000b），它们各自的浓度见表 4-1 和表 4-2。

表 4-1　小麦中的化感物质（左胜鹏和马永清，2004）

化合物	来源
2,4-dihydroxy-7-methoxy-1,4-benzoxazin-3-one（DIMBOA）	根、茎
对羟基苯甲酸、香草酸、丁香酸、反式-香豆酸、顺式-香豆酸、反式-阿魏酸、顺式-阿魏酸	茎
苯甲酸、桂酸及衍生物、香豆酸、阿魏酸、DIMBOA	幼苗
DIMBOA、2,4-dihydroxy-1,4-benzoxazin-3-one（DIBOA）	根、叶
DIMBOA-glucoside	叶

续表

化合物	来源
香豆酸、阿魏酸	种子
羟胺酸	叶、根提取物
香豆酸、香草酸、苯甲酸、丁香酸、咖啡酸、阿魏酸、芥子酸	土壤浸提液
山梨酸、黄酮	胚芽
DIMBOA	幼苗
对羟基苯甲酸、香草酸、丁香酸、反式-香豆酸、顺式-香豆酸、反式-阿魏酸、顺式-阿魏酸	根分泌物
醋酸、丙酸、丁酸、乙醇、3-苯丙酸	麦秸水提取液

表 4-2　小麦组织中的主要化感物质

化合物	含量或浓度 / (mg/kg 干重)	参考文献
根组织或根系分泌物/ (μg/L)		
(a) 酚 (酸) 类		
(i) *p*-hydroxybenzoic acid	24.5~94.5/2.3~18.6	
(ii) vanillic acid (4-hydroxy-3-methoxybenzoic acid)	19.9~91.7/0.6~17.5	
(iii) *cis-p*-coumaric acid	3.7~15.4/0.1~4.9	
(iv) syringic acid	2.2~38.6/0.0~52.7	Wu et al., 2000a; Wu et al., 2001a
(v) *cis*-ferulic acid	1.0~42.2/0.33~12.7	
(vi) *trans-p*-coumaric acid	19.3~183.6/1.5~20.5	
(vii) *trans*-ferulic acid	11.7~187.6/1.6~23.4	
(b) 苯并噁嗪酮 (*μmol/L agar)		
DIMBOA	0~734.1/0.241*	
DIBOA	0.146*	Huang et al.,　2003
HBOA	0.168*	
MBOA	0.29~0.476	Villagrasa et al., 2006
HMBOA	0.034~0.083	
茎组织		
(a) 酚 (酸) 类		
(i) *p*-hydroxybenzoic acid	9.8~49.3	
(ii) vanillic acid	12.9~68.8	
(iii) *cis-p*-coumaric acid	0.8~11.2	
(iv) syringic acid	1.9~61.5	Wu et al.,　2001b
(v) *cis*-ferulic acid	0.2~17.0	
(vi) *trans-p*-coumaric acid	11.4~117.7	
(vii) *trans*-ferulic acid	3.2~149.3	

续表

化合物	Level /（mg/kg 干重）	参考文献
（b）苯并噁嗪酮		
DIMBOA	0~730.4	Wu et al., 2001c
叶片组织		
苯并噁嗪酮		
MBOA	0.552~0.942	Villagrasa et al., 2006
HMBOA	0.27~0.489	
种子		
苯并噁嗪酮		
MBOA	0.07~0.119	Villagrasa et al., 2006
HMBOA	0~0.048	

注：＊表示此浓度不是标题表示的单位，而是特指单位，即每升琼脂中含有微摩尔的化感物质。

　　而 benzoxazinone 物质包含苯并噁唑嗪酮类（benzoxazinoids）和苯并噁唑啉酮类（benzoxazolinones），前者有 DIBOA、DIMBOA、HBOA、HMBOA、HM$_2$BOA、AMBOA、AHBOA-glc、HDMBOA-glc，后者含 BOA、4-BOA、MBOA、M$_2$BOA等。Villagrasa 等（2006）指出小麦化感物质 benzoxazinone 类主要有 8 种：BOA、MBOA、HBOA、HMBOA、DIBOA、DIMBOA、DIBOA-β-D-葡萄糖苷、DIMBOA-β-D-葡萄糖苷，其中 DIBOA 和 DIMBOA 为异羟基肟酸类化感物质，即羟基连接在 4-N 位置。在小麦的种子、根系和叶片组织中主要存在 HMBOA 和MBOA。Huang 等（2003）报道了 5 类 benzoxazinone 物质，如 HBOA、DIBOA、HMBOA、DHBOA、DIMBOA。其中小麦根系分泌物中异羟基肟酸类含量与对硬直黑麦草的化感毒性呈显著正相关。Niemeyer 和 Jerez（1997）指出 DIMBOA的分泌释放受遗传控制，其合成基因位于染色体 4A、4B、5B 上。Batish 等（2006）也认为苯并噁唑啉酮（2-benzoxazolinone，BOA）是目前禾本科作物（如黑麦、玉米、小麦等）中一种潜在的植物毒素，由于其广泛的植物毒性，被认为是一种潜在的农药。Macias 等（2006）仿照 benzoxazinone 类化学结构，设计出一些结构和性质类似物，如 D-HBOA（(2H)-1,4-benzoxazin-3(4H)-one）、D-HMBOA（7-methoxy-(2H)-1,4-benzoxazin-3(4H)-one）、D-DIBOA（4-hydroxy-(2H)-1,4-benzoxazin-3(4H)-one）、D-DIMBOA（4-hydroxy-7-methoxy-(2H)-1,4-benzoxazin-3(4H)-one）、ABOA（4-acetoxy-(2H)-1, 4-benzoxazin-3(4H)-one）、AMBOA（4-acetoxy-7-methoxy-(2H)-1,4- benzoxazin-3(4H)-one），这些物质对野燕麦和硬直黑麦草具有化感抑制作用，这为生物农药的研发提供了很好的思路。

　　此外，小麦秸秆中也存在一些短链脂肪酸类物质，是否为确定的化感物质需要更多实验证据。如 Thorne 等（1990）在小麦秸秆中发现二甲基丙二酸、二甲基延胡索酸、二甲基琥珀酸、二甲基苹果酸、二甲基壬酸等。

二、化感物质的分离、鉴定方法

　　GC-MS-MS 技术由于其仪器的选择性和灵敏度的提高，在生物和环境应用中对复杂物质的定量分析很简便，可被用于对小麦中化感物质酚酸的鉴定和定量化。气相色谱与双质谱法（GC/ MS / MS）分析基于仪器 Varian 3400 CX 气相色谱仪和 Varian Saturn 2000 离子阱质谱仪。对羟基苯甲酸、香草酸、丁香酸、香豆酸、阿魏酸、对氯苯甲酸等标准化合物均购自 Sigma Aldrich 化学有限公司。硅烷化的样品或标准化合物通过大小为 $30m \times 0.25mm \times 0.25\mu m$ 的 DB-5MS 石英毛细管柱被导入（J and W Scientific, Alltech Australia）。m/z 50 到 450 的质谱扫描时间是 1.0s，共 3 次微扫描。MS/MS 分析主要通过非共振碰撞诱导解离进行（nonresonant collision induced dissociation, CID）（Wu et al., 2000a）。

　　异羟基肟酸类化感物质的测定详见 Copaja 等（1999）。植物样品用 $3 \times 0.33mL$ 的水依次浸渍，然后用杵和研钵捣碎。将水提取物在室温下放置 15 min 后，用 0.1 mol/L 的 H_3PO_4 调节 pH=3，并以 10000 r/min 转速离心 15min。对上清液用 $0.45\mu m$ 微孔滤膜过滤，然后使用带 Lichrospher 100 RP-18（$5\mu m$）色谱柱（$125 \times 4mm$）的 Gilson 712 HPLC 初分析。溶剂梯度设计为：溶剂 A（甲醇）、溶剂 B（1L 水中加 0.5mL 磷酸），0~7min，30%A；7~7.5min，30%~100%A；7.5~9min，100%A；9~13min，100%~30%A。流速为 1mL/min，检测波长为 263nm。进样体积为 $50\mu L$。异羟基肟酸通过对比标准化合物的保留时间来鉴定，如 DIBOA 保留时间 Rt=（2.7±0.2）min，DIMBOA 保留时间 Rt=（3.5±0.2）min。

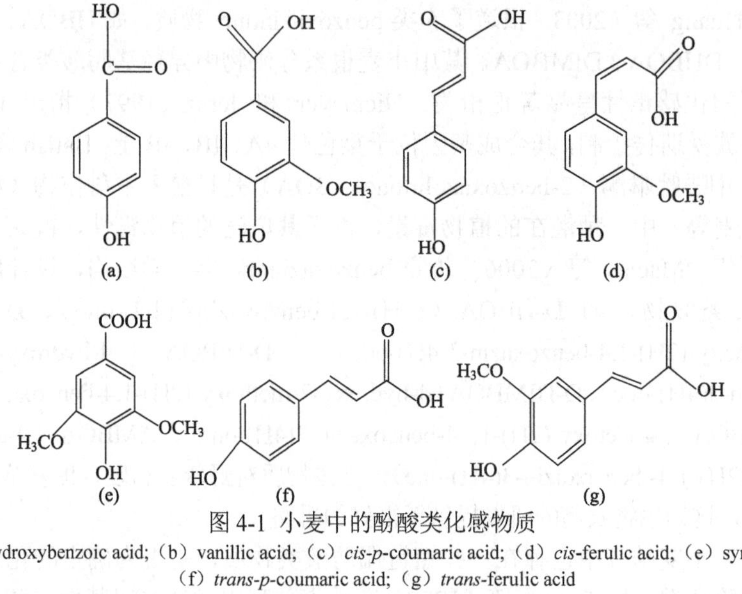

图 4-1 小麦中的酚酸类化感物质

（a）*p*-hydroxybenzoic acid；（b）vanillic acid；（c）*cis-p*-coumaric acid；（d）*cis*-ferulic acid；（e）syringic acid；（f）*trans-p*-coumaric acid；（g）*trans*-ferulic acid

三、化感物质的结构式

1. 酚酸类

小麦中酚酸类化感物质的结构式如图 4-1 所示。

2. 异羟基肟酸类

小麦中以苯并噁嗪酮为主的异羟基肟酸类化感物质的结构式如图 4-2 所示。

图 4-2　小麦中以苯并噁嗪酮（benzoxazinone）为主的异羟基肟酸类化感物质

（a）BOA:2-benzoxazolinone;（b）MBOA: 7-methoxy-2-benzoxazolinone;（c）HBOA:2-hydroxy-1,4-benzoxazin-3-one;

（d）DIBOA:2,4-dihydroxy-（2H）-1,4-benzoxazin-3（4H）-one;（e）DIMBOA:2,4-dihydroxy-7-methoxy-（2H）-

1,4-benzoxazin-3（4H）-one;（f）HMBOA: 2-hydroxy-7-methoxy-（2H）-1,4-benzoxazin-3（4H）-one

3. 部分化感物质的图谱

小麦中特征化感物质的色谱图如图 4-3 所示。

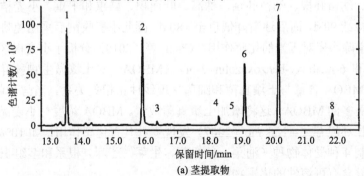

(a) 茎提取物

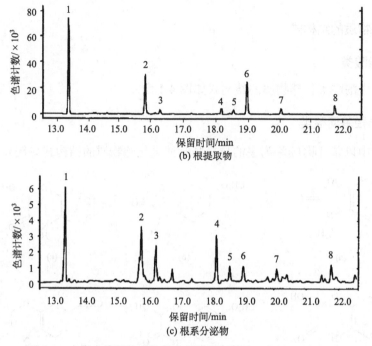

图 4-3　小麦中特征化感物质的色谱图（摘自 Wu et al., 2000b）

1. *p*-hydroxybenzoic acid; 2. vanillic acid; 3. *cis-p*-coumaric acid; 4. syringic acid; 5. *cis*-ferulic acid; 6. *trans-p*-coumaric acid; 7. 2,4-dihydroxy-7-methoxy-1,4-benzoxazin-3-one; 8. *trans*-ferulic acid

四、化感物质的生物活性

　　小麦化感物质显示出很强的生物活性，如植物毒性、微生物抗性、拒食性、杀真菌剂、杀虫剂等。Saffari 和 Torabi-Sirchi（2011）指出在伊朗东南部 Kerman 地区冬小麦将导致下茬作物玉米的生长抑制和最后产量降低，如两个本地小麦秸秆（Alvand、Falat）化感影响两个玉米杂交品种（single cross 704、single cross 647）的发芽率、幼苗胚根、幼苗胚轴、株高、叶面积、鲜重和干重。小麦秸秆的化感作用可以持续 90 d，而后逐渐降低直至 180 d。因此小麦收割后采用免耕或休耕技术，可以消除小麦对玉米的化感作用。Chen 等（2010）分析了小麦根区化感物质 DIMBOA 和 6-methoxy-benzoxazolin- 2-one（MBOA）对土壤微生物种群动态的影响。尤其 MBOA 含量与土壤真菌和细菌呈现线性正相关关系。当与杂草竞争时，小麦释放更多的 MBOA，这将增加土壤真菌数量。MBOA 浓度与小麦品系、种植密度和生长环境有关。Nakano（2007）发现麦麸具有化感作用，如 10%甲醇提取液显著抑制 4 种受体物种（油菜、独行菜、生菜、芝麻）根系和茎组织生长。因此推测麦麸含有可溶性的化感物质。

　　据说稗草已进化出农药抗性，影响 36 种作物生产，尤其对于水稻，其被 42 个国家标为有害杂草。在小麦地里检出的 benzoxazinones 类化感物质及其代谢物可以克服稗草抗药性，如 2-*O*-*β*-D-glucopyranosyl-4-hydroxy-(2H)-1,4-benzoxazin-3(4H)-one（DIBOA-Glc）、DIMBOA 和 2,4-dihydroxy-(2H)-1,4-benzoxazin-3(4H)-one（DIBOA）可抑制稗草的生长（Macias et al., 2005）。因此化感物质为研发天然除草剂提供了设计思路。Fritz 和 Braun（2006）报道小麦中的化感物质可抑制非靶标生物，如 benzoxazolin-2(3H)-one（BOA），6-methoxybenzoxazolin-2(3H)-one（MBOA）和 DIMBOA 可影响水生生物水蚤、淡水藻、土壤藻、发光细菌的生长。

　　Zheng 等（2005）指出小麦中 DIMBOA 含量越高，对植物病害的抗性越强，两者为正相关。Lu 等（2012）研究发现邻近杂草野燕麦和播娘蒿（*Descurainia sophia*）可诱导提高小麦化感物质 DIMBOA 和 6-methoxy-benzoxazolin-2-one（MBOA）的释放。因此，小麦化感物质的作用机理主要包括：影响受体的营养吸收、膜透性、蛋白质合成、光合作用、呼吸作用、酶活性、激素平衡、植物水势等。如 Batish 和 Singh（2006）报道 BOA 显著降低了绿豆幼苗胚根和胚芽长度以及根系和叶片组织中蛋白质和碳水化合物的含量。化感物质之间存在相互作用。Jia 等（2006）研究了酚酸 [ferulic acid（FA）、*p*-coumaric acid（CA）、vanillic acid（VA）和 *p*-hydroxybenzoic acid（HBA）] 和 benzoxazinone derivatives [2,4-dihydroxy-7- methoxy-1,4-benzoxazin-3-one（DIMBOA）、6-methoxybenzoxazolin-2-one（MBOA）、benzoxazolin-2-one（BOA）、2-aminophenol（AP）和 *N*-(2-hydroxyphenyl)acetamide（HPAA）]对受体的联合作用，发现两种或三种化感物质组合表现为相加作用、协同作用和拮抗作用，作用性质与物质类型、比例和受体有关。

五、化感物质的代谢转化

　　Macias 等（2005）研究了小麦中异羟基肟酸（hydroxamic acid）的代谢情况。如 DIBOA 容易转化为 BOA，其中 DIBOA 的半衰期为 43h。而在后续代谢中，BOA 则转化为 APO（2-aminophenoxazin-3-one），其中 BOA 的半衰期为 60h。Schulz 和 Wieland（1999）指出 BOA 的主要代谢产物有 BOA-6-OH、BOA-6-*β*-*O*-Glucoside、BOA-*N*-Glucoside，发现作物与杂草共存进化时，作物释放化感物质 BOA，而杂草可以将其代谢为相关产物，这可能是化感供体与受体协同进化的机制。Etzerodt 等（2008）发现 DIMBOA 从根系渗入土壤，通过微生物转变为 MBOA，然后继续转化为 2-amino-7-methoxy-phenoxazin-3-one（AMPO）、2-acetylamino-7-methoxy-phenoxazin-3-one（AAMPO）。三种动态模式可以数值模拟这个转化过程，如 single first-order（SFO）模型、first-order multi-compartment 模型、double first-order in parallel 模型。模型得出各化感物质的一半代谢时间（50% degradation time，DT（50））为：MBOA 5.4d 和 AMPO 321.5d。90%的代谢时间 MBOA 和 AMPO 分别为 18.1d 和 1068d。

Zheng 等（2010）指出小麦幼苗的分泌物和地上部组织中的 DIMBOA 可由杂草马唐、野燕麦、反枝苋（*Amaranthus retroflexus*）生物诱导合成。而小麦茎干中的 DIMBOA 含量与诱导杂草的生长密度呈正显著相关。Villagrasa 等（2009）指出小麦等禾本科植物中存在 8 种异羟基肟酸类化感物质，可降解代谢为 7 类主要产物：2-amino-3-H-phenoxazin-3-one（APO）、2-acetylamino-3-H-phenoxazin-3-one（AAPO）、9-methoxy-2-amino-3- H-phenoxazin- 3-one（AMPO）、2-acetylamino-9-methoxy-2-amino-3-H-phenoxazin-3-one（AAMPO）、N-（2-hydroxyphenyl）acetamide（HPAA）、N-(2-hydroxyphenyl) malonamic acid（HPMA）、N-(2-hydroxyphenyl-4-methoxyphenul)malonamic acid（HMPMA）]。Krogh 等（2006）报道小麦的异羟基肟酸类在土壤中还可降解为其他物质，如 2-aminophenol（AP）、2-amino-5-methoxyphenol（MAP）、N-(2-hydroxy-4- methoxyphenyl) acetamide（HMPAA）、2-hydroxy-N-(2-hydroxyphenyl) acetamide （HHPAA）、2-hydroxy-N-(2-hydroxy-4-methoxyphenyl)acetamide（HHMPAA）。Macias 等（2006）根据禾本科化感物质 2,4-dihydroxy-(2H)-1,4-benzoxazin- 3(4H)-one（DIBOA）、DIMBOA 特点，以(2H)-1, 4-benzoxazin-3(4H)-one 为模板合成有关化感物质，如 2-amino-7-methoxyphenoxazin-3-one 和 2-acetamido-7-methoxypheno-xazin- 3-one。

第二节　不同基因型小麦化感作用的荧光学基础

植物体的叶绿素荧光与光合作用的反应过程紧密相关，叶绿素 a 作为植物体内的天然荧光探针，能够探测许多有关植物光合作用的信息，特别是完整植株在胁迫下光合机构的功能和环境胁迫的影响（Shikhov et al., 2016）。叶绿素荧光在多种作物及林果中已得到广泛的应用，其中对小麦的研究已涉及育种、栽培、生理生态等方面。近年来，国内外利用叶绿素荧光在光合作用机理、作物增产潜力预测等方面进行了研究（Gallé et al., 2002）。对小麦不同品种的研究表明，在中午强光胁迫下，高蛋白小麦品系的 PS II 光化学最大效率较低，蛋白品系的下降幅度小，光呼吸速率显著提高，净光合速率下降幅度较大（Nesterenko et al., 2015）。旱地农业生态系统中作物光合效率的高低主要受作物内部遗传因素和外部环境条件，尤其是水肥状况的影响，而作物不同品种间叶绿素荧光参数的差异主要是由于基因型差异造成的（Rosyara et al., 2010）。水分是植物生长发育的必要条件之一，土壤干旱会导致光合效率的降低，但在一定范围内施氮可以增加作物的叶面积，改善和提高光合能力，因此水分和氮素以及水、氮互作对植物光合器官的功能至关重要。

春化反应、光周期反应和早熟性本身是影响小麦抽穗期的三种重要因素，它们的作用和互作可以调节生育期以应付不同的环境胁迫（Liu et al., 2012）。小麦抽穗期的遗传控制非常复杂，在不同的环境下形成了有不同生育期的小麦，它们可以应付各种不同环境的胁迫。因此从进化的角度讲，小麦适应能力强，抽穗期是与适应性直接相关的一个特征。抽穗期小麦幼穗分化过程是决定小麦穗数与粒数的关键时期，而影响幼穗分化过程的因子既取决于小麦品种本身的特性，又与环境条件的关系极为密切，如地域、土壤、水分以及气候类型等（Xing et al., 2010）。小麦的抽穗时间决定了灌浆期的长短，影响小麦的粒重，稳定和提高粒重又是实现小麦高产的主攻方向。所以研究抽穗期小麦的生理生态才有可能对广泛适应的遗传变异来进行自然选择，选出与自然相适应的基因型。

目前，植物化感技术逐渐成为农业领域的一项热门技术，广泛应用于农业生产和科研，尤其在农作措施改良、耕作制度调整以及可持续发展农业等方面的应用越来越广泛（Mahajan et al., 2015）。但迄今为止，有关小麦化感作用的研究多集中在化感物质分离鉴定和品种化感评价方面。我国小麦种植区域广阔，以种植地域和品种生态型可将我国小麦划分为 3 个主区和 10 个亚区，特别是黄土高原地区属典型大陆性干旱气候，人工灌溉作物，年降雨量少，日照充足，热量丰富，具有鲜明的地区特色，作物产量高、品质优，是我国最重要的小麦产区。对不同生态类型区小麦品种的温光反应特征和生长发育特性已有过详尽的揭示，但有关不同化感生态类型品种荧光动力学基础的研究尚少。为此，我们引进四种不同生态类型小麦，以马铃薯为受体生物材料（图 4-4），比较研究了在干旱半干旱区小麦长期选育进化过程中的化感变异，深入系统地开展了不同化感生态型抽穗期小麦荧光动力学特性研究，进一步揭示了小麦化感变异规律和内在生理学基础，明确不同化感生态类型荧光动力学整体协调机制，进而提高其光合生产力，改良和评价抗性高产小麦品种，为生态育种和农业持续发展提供充分的理论依据。

	Hind Ⅲ		EcoR I	EcoR I			EcoR I		EcoR I				Pst I	
Nptll	35Sp		SWPa2p	TEV	TP	SOD	35ter		SWPA2p	TEV	TP	APX	35ter

图 4-4 转 Cu/ZnSOD 和 APX 基因马铃薯表达载体 SSA 的构建

一、抽穗期小麦的生长特征

在四种不同生态型小麦抽穗期，从碧玛 1 号、丰产 3 号、宁冬 1 号到小偃 22 号，植株株高（图 4-5（a））和抽穗时麦穗长（图 4-5（b））逐渐降低，其

中株高和穗长分别降低 15.1%~39.4%和 3%~22.1%；与之相反，主茎茎粗（图
4-5（d））逐渐增大，增大幅度为 11.5%~23.5%，但宁冬 1 号主茎茎粗有所降
低。四种类型的小麦旗叶面积（图 4-5（c））变化不明显。从图 4-5 可看出，
四种类型抽穗期小麦的株高、穗长、旗叶面积和主茎茎粗分别基本稳定在
88cm、8.0cm、7.6cm^2 和 3.5mm。

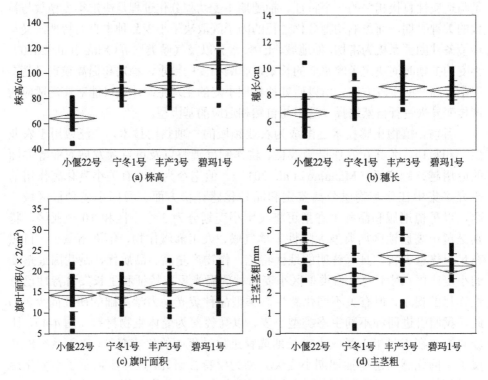

图 4-5　四种不同生态型抽穗期小麦部分生长参数

　　四种不同生态型小麦的农艺性状从表 4-3 得知：遗传背景完全不同，而且选
育年代为 20 世纪 50~90 年代，均为冬性品种，有芒方形小穗，只是宁冬 1 号为
纺锤形顶芒穗，均适合在 9 月下旬到 10 月上中旬播种。从单株小穗数、穗粒数、
千粒重、亩产来看，从碧玛 1 号、丰产 3 号、宁冬 1 号到小偃 22 号四性状总体表
现为上升趋势。而株高、亩播量和生育期，随着选育历程均显示出下降趋势。从
栽培区域来看，碧玛 1 号、丰产 3 号和小偃 22 号种植区域有重叠，表现为均适合
在陕西关中地区栽培，但三种生态型适宜种植区域潜力很大，而宁冬 1 号主要种
植于宁南山区，地域性强，不宜大面积推广。

表 4-3　四种不同生态型小麦的农艺性状

生态型或典型品种	父本	母本	年代	品性	株高/cm	穗	芒	小穗数	穗粒数
碧玛 1 号	蚂蚱麦	碧玉麦	1948	旱地冬性	110	方形	长芒	14	28
丰产 3 号	丹麦 1 号	西农 6028	1964	旱地冬性	100	方形	长芒	16	32
宁冬 1 号	长武 7125	晋农 3 号	1976	旱地冬性	95	纺锤形	顶芒	15	30
小偃 22 号	小偃 107	小偃 6 号 * 775-1	1989	旱地弱冬性	88	方形	短芒	17	34

生态型或典型品种	千粒重/g	亩产/kg	海拔/m	亩播量/kg	播期	生育期/d	适宜地区
碧玛 1 号	30.4	150	500~1500	15~17	10 月上旬	252	关中、晋南、豫西南、皖苏北
丰产 3 号	39.9	200	500~1000	10~15	10 月上旬	260	关中和黄淮冬麦区
宁冬 1 号	36	208	900~2100	10~14	9 月上中旬	275	宁南山区、陇东、陕北渭北地区
小偃 22 号	45	519.9	600~800	7~9	10 月上中旬	241	关中及江苏安徽北部

二、不同遗传背景小麦的化感作用

小麦在发芽期和苗期易产生化感物质如羟胺类和酚酸类物质，导致化感作用，从而抑制伴生杂草如黑麦草的生长（Didon et al., 2014）。但四种不同生态型抽穗期小麦植株对马铃薯也显示出一定的化感作用（图 4-6）。从大于 0.5 化感作用指数来看，对普通马铃薯的化感抑制作用表现为地上部大于根系，而对转基因马铃薯却相反，根系强于地上部（图 4-7）；但抽穗期植株对马铃薯幼苗的各个生长指标有显著差异，主要表现为小麦材料地上部对转基因马铃薯的影响为：幼苗总鲜重>主茎粗>单株分支数>根数>最大叶面积>幼苗茎鲜重>株高>单株叶数>最大根长（图 4-6（a）），而小麦材料根系对转基因马铃薯的影响与地上部差别主要体现在最大抑制指标上，如根系对转基因马铃薯的影响幼苗茎鲜重>最大叶面积>主茎粗>根数>单株分支数>幼苗总鲜重（图 4-6（b））。而小麦材料地上部对普通马铃薯的影响与对转基因马铃薯的影响差异显著，表现为幼苗总鲜重>株高>根数>最大叶面积>主茎粗>幼苗茎鲜重>单株叶数>单株分支数>最大根长（图 4-6（c））；而地上部对普通马铃薯的影响为幼苗茎鲜重>株高>最大根长>主茎粗>单株分支数>幼苗总鲜重>单株叶数>最大叶面积>根数（图 4-6（d））。

四种不同生态型抽穗期小麦植株对马铃薯平均化感作用（图 4-7）表现为：对转基因马铃薯抑制作用较弱（0.18~0.40），碧玛 1 号与小偃 22 号的抑制效应稍低于丰产 3 号和宁冬 1 号，但差异不显著（图 4-7（a）和（b））；而对未转

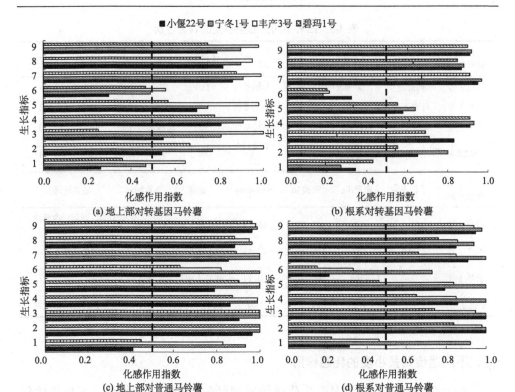

图 4-6　四种不同生态型抽穗期小麦对马铃薯的化感抑制作用

1. 株高（cm）；2. 根数；3. 最大根长（cm）；4. 单株叶数；5. 最大叶面积（mm²）；6. 主茎粗（mm）；7. 单株分支数；8. 幼苗茎鲜重（g）；9. 幼苗总鲜重（g）

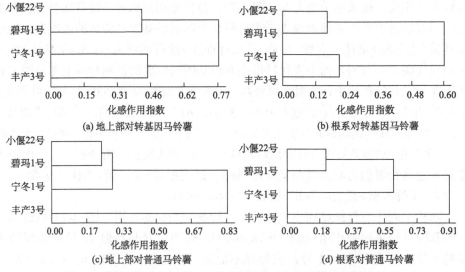

图 4-7　四种不同生态型抽穗期小麦植株对马铃薯的平均化感作用

基因的普通马铃薯则抑制作用相对较强（0.20~0.90），小麦植株地上部对普通马铃薯幼苗生态型比较为丰产 3 号>宁冬 1 号>碧玛 1 号≈小偃 22 号，而根系对马铃薯幼苗则宁冬 1 号>丰产 3 号>碧玛 1 号≈小偃 22 号（图 4-7（c）和（d）），这些可能说明了转 *Cu/ZnSOD* 和 *APX* 基因和未转基因的马铃薯对外在的化感胁迫抗性反应不一致，其中转基因马铃薯对化感胁迫抗性强，普通马铃薯对化感胁迫较敏感。

三、小麦的荧光动力学参数差异

一般在环境胁迫下如干旱，植物的荧光动力学参数发生变化。有报道两年生杏（*Armeniaca vulqaris* Lam.）的 Fv、Fm、Fv/ Fm、Fv/Fo 等参数以及参数间相关性随土壤相对含水量的下降而逐渐减弱（蒲光兰等，2005）；干旱胁迫下小麦旗叶的 T1/2 值减少，Fv/ Fm 和 Fv/ Fo 降低，胁迫程度越大其下降幅度越大（Wang et al., 2015）。从表 4-4 部分荧光动力学参数的显著差异上充分反映了在小麦长期选育和进化中不同年代不同区域的品种形成了特有的生态类型。荧光分析时，当作用光打开时，最大荧光产量从碧玛 1 号、丰产 3 号到小偃 22 号，Fm′、F、Y（NO）逐渐增大；同时发现，NPQ、qN 逐渐下降；Y（Ⅱ）、qP、qL、ETR 先升后降；Y（NPQ）先降后升高，而宁冬 1 号的荧光动力学参数处于这些系列之间。说明小麦人工选育和环境诱导下，随着推广年代的向前，抽穗期小麦的 PSⅡ原初光能转换效率、潜在活性均升高，能量消耗下降，进而保证了光合电子传递的正常进行。这与环境胁迫下植物的荧光动力学参数变化刚好相反，如甘蔗苗期的 Fv/ Fm、Fv/Fo、Yield、Rfd 等荧光参数随水分胁迫强度的增强而下降（罗俊等，2004），

表 4-4　四种不同生态型抽穗期小麦的部分荧光动力学参数

荧光动力学参数	碧玛 1 号	丰产 3 号	宁冬 1 号	小偃 22 号
Fm′	0.19bB	0.21aA	0.17cC	0.22aA
F	0.12aA	0.13aA	0.10bB	0.14aA
Y（Ⅱ）	0.34cC	0.40aA	0.39bAB	0.37bB
Y（NPQ）	0.32aA	0.25cC	0.28bB	0.26cC
Y（NO）	0.34bAB	0.34bAB	0.33bB	0.37aA
NPQ	0.20aA	0.16bcB	0.17bB	0.15cB
qN	0.56aA	0.48cB	0.53bA	0.48cB
qP	0.58bB	0.60bB	0.66aA	0.57bB
qL	0.36bB	0.33cB	0.45aA	0.35bcB
ETR	29.25cC	34.70aA	33.13bAB	31.52bB

注：小写字母为 5%显著水平；大写字母为 1%显著水平。处理间有相同小写字母表示无显著差异，小写字母不同表示有显著差异。处理间有要同大写字母表示无极显著差异，大写字母不同表示有极显著差异。

玉米叶片在盐胁迫下 Fv/ Fm 和 Fv/ Fo 明显下降（郭书奎和赵可夫，2001），这说明 PSⅡ的变化直接影响植株的荧光动力学变化，但这种变化可以人工加以适当调控。

四、抽穗期化感作用的荧光动力学

叶绿素荧光诱导动力学曲线包含大量关于 PSⅡ原初光化学反应的信息，通过对曲线荧光的分析（图 4-8，可变荧光 Fv&最大荧光 Fm），可以知道环境因子如黄土高原的干旱环境以及人工选育压力下小麦遗传基因发生变异，其抽穗期的光合机制也将发生相应变化，图中反映光合电子从 PSⅡ的供体侧传递到受体侧以及电子传递体 QA、QB 和 PQ 库的氧化还原的变化的四种代表性类型。在 Imaging PAM 调制脉冲式下经过一定时间暗适应的小麦功能叶片暴露在一个强光（300 μE/m²s）时抽穗期小麦叶绿素荧光动力学发生相应诱导，其体内叶绿素分子发出很弱的近红外荧光（K≈685nm），其强度呈现规律变化，反映了光合功能从启动到逐渐达到最适稳定速度的变化过程，这个动态变化与小麦的生态型有关。从图 4-8 上可看出四种不同生态基因型小麦抽穗期功能叶片的诱导荧光动力学差异显著，具体表现为：碧玛 1 号，严格符合 Kautsky（1931）和 20 世纪 70 年代

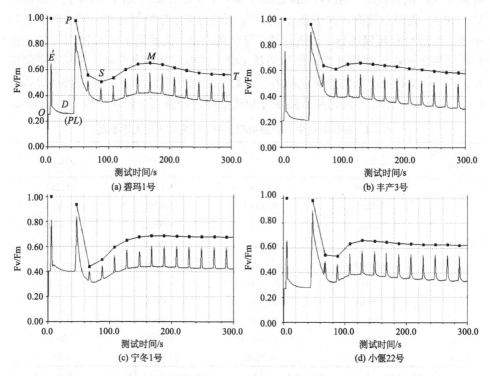

图 4-8　四种不同生态型抽穗期小麦的荧光动力学（Fv/Fm）诱导曲线

中期 Papageorgiou 提出的诱导动力学过程，均包括 O（原点）→$\acute{E}$（偏转）→D（小坑）或 PL（台阶）→P（高峰）→S（半稳态）→M（次峰）→T（终点）（图 4-8（a））；丰产 3 号，基本符合经典的诱导动力学曲线过程，只是从 M 到 T 为持续下降，表明了在光合机构捕获光能发生电子传递的同时，还有一部分能量以热和荧光的形式耗散掉（图 4-8（b））；而宁冬 1 号和小偃 22 号大致符合经典的诱导动力学曲线过程，只是前者从 M 到 T 为稳态，后者从 M 到 T 为先缓慢下降而后达到稳态过程（图 4-8（c）和（d）），说明了在能量流动过程中，天线色素（Ch1）吸收能量（ABS）的一部分以热能和荧光（F）的形式耗散掉，另一部分则被反应中心（RC，在 JIP-测定中 RC 指有活性的反应中心）所捕获（TR），在反应中心激发能被转化为还原能，将 Q_A 还原为 Q_A^-，后者又可以被重新氧化，从而能量基本处于稳态，进而保证产生电子传递（electron transport，ET），把传递的电子用于固定 CO_2 或其他途径等。

五、抽穗期小麦化感作用的荧光学机制

促进作物生长和提高其产量品质是当前人工选育的重要目标。在长期的选育中，环境因子是限制小麦产量提高的外部条件，而遗传性状则是小麦产量提高的决定因素，由于遗传信息与小麦的独特进化及人工选育，导致形成了特有的生态型小麦（Barakat et al., 2016）。本书主要针对黄土高原地区旱作农业模式下四种生态型抽穗期小麦，分析其在农艺性状、化感作用以及荧光动力学上所表现的共性和差异。从碧玛 1 号、丰产 3 号、宁冬 1 号到小偃 22 号来看，产量因子如单株小穗数、穗粒数、千粒重和亩产量等增大，而株高下降说明控制作物生长发育和最终产量的形成过程，实质是调节作物与环境间的物质能量转化，以及受环境影响的根、冠间物质分配、积累平衡的过程，符合人工选育小麦的最终目标。

从总体植株化感作用来看，上述四种化感作用分别为 0.68、0.77、0.84 和 0.86，这些可能说明了小麦随人工选育进程抗性增强，从而导致其适应性增强，推广种植面积进一步扩大。这与理论评价得出的四种生态型小麦化感作用综合指数表现为小偃 22 号>宁冬 1 号>丰产 3 号>碧玛 1 号一致，只是对马铃薯化感作用指数较大，可能与评价的方法和标准有关。植物本身的生理变化如衰老，或者逆境胁迫如缺铁或锰饥饿、高温、低温、盐胁迫及干旱等都能够直接或间接地影响植物 PSⅡ 的功能（Kmiecik et al., 2016）。而由于四种生态型小麦的基因型差异导致其荧光动力学参数以及光诱导曲线的变异，从碧玛 1 号、丰产 3 号、宁冬 1 号到小偃 22 号，Fm′ 和 F 等总体呈增大趋势；Y（NPQ）与 qN 等总体呈下降趋势，反映了小麦的光合器官 PSⅡ 对光能的吸收、转化增强了，而热能耗散降低了，这充分解释了小麦产量构成因子和化感作用递增趋势。

利用叶绿素荧光动力学方法可以快速、灵敏、无损伤地研究和探测各种逆境

对植物光合生理的影响，但本书中植株叶绿素荧光可以作为检测评价小麦化感作用的探针，为植株化感作用提供叶绿素的荧光学内在生理学基础，不同于化感物质的荧光现象。有研究表明，环境胁迫包括外界化感胁迫的程度与植物体内 Fv/Fm、Fv/Fo、$\Phi PS\,II$、Rfd、qP、qN、$Yield$ 等参数的受抑制程度呈显著相关，可作为植物抗逆的指标，但不同植物的抗逆指标差异显著（Woodson，2016）。与周少川等（2005）得出的水稻品种化感特性和农艺性状不相关的观点不同，在本书中发现四种化感生态型抽穗期小麦的生长特征-荧光学内在生理学基础-化感作用显示出显著相关性，表现为复杂的网络系统（表 4-5 和表 4-6）。如四种不同化感生态型抽穗期小麦的化感作用分别与农学性状和荧光动力学参数的回归分析与四种不同化感生态型抽穗期小麦的农学性状与荧光动力学参数的回归分析既有差别又有重叠，因此株高、穗长、旗叶面积、小穗、穗粒数、千粒重、亩产与 Fm'、F、Y（NO）、

表 4-5　四种不同化感生态型抽穗期小麦的化感作用分别与农学性状和荧光动力学参数的回归分析

农学性状参数	相关性	R	P	荧光动力学参数	相关性	R	P
抽穗期株高	—	0.9146	0.01[**]	Fm'	+	0.8785	0.05[*]
穗长	—	0.7223	0.05[*]	F	+	0.9912	0.05[*]
茎粗	+	0.1915	0.56	Y（II）	—	0.4949	0.24
旗叶面积	+	0.9939	0.01[**]	Y（NPQ）		0.322	0.35
成熟株高	—	0.9772	0.01[**]	Y（NO）	+	0.6832	0.05[*]
小穗	+	0.7455	0.05[*]	NPQ		0.2398	0.62
穗粒数	—	0.7455	0.05[*]	qN		0.3843	0.40
千粒重	+	0.7872	0.05[*]	qP	—	0.6449	0.05[*]
亩产	+	0.7285	0.05[*]	qL	—	0.7240	0.05[*]
全生育期		0.0773	0.78	ETR		0.5198	0.06

注：**和*分别表示 0.01 和 0.05 显著水平。

表 4-6　四种不同化感生态型抽穗期小麦的农学性状与荧光动力学参数的回归分析

农学性状	Fm'1	F1	Y（II）	Y（NPQ）	Y（NO）	NPQ	qN	qP	qL	ETR
抽穗期株高	−0.7733[*]	−0.6547[*]	0.9875[**]	−0.1267	−0.8187[*]	0.7357	0.7403	0.7005[*]	0.6315[*]	−0.8247[*]
穗长	0.9486[**]	−0.7369[*]	0.9567[*]	−0.0589	−0.8995[*]	0.5906	0.5887	0.7507[*]	0.6409[*]	−0.9601[*]
茎粗	−0.8265[*]	0.7738[*]	0.0048	−0.4063	−0.7362[*]	0.5003	0.5005	0.5113	0.0326	0.4732
旗叶面积	0.7082[*]	0.8802[*]	−0.5612	0.6176[*]	0.7180[*]	−0.8907[*]	−0.8897[*]	−0.9934[**]	−0.7408[*]	0.0702
成熟株高	−0.6658[*]	−0.7264[*]	0.9279[*]	−0.3687	−0.7097[*]	0.7356[*]	0.7407[*]	0.7215[*]	0.8711[*]	−0.9187[*]
小穗	0.7849[*]	0.7834[*]	−0.5456	0.7094[*]	0.7654[*]	−0.9207[*]	−0.9164[*]	−0.9346[*]	−0.6225[*]	0.0795
穗粒数	0.7233[*]	0.9369[*]	−0.7058[*]	0.5670	0.7087[*]	−0.9357[*]	−0.9356[*]	−0.9346[*]	−0.6213[*]	0.2776
千粒重	0.8049[*]	0.8083[*]	−0.8088[*]	−0.2897	−0.7456[*]	−0.2602	−0.2567	−0.9106[*]	−0.8635[*]	0.9476[*]
亩产	0.9768[**]	0.9033[*]	−0.8725[*]	−0.2665	−0.9873[*]	−0.4304	−0.4286	−0.9749[**]	−0.8909[*]	0.7780[*]
全生育期	−0.8885[*]	0.9075[*]	0.0096	−0.3776	−0.7105[*]	0.4567	0.4606	0.4804	−0.0100	0.5000

注：**和*分别表示 0.01 和 0.05 显著水平。

qP、qL 可作为抽穗期化感作用评价的参考指标，同时说明了植物的三者关系只是植物中很小的网络系统，还有很多因素共同决定某一方面。如化感作用与植株的内部化感物质、生境选择、生育期以及光合蒸腾等生理生化诸多因素相关。目前，叶绿素荧光动力学在抽穗期化感生态型小麦研究中仍有一些理论和技术需要进一步探讨：①PSⅡ如何通过热耗散和能量补偿来维持植物正常生长以及针对胁迫抗性如化感抑制效应的生理消耗；②在逆境如长期旱作和传统耕作下，PSⅡ反应中心可逆失活与活性氧的产生和积累的相关性，最好与光合作用光谱学、光合放氧等相结合。

　　整体适应与协调机制是指植物基于整体抗逆的基础上发展而来，在整个生命过程中（包括生长发育、果实种子收获储藏休眠等）由多基因控制、多性状协调共同参与抵御各种外来环境胁迫的能力，如化感作用就属于植物抗逆能力的一类，使生长发育、产量构成、生活史受到有限的最低危害，它可反映在分子、细胞、组织器官、个体植株、群体甚至整个生态系统的不同水平上（Bais et al., 2003）。以本书研究的四种化感生态型冬小麦为例，在其整个生长发育的不同阶段，均具有抗旱、抗盐碱、抗倒伏、抗杂草化感作用、抗条锈等各种病虫害及其他类型的逆境胁迫危害的能力，而且产量很高。其中的化感作用涉及多基因多个数量遗传性状调控，既有生理特征，又有荧光学内在生理学基础参与小麦化感作用的表达。

　　以本书研究的小麦材料的化感作用为例，它与多种抗逆性密切相关，化感品种同时也抗旱。但化感表达的模式多样，可体现在群体、植株、组织器官、细胞、生理代谢、分子、基因等不同水平上，以及抵抗、忍耐和躲避逆境的不同形式上。而且化感作用有很强的时间序列，因决定不同性状的基因在植物生长发育中是逐渐程序化表达的，具有阶段性，因此在不同生长发育阶段其化感作用也是不同的。同时化感作用涉及植株的整体适应与协调，不同形式、不同层次表达的化感作用在不同时期表达不一致，通过植物的整体自我调节，最终能保证正常生长发育并获得满意产量。化感遗传持久，有积累效应，从碧玛1号、丰产3号、宁冬1号到小偃22号，化感作用逐渐增强就充分说明了这一点。

　　野生植物主要靠自然杂交，在环境诱变和人工选育下将获得稳定突变，从而出现新的化感类型，它们是人类研究化感作用的典型和极端材料，如小麦中的野生一粒、野生二粒、栽培一粒和栽培二粒等（张正斌，2000）。对于普通小麦来讲，主要是靠人工诱变、杂交育种、基因工程等方法获得（Bertholdsson et al., 2016）。但目前对于化感遗传育种更多被采用和行之有效的方法是通过化感物质定量化评价鉴定其化感作用，然后将含有不同化感作用的材料进行复合杂交或转化感基因技术，这是现代育种的主要途径。因此作物化感的整体适应与协调机制主要是通过自身适应和育种家改良得到的。从本书中发现小麦的化感作用由形态结构（株高和叶面积等）、生长发育（抽穗期等）、生理响应（荧光动力学等）、代谢（已经鉴定的酚酸类等物质）、激素（NAA 等）、基因（QTL 等）等不同层次的调控以及相互交叉和协调。因而从系统和整体的思路研究作物化感作用势在必行，这样才能深入揭示生物化感的本质。

第三节　不同基因型小麦化感作用的分子遗传学基础

在各种不同的保护性耕作系统中，越来越依赖于化学合成除草剂来控制杂草。然而，除草剂的大范围使用导致杂草抗药性提高和进化历程变短（Chen et al., 2016）。在全球范围内，至少有 251 个杂草品种，包括 146 个双子叶植物和 105 个单子叶植物，具有农药抗性（Heap, 2016）。在澳大利亚，有一种重要的杂草一年生硬直黑麦草，已经进化到对 6 种除草剂具有抗药性（Preston et al., 1999）。杂草的抗药性以及农药的环境危害迫使人们寻找天然无害的除草剂或绿色除草方法。因此，利用化感作用是杂草管理过程中最有潜力的技术。Wu 等（1998）在全世界收集了 453 个小麦品种，发现其幼苗的根系分泌物对一年生硬直黑麦草根系的生长抑制率为 10%~91%，且小麦化感作用与其竞争性参数如株高、根长无显著相关性。

培育抑草化感品种已成为杂草管理的未来方向。开发高化感作用的栽培品种初期可降低农药的使用和依赖，晚期可提高作物的竞争优势。但是，化感品种的开发在很大程度上受其分子遗传学知识所束缚。最近的研究结果表明水稻和小麦的化感性状为数量遗传。Wu 等（2000）利用 Hartog（弱化感作用）×Janz（强化感作用）杂交得到近等基因系（near isogenic lines，NIL），用来研究化感作用的遗传学基础和调控基因。如 Hartog 回交的 BC$_2$-Hartog 品种化感作用弱，与 Hartog 的化感作用相似。同理，Janz 近等基因系感潜力强，这与 Janz 品种的化感作用相同。分子技术和生化方法现正被迅速应用到化感研究中，如 DNA 微阵列技术、代谢组学、蛋白质组学、转录组学、限制性片段长度多态性（RFLP）、扩增片段长度多态性（AFLP）和微卫星（SSR）等被用来测定特定植物代谢物（如生物碱、类黄酮和类异戊二烯）的合成调控基因（Zhang et al., 2016）。现在有转基因技术提高植物的抗虫性、抗菌性和抗药性，但还未开展化感物质合成基因的相关分子技术。例如，从 *Bacillus thuringiensis* 分离出基因 *Bt* 被成功转入棉花中，生产抗虫棉品种（Yan et al., 2007）。在鲜花和水果中转入单萜合成有关的基因，可显著提高各自的香味和风味（Sun et al., 2015）。

通过分子生物学技术，已获得抗性品种，如可抵御害虫、病原菌和除草剂，但还未开发出化感抑草的品种。Duke 等（2001）提出化感品种开发的两种模式：①利用传统育种技术提高后代的化感作用；②利用转基因技术插入基因片段使作物合成更多的化感物质。但到目前为止，化感分子遗传学仍停留在理论探索阶段，还没有开发出化感栽培种。Jensen 等（2001）通过 IAC 165（日本高地种，化感作用强）和 CO39 号（印度灌溉品种，化感作用弱）的杂交得到 142 个重组近交系，从中筛选出 140 个基因标记物。从 3 个染色体上鉴定出 4 个数量遗传位点（quantitative trait loci, QTL），这些位点解释了 35%总化感表型变异。Ebana 等（2001）运用 RFLP 分析在水稻的 6 个染色体上鉴定出 7 个化感作用相关 QTLs，解释了 9.4%~16.1%总化感表型变异。

一、小麦化感作用分子遗传学

理论证明使用化感品种无法完全去除田间杂草。Wu 等（2002）发现小麦活体根系分泌的化感物质可显著抑制硬直黑麦草根系生长，抑制率高达 91%。此外，化感栽培种能够逐渐减少杂草种子库和种群数量，对杂草生态具有长期影响。Duke 等（2001）报道化感栽培种能有效减少除草剂的使用和耕地的次数，不仅经济成本会显著降低，而且对环境友好，无二次污染。

Wu 等（2003）从世界 453 个品种筛选出最强和最弱化感作用品种 Sunco 和 Tasman，两者杂交获得 271 个双单倍体品系，对硬直黑麦草根长抑制率为 23.7%~88.3%，化感活性呈现正态分布，且有超亲分离现象，可能有多个基因参与化感特征的表达。继续采用 Map manager 来定位 QTLs，发现 QTLs 主要集中在 2B 染色体区域。基于简单间隔图谱的回归分析，显示大多数标记物符合 logarithm of odds（LOD）=3，其中标记物 P32/M48-316 可解释 29%的变异（图 4-9）。若使用复合间隔图谱法分析，发现在 2B 染色体上至少有 2 个化感 QTLs，且遗传效应不同（图 4-10）。简单间隔图谱在一个染色体上仅能检出一个 QTL，而复合间隔图谱可解析出多个 QTLs，且可准确确定更详细准确的位置信息。因此，综合两图得

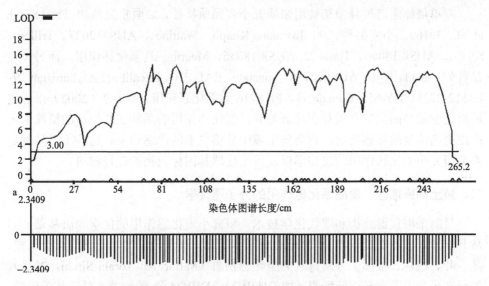

图 4-9　染色体 2B 简单间隔图谱（摘自 Wu et al.，2003）

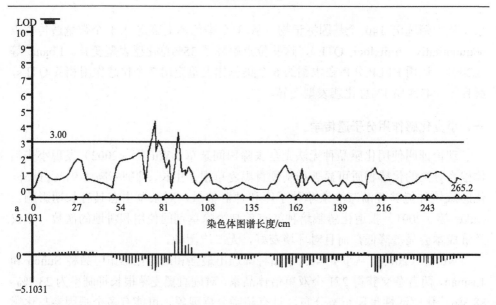

图 4-10　染色体 2B 复合间隔图谱（摘自 Wu et al.，2003）

出 2B 染色体上存在 2 个化感 QTLs，一个为 P32/M48-316，在左边第五个标记物附近，主要遗传自亲本 Tasman，LOD 值为 4.4；另一个为 P32/M48-93，在第八个标记物附近，主要来自亲本 Sunco，LOD 值为 3.6。 2B 染色体上的 2 个 QTLs 存在相对高的显著性，有必要在大范围的遗传背景下进一步验证这两个化感 QTLs

　　双单倍体图谱种群最初被用来研究小麦品质特征，如面粉颜色和口感（Singh et al.，2016）。小麦品种，如 Tasman、Khapli、Wattines、AUS#12627、Triller、SST 6、AUS# 18060、Tunis 2、AUS# 18056、Meering 具强化感作用，而另一些品种如 Canada 3740、AUS#12788、Sunstate、RAC 710、Excalibur、Afghanistan 19、L1512-2721、HY-65、Canada 51、PF 8716 为弱化感作用。Wu 等（2002）报道这两组化感品种的化学背景存在显著差异，强化感作用的品种在其幼苗的植株中可产出更高浓度的化感物质，也会向生境中分泌更多的化感物质。这些小麦品种是将来研究小麦化感作用的遗传学以及鉴定化感基因标记物的良好材料。

二、黄土高原地区小麦品系化感作用的分子遗传学

　　目前采用仪器分析和现代化学技术，研究小麦化感作用的化学物质基础，如从其水和有机溶剂提取物及浸提液、残茬腐解液、根系分泌物以及其他直接从根、茎、叶、根茬、根际土分离得到典型化感物质（Saffari 和 Torabi-Sirchi，2011）。如已在小麦中发现异羟肟酸类（如 DIMBOA、DIBOA）、酚酸类（对羟基苯甲酸、

香豆酸、丁香酸、香草酸、阿魏酸、咖啡酸、芥子酸）、短链脂肪酸类（醋酸、丙酸和丁酸等）等三类物质（Liu et al., 2010）。

作物的化感作用特性不仅受其化感物质影响，也由其遗传因素决定（Bertholdsson, 2010）。小麦的农艺性状、品质性状和抗逆性状均为数量遗传性状，并受环境因子和人为活动的调控（Fontaine et al., 2009）。如采用数量性状位点 QTL 定位技术，发现控制小麦穗粒数和粒重的基因主要分布在 A、B、D 染色体上，而且与第 1,3,6 组有关（Wang et al., 2012）。少量研究涉及小麦的抗旱性和耐盐性的遗传学机制（Alexander et al., 2012）。而对化感的遗传学分析鲜有报道，一般从分析控制化感物质产生和释放的基因角度，发掘有关分子学标记。Wu 等（2003）采用一些分子遗传学技术如 SSR、AFLP、RFLP，发现在 2B 染色体上可能存在与化感作用有关的基因，具体基因位置和数量、表型贡献率等参数不甚清楚。

本书基于前期研究（Zuo et al., 2007），筛选出两种化感作用存在显著差异的黄土高原旱作小麦，一品种化感作用强（小偃 22 号），另一品种化感作用弱（92517-25-1）。利用两小麦化感品种作为父母本，通过种间杂交得到的重组自交系群体（F2:3 家系）在黄土高原地区条件下连续种植 3 年并进行 QTL 分析，验证其化感作用、抗草特点以及农艺性状。小偃 22 号是由原中国科学院西北植物研究所于 1989 年选育而成，具有优质、抗病、丰产潜力大、适应性广、化感作用强等突出优点。该品种适宜关中新老灌区种植，陕西关中以 10 月上旬播种为宜，亩播量为 6~8kg。92517-25-1 是陕西长武地区种植的小麦过渡品种，抗逆性强，稳定性好，增产潜力大，化感作用弱。其抗病抗寒性等均优于同类品种，适宜在冬春混交区的多变气候条件下种植。在小偃 22 号×92517-25-1 群体中，随机选取 277 个单株自交，获得 F2:3 株系重组自交系（recombinant inbred lines, RILs）。

（一）旱作小麦化感作用性状表型变异分布

父本小偃 22 号化感作用、抗草性、抗草抑制圈以及残茬抗草持续时间等性状均显著高于母本 92517-25-1。对于对后茬作物（夏玉米）的影响以及千粒重两项性状，两亲本无显著差异。对重组自交系，所有测试性状均在两亲本之间，且表现为显著的超亲遗传现象。化感作用在子代中遗传率高，其表型变异主要由遗传因素引起，环境影响小。其他性状遗传率低，环境因素起决定作用。与化感作用相关的性状遗传与环境互作遗传率较高，其中抗草持续时间>抗草抑制圈>化感作用>残茬抗草性，而对后茬作物（夏玉米）的影响以及千粒重两项性状互作遗传率低（表 4-7）。化感作用性状及其相关性状表型数据呈正态分布，表现为显著的数量遗传特征（图 4-11）。化感作用与抗草抑制圈、抗草性和持续时间、抑制圈与抗草性、抗草性与持续时间等呈显著正相关；而化感指数、抗草性均与千粒重呈显著负相关关系（表4-8）。

表4-7　旱作小麦化感作用性状

性状	亲本			重组自交系（RILs）					
	小偃22号	92517-25-1	平均值±标准差	最大值	最小值	偏度	峰度	H^2	H_{GE}^2
化感指数	0.78a	0.09b	0.75±0.12	0.96	0.16	0.30	0.50	89.50	58.6
抑制圈/cm	18.50a	0.48b	19±2.1	21.50	2.34	0.50	0.60	26.50	65.4
抗草性	0.45a	0.03b	0.48±0.05	0.85	0.15	0.40	0.20	1.30	53.2
持续时间/d	23.00a	3.00b	29±1	31.00	5.00	0.60	0.70	13.20	96.4
对后茬作物促进影响	0.15a	0.10ab	0.14±0.09	0.24	0.18	0.20	0.50	1.10	2.31
千粒重/（g/1000粒）	38.00a	32.00ab	35±5	40.00	28.00	0.10	0.30	1.50	10.9

注：小写字母表示5%显著水平上的差异。

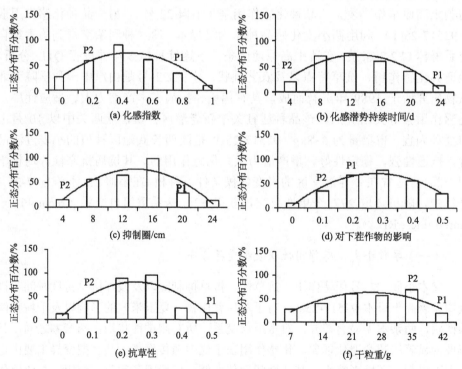

图4-11　旱作小麦化感作用性状表型变异的正态分布

P1. 小偃22号；P2. 92517-25-1

表 4-8　旱作小麦化感作用性状相关性

性状	化感指数	抑制圈/cm	抗草性	持续时间/d	对后茬作物的影响	千粒重
化感指数	—					
抑制圈/cm	0.78*	—				
抗草性	0.95**	0.85*	—			
持续时间/d	0.42*	0.03	0.91**	—		
对后茬作物的影响	0.23	0.1	0.15	0.05	—	
千粒重/g	−0.37*	0.04	−0.60*	0.01	0.18	—

注：*表示 P<0.05;**表示 P<0.01。

（二）旱作小麦化感作用性状数量遗传图谱

对旱作小麦三个典型性状——化感作用、抗草性以及千粒重进行数量遗传位点分析，发现小麦 21 条染色体上，只有 1A,2B 染色体上存在化感作用基因，而

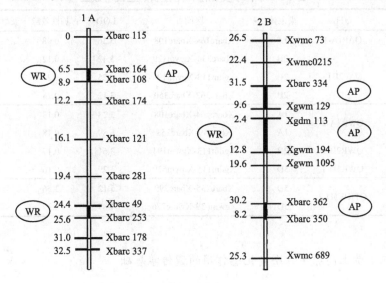

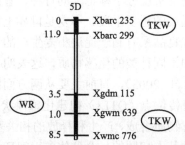

图 4-12　旱作小麦化感作用性状数量遗传图谱

WR: 抗草性; AP:化感指数;TKW: 千粒重

抗草基因分布较广，在 1A,2B,5D 染色体上均检测到抗草基因。同时在 5D 染色体上鉴定出与千粒重有关的基因（已检测有：未发现化感作用的 QTL，但有千粒重的 QTL 的其他染色体，数据未显示）。对化感作用的数量遗传位点有两个：分别位于 1A 和 2B 染色体上的 QAP1A 和 QAP2B，QAP1A 的标记区间一个，加性效应较低，表型贡献率高；而 QAP2B 标记区间三个，加性效应较高，表型贡献率较低，两者平均值分别为 0.16 和 9.90%。抗草性的数量遗传位点有三个：QWR1A、QWR2B 和 QWR5D，分别位于 1A、2B 和 5D 染色体。QWR1A 的标记区间两个，加性效应平均为 0.16，表型贡献率平均为 7.72%；而 QWR2B 和 QWR5D 标记区间各一个，加性效应和表型贡献率均高于 QWR1A。在抗草性相关的 5D 染色体上发现一个千粒重数量遗传位点，标记区间有两个，平均加性效应 3.00，平均表型贡献率为 7.45%（图 4-12 和表 4-9）。

表 4-9　旱作小麦化感作用性状的遗传学效应

性状	QTL	染色体	区间	LOD	加性效应	表型贡献率/%
化感指数	QAP1A-1	1A	Xbarc164-Xbarc108	5.36	0.08	12.56
		2B	Xbarc334-Xgwm129	5.42	0.12	10.69
	QAP2B13	2B	Xgdm113-Xgwm194	6.25	0.21	7.24
		2B	Xbarc362-Xbarc350	3.12	0.14	11.76
抗草性	QWR1A-2	1A	Xbarc164-Xbarc108	3.23	0.13	6.46
		1A	Xbarc49-Xbarc253	6.89	0.18	8.98
	QWR2B-1	2B	Xgdm113-Xgwm194	3.61	0.17	10.58
	QWR5D-1	5D	Xgdm115-Xgwm639	3.29	0.16	16.24
千粒重	QTKW5D-2	5D	Xbarc235-Xbarc299	5.12	3.56	5.75
		5D	Xgwm639-Xwmc776	4.89	2.37	9.14

（三）黄土高原旱作小麦化感作用的遗传学基础

数量性状（QTL）定位是实现分子标记辅助育种、基因选择和定位、培育新品种及加快性状遗传研究进展的重要手段。小麦是世界上重要的粮食作物之一，选育产量高、抗逆性强的优良品系有利于促进小麦生产的发展。小麦化感作用的表达涉及复杂的生化途径和不同种类的化感物质，这表明有多个基因参与化感过程（Chi et al., 2011；Wu et al., 2003），目前主要从两方面阐释作物化感作用的遗传学基础，一是通过数量遗传位点（QTLs）构建化感性状基因图谱，二是通过分子生物学手段鉴定控制化感物质合成、产生和释放的相关基因（Guo et al., 2011）。本书只采用个体间发育时期基本相同的一个群体，田间环境相同消除了环境因素和不同发育阶段对性状的影响，在一定程度上消除了 QTLs 检测的误差。黄土高原旱作小麦化感作用的基因连锁图（标记间平均距离小于 15~20cm），目标性状在群体中分离明显，符合正态分布，为数量遗传特征。与化感作用相关的基因主要在 2B 染色体上，加性效应高，是化感遗传的主要基因，而 1A 染色体上的化感相关基因是产生变异的主要遗传因子。本实验虽得出存在 2 个小麦化感作用位点 QAP1A-1 和 QAP2B-3，与 Wu 等（2003）研究的小麦化感 QTL 数目、位置和分子标记间的连锁程度都不尽相同，这可能与亲本、黄土高原的干旱、紫外线和土壤贫瘠等胁迫因素、子代株系和引物等有关。

黄土高原旱作小麦化感作用的数量遗传位点区间较多，且多态性高，可解释化感活性总表型差异度的 45.25%。而且基因组 DNA 出现的片段长度与化感作用有关，化感作用高，则 DNA 片段较长。这表明环境胁迫将诱导植物化感作用增强（Zuo et al., 2010）。本书得出小麦化感作用的遗传空间基础为：1A 染色体上一个标记区间，2B 染色体上三个标记区间，D 染色体上无任何位点，说明黄土高原旱作小麦化感性状从 A 染色体逐渐向 B 染色体进化的趋势。化感作用性状主要受主效应控制（H^2_G= 0.895，H^2_{GE}=0.586），在 2B 染色体上稳定遗传，因此通过分子遗传手段提高其化感作用是可能的。关于小麦化感物质调控基因，已证实参与将 DIBOA 转化成 DIMBOA 的是两个基因 Bx6 和 Bx7（Wu et al., 2007），而对于小麦其他化感物质的相关基因，需要进一步分析。

小麦的化感作用由形态结构、生理生化指标、化学物质、分析遗传学等调控和协调。Zuo 等（2011）研究发现四种化感生态型抽穗期小麦的生长特征-荧光学内在生理学基础-化感作用显示出显著相关性，表现为复杂的网络系统。本书发现在数百份小麦自交系材料中，小麦化感作用性状与千粒重呈负相关关系，这表明作物化感作用的表达可能涉及生理消耗、能量代谢等，可能影响最终产量的形成。因此，在作物育种中应优化能源分配，既能提高作物产量，又能增强产量获取中优良抗性的形成和维持。研究发现小麦化感作用与抗草性、抑制圈直径、残茬抗草持续时间等抗草指标存在显著正相关关系，而且在 1A 和 2B 染色体上均存在化感与抗草基因，因此作物的化感作用有助于增强其抗草潜力。特别在未来研究中，应探讨作物的化感作用对其他环境胁迫的作用，如干旱、盐碱度、UV 等。

三、小麦次生代谢物的有关生物合成基因

细胞色素 P450s 是存在于所有生物中含亚铁血红素的一类酶。它们能够催化各种生化反应，包括羟基化、脱卤、脱烷、脱氨基和环氧化反应等。参与了植物次生代谢物的多种合成途径，如生物色素、抗氧化剂和防御性化合物的生物合成，包括 phenylpropanoids、flavonoids、phenolic esters、coumarins、glucosinolates、cyanogenic glucosides、benzoxazinones、isoprenoids、alkaloids、terpenoids、lipids，和植物生长调节剂如 gibberellins、jasmonic acid、brassinosteroids。P450s 参与的

植物次生代谢物的生物合成基因如表 4-10 所示。这些次生代谢物是研发天然除草剂的最好模板（Wu et al., 2007）。

表 4-10　编码次生代谢物的生物合成植物细胞色素 **P450s**（摘自 Wu et al., 2007）

P450 基因系列	次生代谢物	植物种
CYP71C1-4	cyclic hydroxamic acid	corn
CYP71C6, C7v2, C8v2, C9v1, C9v2	cyclic hydroxamic acid	wheat
CYP71D12	indole alkaloid	periwinkle
CYP71D9	flavonoid/isoflavonoid	soybean
CYP71E1	cyanogenic glucoside	sorghum
CYP72A1	indole alkaloid	periwinkle
CYP73A5	phenylpropanoid	*Arabidopsis thaliana*
CYP75A1	phenylpropanoid	petunia
CYP75B1	phenylpropanoid	*Arabidopsis thaliana*
CYP76B6	terpenoid indole alkaloid	periwinkle
CYP79A1	cyanogenic glucoside	sorghum
CYP79A2	benzylglucosinolate	*Arabidopsis thaliana*
CYP79B2	indole glucosinolate	*Arabidopsis thaliana*
CYP79D1 / D2	cyanogenic glucosides	cassava
CYP79E1 / E2	cyanogenic glucosides	seaside arrow grass
CYP79F1	aliphatic glucosinolate	*Arabidopsis thaliana*
CYP80B1	alkaloid	California poppy
CYP81E1	flavonoid/isoflavonoid	licorice
CYP83A1	indole glucosinolate	*Arabidopsis thaliana*
CYP84A1	phenylpropanoid	*Arabidopsis thaliana*
CYP85	brassinosteroid biosynthesis	tomato
CYP85A1	brassinolide	*Arabidopsis thaliana*
CYP86A1	fatty acids	*Arabidopsis thaliana*
CYP90A1	brassinolide	*Arabidopsis thaliana*
CYP90B1	brassinolide	*Arabidopsis thaliana*
CYP90D2	brassinosteroid biosynthesis	rice
CYP92A6	brassinosteroid biosynthesis	pea
CYP93A1	pterocarpanoid phytoalexin biosythesis	soybean
CYP93B1	flavonoid/isoflavonoid	licorice
CYP93C1	isoflanoids	soybean
CYP94A5	fatty acids	tobacco
CYP96C1	terpenoid indole alkaloid	periwinkle
CYP97C1	carotenoid	*Arabidopsis thaliana*
CYP98A3	phenypropanoid	*Arabidopsis thaliana*
CYP706B1	sesquiterpene biosynthesis	cotton

注：http://members.shaw.ca/P450sinPlants；http://www.regional.org.au/au/ allelopathy/2005/1/ 5/2691_wuh.htm

在植物细胞色素中，有一类与防御性化合物合成密切相关的 P450s，如已在玉米和小麦中发现的次生代谢物 DIMBOA 调控基因 Bxs 系列。Bxs 调控的生物合成路径主要以吲哚-3-甘油磷酸盐为初始反应物，然后 5 个 Bxs 基因（Bx1~Bx5）参与调控下行反应，逐步生成中间物 DIBOA。Bx1 基因调控吲哚合成酶，Bx2~Bx5 基因分别控制 4 个 P450 单加氧酶（CYP71C1-CYP71C4）。两个调控基因 Bx6 和 Bx7 参与将 DIBOA 转化成 DIMBOA。Bx6 调控 2-酮戊二酸双加氧酶，在位置 7 催化 DIBOA 进行羟基化反应。然后通过 Bx7 调控 O-甲基转移酶对中间物 TRIBOA 进行甲基化生成 DIMBOA。两个葡萄糖基转移酶基因 Bx8 和 Bx9 均能催化 DIBOA 和 DIMBOA，分别将其转化成 DIBOA-Glc 和 DIMBOA-Glc。Bxs 系列基因（Bx1~Bx8）主要集聚在 4 号染色体的短臂上，调控 DIMBOA 的生物合成，但 Bx9 位于 1 号染色体。DIMBOA 生物合成途径如图 4-13 所示。参与 DIBOA 生物合成有 5 个细胞色素 P450s：CYP71C6、CYP71C7v2、CYP71C8v2、CYP71C9v1、CYP71C9v2，其中 CYP71C9v1 和 CYP71C9v2 的氨基酸和核酸序列有 97%的相似度。小麦和玉米中的 P450 基因 CYP71C1-C4 具有 76%~79%的相同氨基酸序列，表明在小麦和玉米中 DIBOA 生物合成途径相同（Wu et al., 2007）。

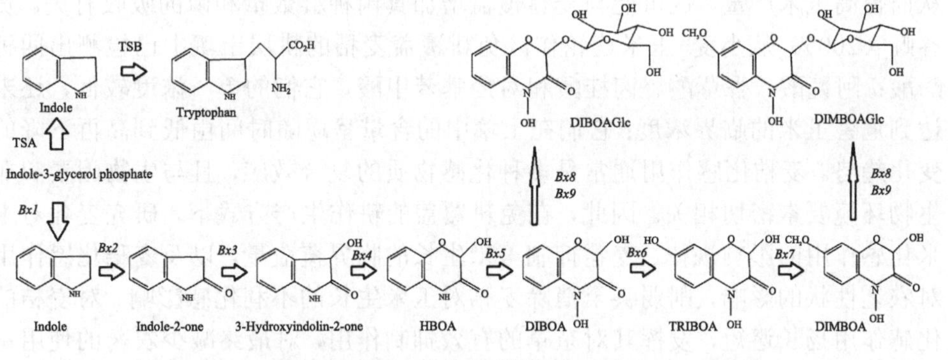

图 4-13　　玉米中 DIMBOA 生物合成途径（改自 Wu et al., 2007）

TSA 和 TSB 分别代表色氨酸合成酶的 α 和 β基因单元；Bx1 调控色氨酸合成酶的活性；Bx2~Bx5 调控细胞色素酶 P450 单加氧酶；Bx6、Bx7 调控 2-酮戊二酸依赖型双加氧酶；Bx8、Bx9 调控葡萄糖基转移酶

第五章 不同基因型小麦的典型化感作用

第一节 不同基因型小麦秸秆对夏玉米的化感作用

多年以来，在小麦-玉米连轮作体系中麦秸覆盖为普遍做法，主要是麦茬覆盖后可显著抑制玉米地里的杂草生长密度、生物量并起到保墒和增肥作用，但麦茬的不合理覆盖可能导致的农作物化感抑制潜力值得警惕。华北平原、西北黄土高原是我国小麦、玉米的主产区，小麦、玉米两熟是主要的农业生产方式。免耕覆盖麦秸作为一种保水、土壤培肥的增产措施已得到广泛应用。一般麦秸覆盖量为 4.5~6t/hm²，这可以降低土壤温度，抑制水分蒸发，促进植株蒸腾，改善土壤物理性状，促进土壤脱盐，增加土壤肥力，持续保持农田生产力。Peoples 和 Koide（2012）指出小麦秸秆覆盖可以降低油菜对下茬作物玉米的负面效应，从而提高玉米产量，这可能与麦茬覆盖增加真菌种群数量和磷的吸收有关。贾春虹（2005）从小麦-玉米连轮作区免耕覆盖麦秸的耕层土壤中已检测出四种酚酸：阿魏酸、香草酸、肉桂酸和对羟基苯甲酸，它们的单一浓度较低，还未达到危害玉米的临界浓度；它们在土壤中的含量呈现随时间由低到高再下降的变化趋势。麦秸化感作用通常是多种化感物质的复合效应，且与生物因素和非生物环境要素密切相关。因此，在免耕覆盖的耕作生产方式下，研究麦茬对玉米化感作用的影响规律、麦茬抑制玉米生长的临界覆盖量，以及麦秸化感作用对农艺性状的影响，削弱甚至消除麦秸对玉米生长的不利化感影响。对麦秸的化感作用扬长避短，发挥其对杂草的有效抑制作用，对最终减少农药的使用量具有重要的指导意义。

一、小麦秸秆对玉米种子萌发的化感作用

陈素英和马永清（1993）指出麦秸水提液对玉米种子萌发及幼苗胚芽有抑制作用，麦秸低浓度有促进作用，随浓度升高逐渐转为抑制作用，且随浓度增大抑制增强。但对玉米种子胚根，各浓度均为抑制作用，且随浓度的增大，抑制作用增强（图 5-1）。大田试验表明每公顷覆盖 5~10t 麦秸，玉米的平均发芽率降低了 44%~92%。郑曦等（2016）报道当小麦秸秆浸提液浓度分别大于 50g/L 和 37.5g/L 时，玉米郑单 958 和农大 108 种子的萌发受到显著抑制。小麦秸秆浸提液浓度小于 75g/L 时，玉米郑单 958 和农大 108 幼苗根与芽的生长受到明显促进，且郑单

958 幼苗叶片中叶绿素的含量以及郑单958 的 POD 酶活性均得到提高。

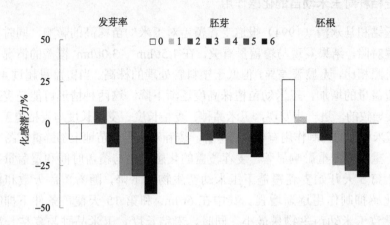

图 5-1　不同麦茬提取液对玉米种子萌发的影响（改自陈素英和马永清，1993）

0、1、2、3、4、5、6 处理分别表示 Hoagland 溶液、1mL、2mL、3mL、4mL、5mL、6mL 麦茬提取液

马瑞霞等（1996）指出麦茬酸性提取液对玉米种子萌发表现出抑制作用，其强弱与腐解时间有关。第 1 天的提取物对玉米根长的抑制作用极显著，第 4 周提取物 pH=5 和 pH=7 样品对玉米的根和芽也表现出明显的刺激作用。GC-MS 鉴定结果表明抑制作用强的样品中，含有较多的酸、酚、醇和酮类化合物；有一定刺激作用的样品中，不含酸类，含氨及氮杂环化合物。Saffari 和 Torabi-Sirchi（2011）在伊朗东南部 Kerman 地区发现冬小麦的栽培导致下茬玉米生长受阻和产量降低。室内实验测定了两个当地小麦品种 Alvand 和 Falat 对两个玉米杂交品种（single cross 704 和 single cross 647）的种子萌发、胚根生长、胚轴伸长、株高、叶面积、幼苗鲜重和干重的影响，小麦麦茬提取液将显著抑制玉米萌发和幼苗生长。这种抑制效应可以持续 90 d。在野外，麦茬的有效化感影响时长一般为小麦收获后的180 d 内。因此，休耕 6 个月，可以消除麦茬对下茬作物的潜在危害。马瑞霞等（1997）指出麦秸不同培养时间所产生的化感物质的数量以及种类有明显差别，而且麦秸影响根区微生物的数量及种群动态，根区培养两周的细菌及真菌产生的化感物质也较多，因此小麦秸秆在堆放过程中，对作物所产生的毒害作用在2~10d 内最强。毒性物质是微生物本身分泌及其分解秸秆的结果，而 pH 条件的改变影响释放毒性物质的性质。如在细菌和真菌的酸性提取物中，主要含低碳脂肪族与芳香族有机酸、酚酸、芳香酸等，这类化合物对玉米种子萌发起抑制作用；在碱性提取物中，主要是胺类及氮杂环化合物，大部分表现对玉米种子萌发起促进作用。

二、小麦秸秆对玉米幼苗的化感作用

张玉铭和马永清（1994）报道麦茬覆盖对玉米幼苗株高的影响，同时以塑料管为物理对照，结果发现与覆盖量有关。在 1.5t/hm²、3.0t/hm² 覆盖的情况下与不覆盖的对照相比，无显著差异，但低于塑料管处理的株高。当覆盖量超过 4.5t/hm² 后，随覆盖量的增加，玉米幼苗植株高度逐渐下降。这两种情形可能是麦茬释放化感物质导致的。进一步发现，玉米品种、麦秸长度、麦秸长度与麦秸覆盖量间的互作对玉米株高的抑制作用有极显著差异。麦茬对玉米幼苗地上部鲜重（图 5-2）、地上部干重、根干重影响显著。麦茬覆盖的化感作用与覆盖时间和覆盖量显著相关，如从第 5 天开始麦茬覆盖下玉米幼苗生物量下降，随着覆盖天数和覆盖量增加，化感抑制作用逐渐增强。其中在 6t/hm² 和第 15 天覆盖条件下抑制作用最强，导致玉米幼苗生物量最小。同时，麦秸长度、玉米品种与麦秸长度的互作以及麦秸长度与麦秸覆盖量的互作对玉米鲜重的抑制作用有极显著差异。不同降雨量、不同麦秸还田方式以及二者间的互作对玉米的株高和鲜重的抑制作用也有极显著差异。相似的是，麦茬对玉米幼苗的叶面积也有显著的负效应。除第 1 天的 6t/hm²，第 5 天、第 15 天的 4.5t/hm² 的植株叶面积大于对照外，其他处理均显著低于对照。尤其，第 5 天，6t/hm² 麦茬覆盖处理下植株叶面积最小，抑制潜力最强。此外，麦茬覆盖对叶绿素也具有抑制效应，玉米植株叶绿素含量按以下处理条件递增：麦茬覆盖<塑料管覆盖（物理对照）<无任何覆盖（空白对照组）。

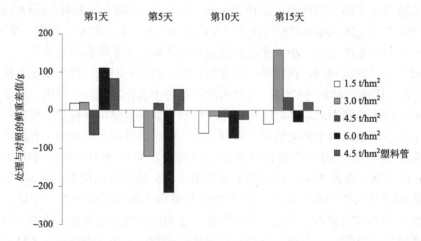

图 5-2　麦茬覆盖处理对玉米幼苗地上部鲜重的影响（改自张玉铭和马永清，1994）

贾春虹（2005）的田间试验表明，麦秸覆盖显著降低了玉米的出苗率，随覆盖量增加，出苗率下降，同时极显著地抑制了田间杂草的发生。9t/hm² 麦秸覆盖量降低了玉米的株高、根数和叶面积，施用氮肥不能减弱这种不利影响。在 4.5t/hm² 麦秸覆盖量下，施用 195kg/hm² 氮肥可以促进植株生长、增加幼苗根数、叶面积和植株地上部分干重，并提高了对杂草的抑制效果。

上述室内和田间试验结果表明，4.5t/hm²、第 5 天麦茬抑制下茬玉米的生长潜力最大。合理调整麦秸覆盖量和一些人工干预措施可以达到目标。覆盖初期应人工干预，如灌水降低化感物质浓度、秸秆堆肥腐解代谢部分化感物质或秸秆混合豆科牧草降毒处理、添施氮肥等，降低麦茬对玉米的负面效应。

三、小麦秸秆对玉米生长和产量的化感作用

马永清（1993）发现不同降雨年份麦茬覆盖显著影响夏玉米中的矿物质含量。如在丰水年进行麦茬覆盖 32d 后，玉米植株根、茎、叶中的钾含量明显提高；但在干旱年，覆盖麦茬，只有茎中的钾含量显著提高。丰水年经麦茬覆盖的玉米根、茎、叶中的钙含量均有提高，但只有在根中处理间差异显著；而在干旱年，叶和茎中的钙含量有提高，特别是茎中差异显著，而根中则不明显。不同于钾和钙，降雨和干旱条件下根中的镁含量均明显下降。丰水年覆盖麦茬后，玉米植株中的铁含量无显著变化；但在干旱年，显著影响麦茬根中的铁含量。无论丰水年或干旱年，麦茬覆盖后对玉米根和叶中的钠含量无显著影响，但茎中的钠含量有提高。特别是丰水年极显著提高茎中的钠含量。在干旱年，麦茬覆盖对玉米中的锰含量无显著影响。但在丰水年，麦茬可显著提高玉米根中的锰含量，对茎和叶中的锰含量无显著影响。无论干旱年还是丰水年，麦茬覆盖对玉米各部位中的锌和铜含量无明显影响。

马永清和韩庆华（1995）调查了 2 个年份的玉米播种后、出苗后和 30cm 高幼苗三种情况覆盖麦茬对夏玉米农艺性状的影响（表 5-1）。在 1992 年和 1993 年，玉米苗期均遭遇干旱气候，麦茬覆盖后化感物质释放、淋溶和渗入到土壤中很少，对玉米苗期影响很小，主要起到保水增温作用。一般在低覆盖量的情况下（<9t/hm²），麦茬覆盖显著提高玉米的穗粒数、穗长、穗粒重和千粒重，因此玉米最终的产量有提高。在覆盖量大于 9t/hm² 时，覆盖麦茬显著降低玉米的穗粒数、穗粒重和产量（数据未显示）。玉米播种后和出苗后麦茬覆盖的负效应比 30cm 高幼苗麦茬覆盖时要低。

贾春虹等（2004）通过室内和田间试验发现，麦秸的水浸提物对玉米的胚芽和胚根的生长有显著化感作用。从小麦-玉米轮作区免耕覆盖的土壤中可以检测到 4 种酚酸：阿魏酸、香草酸、肉桂酸和对羟基苯甲酸，它们在土壤中的平均含量分别为（2.62~4.94）×10^{-5}mol/L、（5.72~7.54）×10^{-5}mol/L、（3.05~5.38）×10^{-5}mol/L、

（3.93~5.20）×10^{-5}mol/L。室内检测阿魏酸、香草酸和对羟基苯甲酸抑制玉米胚芽和胚根的生长，其抑制根伸长 10%的浓度（ED_{10}）分别是 1.14mmol/L、3.57mmol/L、6.30mmol/L。

表 5-1　麦茬覆盖对夏玉米农艺性状的影响（摘自马永清和韩庆华，1995）

年份	覆盖时期	覆盖量/（t/hm^2）	实际产量*/（t/hm^2）	穗粒数**/（粒/穗）	千粒重*/g	穗长*/cm	穗粒重*/g
1992	播种后	0	5.29ab	538.1abc	287.9ab	16.3ab	142.7
		3	5.76ab	551.7abc	280.4ab	17.1ab	144.8ab
		4.5	5.67ab	580.2bc	298.7ab	17.9bc	157.6b
		6	6.15b	598.6c	292.9b	18.0c	166.3c
		4.5 塑料管	5.07ab	544.3abc	289.5ab	16.0a	150.4abc
	出苗后	3	5.38ab	559.8abc	268.7a	16.4ab	143.1ab
		4.5	5.50ab	558.2abc	285.9ab	17.0ab	142.1ab
		6	5.47ab	553.1abc	291.4ab	16.1a	146.3ab
	苗高 30cm	3	5.43ab	525.8abc	298.8ab	15.9a	137.2a
		4.5	4.78a	484.3a	282.0ab	16.1a	135.9a
		6	5.75ab	542.3abc	303.8b	16.7ab	149.3abc
1993	播种后	0	8.14b	493.2b	237.8	17.5	235ab
		3	8.29b	511.86b	248.8	17.7	240b
		4.5	8.02b	484.3ab	252.2	17.4	231.3ab
		6	8.58b	489.1ab	236.6	17.1	236.7ab
		7.5	8.05b	470ab	240	16.5	232.2ab
		9	7.17a	439a	241.2	16.2	191.1a

注：数字旁标有相同字母或未标字母，表示处理间差异不显著。*表示处理间达 5%的显著水平；**表示处理间达 1%的显著水平。

四、不同玉米品种对麦茬化感作用的抗性

马永清和韩庆华（1993）选出当地 10 个玉米栽培品种，如科单 105、中单 102、黄 417、掖单 14、京早 841、遗长 101、京早 8、科单 101、沈单 7、农大 60。发现 10 个玉米品种种子萌发对麦茬提取液反应不同，其中麦茬对不同玉米胚芽的影响显著，遗长 101 受抑制作用最大，黄 417 受抑制作用最小。麦茬对玉米胚根的影响不显著。

此外，课题组重新选取了另外 10 个玉米品种，如多黄 25×3401、特大粒×705、沈 118×705、3401×407、8112×3401、407×708、L504×708、鲁育 11、黄 331×407、404-5×708。麦茬覆盖将显著影响这些品种的伴生杂草、玉米株高、玉米叶面积、

玉米生物量。在 10 个品种中，麦茬覆盖均显著降低杂草数量、生物量。而对玉米株高，在覆盖初期影响显著，麦茬对特大粒×705 品种的株高、叶片干重抑制作用最大，对黄 331×407 品种株高、叶片干重促进作用最大。后期麦茬对 10 个品种的株高影响不显著，可能是化感物质浓度极低或代谢完全。麦茬对不同品种的茎干重影响显著不同，其中对特大粒×705、黄 331×407、鲁育 11 品种有抑制作用，而对 8112×3401 品种的茎干重的刺激作用最大。对地下部根系的生长麦茬影响与受体品种有关，如对特大粒×705 根系干重有明显的降低作用，其他品种则表现为促进作用。贾春虹等（2005）发现玉米不同品种对麦秸长度和覆盖量的互作反应有显著差异，农大 108 表现出更强的抵抗化感作用的能力。降雨量与麦秸还田方式的互作对玉米生长有极显著的影响。常规麦秸覆盖水平下（$4.5t/hm^2$）施用纯氮 $90kg/hm^2$ 可以减弱化感作用对玉米出苗率、株高、叶面积和地上部干重的影响。

五、麦茬覆盖对玉米地中杂草生长的影响

贾春虹（2005）指出麦秸的水浸提物对玉米地中几种主要杂草：马唐、反枝苋、稗草、苘麻的幼苗生长有显著抑制作用。可能的机理是麦茬化感抑草作用。如麦秸浸提液中的有机酸组分抑制玉米的胚根和胚芽生长，用 HPLC 测试其主要化感活性组分发现，其中主要含酚酸物质：对羟基苯甲酸、香草酸、阿魏酸和肉桂酸。研究还表明温度和时间对浸提麦秸中的酚酸有影响。酚酸对玉米和马唐的根系生长都有抑制作用，且随浓度增加抑制加强。在相同浓度下，对马唐的抑制大于对玉米的作用。四种酚酸的二元混合物的相互作用方式对不同杂草作用不一致，对黑麦草的联合作用多为拮抗作用，而对田野勿忘我（*Myosotis sylvatica*）的联合作用多为加成或增效作用。

刘小民等（2013）研究了小麦秸秆不同部位水浸提液对玉米田恶性杂草——牛筋草的化感作用。小麦秸秆根、茎、穗部水浸液对牛筋草种子的萌发均具有抑制作用，随着浓度的升高，牛筋草发芽率逐渐降低，发芽指数逐渐减少。其中根部水浸液对牛筋草苗高无显著影响，茎、穗部水浸液只有在最高浓度处理下显著抑制其幼苗高度，但是对其根部生长均表现出"低促高抑"作用。郑曦等（2016）报道小麦秸秆浸提液浓度分别大于75g/L、50g/L 和25g/L 时，马唐、稗草和反枝苋种子的萌发受到显著的抑制。当小麦秸秆浸提液浓度大于 37.5g/L 时，马唐、稗草和反枝苋幼苗根和芽的生长均受到明显的抑制。较高浓度的小麦秸秆浸提液（50g/L）会抑制杂草生长，有利于玉米郑单 958 的生长（图 5-3）。Li 等（2005）发现麦茬提取液明显降低玉米地杂草马唐的萌发率。其中麦茬地上部化感作用强于根系，未成熟的麦茬大于成熟麦茬。麦茬抑制率与小麦品系有关。在玉米地中，马唐的密度和生物量随麦茬量增大而降低。当麦茬量为 $0.75kg/m^2$，杂草密度下降 87.3%~96.4%，生物量下降 77.7%~81.0%。可能的机制是麦茬的物理抑制和化感

作用。尽管玉米发芽率、株高、单株生物量在麦茬覆盖区稍微降低，但玉米产量与对照相比无显著差异。Shahzad 等（2016）指出小麦和不同化感作用的作物组合以及采用不同的耕作模式，其抑草潜力不同。如小麦与高粱间作套种，采用深耕（deep tillage）方式，大田杂草发生率最低。

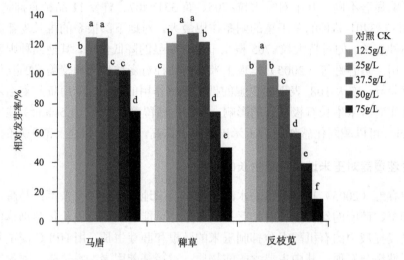

图 5-3　　不同浓度小麦秸秆浸提液对玉米地三种杂草种子萌发的影响（摘自郑曦等，2016）

小写字母表示 5%显著水平上的差异

第二节　　不同基因型小麦对转基因马铃薯的化感作用

近年来，有关植物特别是农作物化感作用的研究十分活跃。目前的研究热点主要集中在从作物组织中寻找具有抑制杂草生长的天然除草活性物质，进而开展仿生除草剂的研究与开发。这可直接减少有毒化学除草剂的施用，保护生态环境，同时合理有效利用农业废弃资源，提高农业生产力质量。小麦化感作用强，可用于抑制杂草、控制病虫害、增强农作物的逆境抗性。在西北马铃薯生长地区，经常利用小麦秸秆覆盖免耕、保墒增肥，保证马铃薯产量与品质不受影响，但关于小麦对马铃薯的化感作用未见报道。由于普通种马铃薯（*Solanum tuberosum*）种植过程中易出现一些问题，如种性退化、块茎畸形、青头、空心现象，以及病虫害和病毒感染等，因此在一些地区进行转基因马铃薯推广研究。如何在马铃薯种植大田中合理利用玉米秸秆、山草、稻草、麦草等对马铃薯的生长起正效应，需要定量分析这些作物秸秆覆盖对马铃薯的生长影响或化感作用。

在植物化感作用研究中，生物测定是必不可少的环节。常规方法是先提取后测定，即利用极性溶剂（如水、乙醇等）或非极性溶剂（如乙醚、氯仿等）对植物组织中的化合物进行提取，经浓缩后进行生物测定，但既费时又费力。为此，日本学者 Fujii 于 1994 年开发的"三明治法"和澳大利亚 Wu 等于 2000 年提出的"等分琼脂法"均可便捷地测定植株分泌或渗透出来的化合物对播种于上层琼脂表面上的受体种子发芽及生长的影响。但这类方法仍存在渗透出来的化合物在琼脂中的分布不均匀、渗透量小以及种子发芽不齐等方面的不足。因此，罗小勇等（2007）建立了将植物组织的粉末混入 0.5%琼脂溶液中冷凝后来测定植物化感作用的"琼脂混粉法"，并成功用于 40 种园林植物叶片化感测定。

目前，利用转基因技术创建新的抗性育种作物的研究进展很快，但由于缺乏对转基因作物抗逆性的科学评价，抗性转基因作物尚未在生产实践中得到广泛应用。本实验在组培条件下，利用琼脂混粉技术，将同一品种的普通马铃薯和转基因马铃薯（*Cu/ZnSOD* 和 *APX*）作为受体材料，研究不同生育期小麦植株对马铃薯的化感作用变化，揭示小麦秸秆返田利用方式对马铃薯的影响机制。同时，通过对比研究小麦材料对普通马铃薯和转 *Cu/ZnSOD* 和 *APX* 基因马铃薯活性氧变化以及保护性酶活性，检验转入 *Cu/ZnSOD* 和 *APX* 基因是否能够增强化感胁迫下马铃薯清除活性氧的能力，揭示转基因马铃薯的抗化感胁迫机制。通过这一研究，不仅为马铃薯的抗性育种工作提出了新的思路，而且可以指导生产实践，实现农业生态系统的良性循环，建立合理的栽培技术和耕作生产方式。

一、小麦对普通型马铃薯幼苗生长的影响

小麦对普通马铃薯化感作用与材料类型、取样时期、测试条件有关，具体表现为抑制效应、营养效应、增强效应、拮抗效应等。从小麦材料化感影响看，地上部>根际土>根系（图 5-4）。小麦地上部和根系材料在高温灭菌条件下，主要表现为营养效应，特别在返青期和抽穗期明显促进普通马铃薯幼苗生长（1.59%~24.62%），只有根际土处理有抑制效应。若在未灭菌条件下，所有材料均为化感抑制作用，抑制率为 41.45%~100%。小麦从苗期到成熟期，化感作用先减小后增大。分蘖期化感作用最大，灌浆期化感作用最小。如果在未灭菌条件下，同时加入活性炭，相比于未灭菌处理，总体抑制作用显著下降，下降率平均为35.28%，而且化感作用随生育期变化方式显著改变。如果在未灭菌条件下，同时加入杂草看麦娘地上部，相比于仅未灭菌处理，各个生长期化感抑制作用均显著增强，增强率为 11.23%~33.53%，特别是小麦地上部和小麦生育前期（从苗期到返青期）化感增强效应最明显。另外，如果在未灭菌条件下，同时加入牧草苜蓿地上部，相比于仅未灭菌处理，对普通马铃薯生长无显著影响，说明苜蓿与小麦组分存在拮抗效应，或者苜蓿可以增强马铃薯幼苗化感抗性。

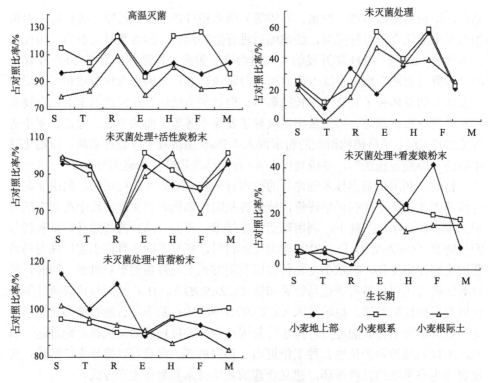

图 5-4　不同基因型小麦各生长期对普通马铃薯的化感作用

S: 苗期; T: 分蘖期; R: 返青期; E: 拔节期; H: 抽穗期; F: 灌浆期; M: 成熟期

二、小麦对转基因型马铃薯幼苗生长的影响

　　小麦材料对转基因马铃薯的化感模式显著不同于普通型马铃薯,前者化感抗性较强,因此小麦对转基因马铃薯表现为较弱的抑制作用和增强效应,以及较强的营养效应和拮抗效应(图 5-5)。高温灭菌条件下,苗期、分蘖期、返青期的小麦地上部、根系和根际土对转基因马铃薯有促进作用,促进生长率为 20.95%~66.01%,其中从返青期到成熟期,根际土为抑制作用。在未灭菌条件下均表现为化感抑制作用,抑制率为 16.45%~89.02%。三者化感方式相似,均表现为先缓慢下降,后上升的趋势,其中苗期化感作用最大,分蘖期化感作用最小。如果在未灭菌条件下,同时加入活性炭,相比于仅未灭菌处理,总体化感作用显著下降,平均下降率为 69.53%,从苗期到成熟期化感变化方式显著改变。在未灭菌条件下,同时加入杂草看麦娘地上部,相比于仅未灭菌处理,各个生长期化感抑制作用均增强,增强率为 6.38%~30.26%,特别是小麦根系化感增强效应最明显。在未灭菌条件下,同时加入牧草苜蓿地上部,相比于仅未灭菌处理,对转基因马铃薯生长

无显著影响。

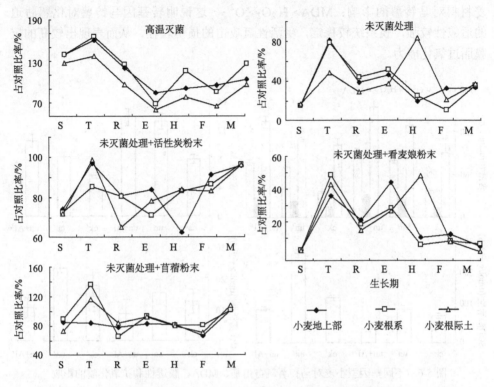

图 5-5　不同基因型小麦各生长期对转基因马铃薯的化感作用

S：苗期；T：分蘖期；R：返青期；E：拔节期；H：抽穗期；F：灌浆期；M：成熟期

三、小麦地上部材料对马铃薯幼苗生理的影响

小麦地上部材料明显诱导增加马铃薯幼苗叶片 O^{2-}·、H_2O_2、MDA 的含量，而且随着添加杂草看麦娘地上部，则三类指标不断升高，而两材料中在正常生长时（对照）无显著差异。同时发现在未灭菌处理下，未转基因马铃薯叶片中 O^{2-}·、H_2O_2、MDA 含量均显著高于转基因植株（$P<0.05$），在地上部加杂草看麦娘地上部处理下未转基因马铃薯幼苗叶片三者含量极显著高于转基因植株（$P<0.01$）。对普通马铃薯，未灭菌处理相比对照，O^{2-}·、H_2O_2、MDA 含量分别增加 28.96%、84.37%和 115.69%，若小麦材料中再加入杂草看麦娘，则 O^{2-}·、H_2O_2、MDA 含量显著增加，比对照分别增加 53.24%、108.63%和 150.14%；比仅有小麦材料增加22.56%、13.32%、15.97%。对转基因马铃薯，未灭菌处理相比对照 O^{2-}·、H_2O、MDA 含量分别增加 8.52%、71.76%和 82.67%，若小麦材料中再加入杂草看麦娘，则 O^{2-}·、H_2O_2、MDA 含量显著增加，比对照分别增加 33.18%、95.32%和

110.04%；比仅有小麦材料增加 18.61%、16.44%、9.53%。由图 5-6 看出，小麦材料对马铃薯的影响：MDA> H_2O_2> $O^{2-}\cdot$。这说明转基因马铃薯对化感胁迫的适应性较强，膜系统较稳定，受活性氧攻击的损伤较轻，从而表现出较高的抗膜脂过氧化能力。

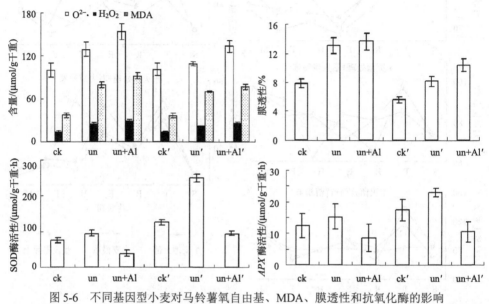

图 5-6　不同基因型小麦对马铃薯氧自由基、MDA、膜透性和抗氧化酶的影响

ck：普通马铃薯对照；un：未灭菌小麦材料对普通马铃薯；un+Al：未灭菌小麦材料+看麦娘对普通马铃薯；ck′：转基因马铃薯对照；un′：未灭菌小麦材料对转基因马铃薯；un+Al′：未灭菌小麦材料+看麦娘对转基因马铃薯

　　过量的活性氧以及过氧化产物 MDA 等都能对质膜造成伤害，膜相对透性能反映植物细胞膜的受害程度。如图 5-6 所示，小麦地上部材料明显影响马铃薯幼苗叶片膜透性、SOD 和 APX 酶活性。而两材料中不论在正常生长时（对照）或苗期地上部材料未灭菌、苗期地上部材料未灭菌+杂草看麦娘地上部处理，转基因膜透性明显小于普通型马铃薯，而前者的 SOD 和 APX 酶活性明显高于后者。对普通型马铃薯，苗期地上部材料未灭菌相比于对照，膜透性增加 67.56%；苗期地上部材料未灭菌+杂草看麦娘地上部处理，相比于对照、苗期地上部材料未灭菌处理，膜透性分别增加 74.74%、4.28%。而 SOD 和 APX 酶活性，在苗期地上部材料未灭菌相比于对照，分别增加 26.13%、23.67%。若在苗期地上部材料未灭菌中，加入杂草看麦娘地上部，则 SOD 和 APX 酶活性下降，这可能说明 SOD 和 APX 酶活性受到过量活性氧及其衍生物的抑制，活性迅速下降。对转基因马铃薯，膜透性、SOD 和 APX 酶活性对小麦化感胁迫下表现出与普通型马铃薯大致相同的趋势，只是在相同胁迫下，膜透性增加率较低，SOD 和 APX 酶活性变化程度较弱（图 5-6）。

四、小麦与转基因马铃薯连（间）作套种的可行性分析

小麦对马铃薯化感作用与材料类型、取样时期、测试条件以及测试受体有关，具体表现为抑制效应、营养效应、增强效应、拮抗效应等。小麦各部位以及根区土壤对普通马铃薯抑制效应显著，而对转基因马铃薯抑制相对较弱，这可能与转入的基因 $Cu/ZnSOD$ 和 APX 抗逆性有关。从小麦材料化感影响看，地上部>根际土>根系，不同生育期小麦材料化感作用明显不同，其中苗期和成熟期化感作用最强。如果对所有材料进行高温灭菌处理，导致小麦材料对马铃薯有促进生长作用，这可能是高温灭菌破坏了其中的化感物质，从而转化为 C、N 等营养，显示出肥力效应，因此作物秸秆适当进行腐解，可消除化感抑制作用，直接转化为营养效应或肥力因素。同时，在未灭菌的小麦材料中加入活性炭，化感物质可能被吸附，则对马铃薯生长无显著影响，这说明小麦可能通过合成、释放化感物质影响其他植物生长。若把活性炭变为其他物种，如加入杂草看麦娘，则抑制作用更加显著，可能是杂草和小麦中化感物质起协同作用，导致小麦化感作用增强，因此，在马铃薯大田中应及时拔除杂草，可减轻小麦覆盖的负效应。若加入的是豆科牧草苜蓿，则小麦的化感作用被拮抗，可能说明苜蓿能增强马铃薯抵御化感胁迫作用。

植物通过化感物质能影响植物生理生化过程的各个方面，如受体植物的细胞学过程和能量的生产步骤和使用过程以及某一特定酶步骤。本书发现小麦材料能显著影响马铃薯的氧化性物质、抗氧化酶和膜透性。Bais 等（2003）指出化感胁迫能导致受体植物马铃薯超氧阴离子（$O^{2-}·$）、过氧化氢（H_2O_2）和 MDA 等物质积累。而植物中活性氧的清除主要由抗氧化酶系和抗氧化物质承担，在相同处理下，转基因马铃薯体内 $O^{2-}·$、H_2O_2、MDA 含量始终低于未转基因甘薯，这与转基因甘薯体内较高的 SOD 和 APX 酶活性有关。Aono 等（1995）证明 glutathione reductase（GR）和 $Cu/ZnSOD$ 的转基因烟草抗氧化能力较高，在百草枯（paraquat）或臭氧胁迫下的受伤程度小。若在化感增强作用下，$O^{2-}·$、H_2O_2、MDA 含量以及细胞质膜透性有较大增幅，但 SOD 和 APX 酶活性却下降，这说明 SOD 和 APX 酶活性受到过量活性氧及其衍生物的抑制，活性迅速下降，而转基因马铃薯两者酶活性下降程度较小，反映了在化感条件下由于转基因马铃薯具有生理代谢上的优势，因此对化感胁迫表现出了较强的耐性。在正常生长下，由于向马铃薯中转入了 $Cu/ZnSOD$ 和 APX 基因，使得转基因植株中 SOD 和 APX 酶活性过量表达，其抗逆性增强。Kwon 等（2001）报道在作物中转入 DHAR、MDHR 和 GR 等酶，也可提高植物叶绿体中对过氧化的自我保护作用。因此，根据农业生态系统的间作或套种引发的化感生境，一些重要的农业作物也可适当转入抗化感基因，以保证农业持续健康稳定发展。对于化感胁迫下植物的基因或染色体水平的抗性与适应性需要进一步探索。

第三节　不同基因型小麦对寄生杂草列当的化感作用

列当科（*Orobanche* spp.）杂草大量分布在地中海、亚洲西部、东欧等地，可寄生在菊科、豆科、茄科、葫芦科、十字花科、大麻科、亚麻科、伞形科、禾本科等植物根上，澳大利亚、波兰等国将该属的某些种列为检疫对象。我国约有11种，主要分布在北部和西南等地区，其中新疆、陕西、山西分布较多，对多种经济植物如向日葵、烟草、番茄、蚕豆等造成危害。目前对寄生杂草列当的防除法主要包括人工拔除、调整播种期、施用除草剂、抗性作物品种的筛选和育种、"诱捕"作物和"捕获"作物的使用等。捕获作物是指能刺激寄生植物种子萌发，且被寄生的植物，即寄主。播种寄主后，采用捕获作物方式来诱导列当种子发芽并寄生，在列当没有开花结子前，将寄主植物耕翻致死，但费时费力，成本高，无法铲除种子库，容易导致寄主死亡。

由于植物种子的生命只有一次，发芽后不能寄生就会死亡，这种发芽又称为"自杀发芽"（Joel, 2000）。在寄主植物不存在的情况下，利用能产生发芽刺激物质的非寄生植物（"诱捕"植物），或利用能够刺激列当种子发芽的诱导物质刺激种子萌发也可以达到"自杀发芽"。这是一种生态型措施，既能减少或消灭列当的种子土壤库，又能在出苗前进行防治，可以显著减轻列当对寄主植物的危害。"诱捕"方法，生态持续，可彻底消除种子库，不影响地表生产力。"诱捕"作物和"捕获"作物的使用就涉及化感作用的应用。马永清课题组已发现杂交玉米、棉花、中草药、谷子、烟草等可以诱导列当发芽，实施生态替代防除寄生杂草（Ma et al., 2012,2013; Zhang et al., 2015; Ye et al., 2016）。Ross 等（2004）研究得出小麦是小列当的"诱捕"作物，小麦能分泌小列当发芽刺激物质。本节基于山西农业大学董淑琦副教授的硕士和博士学位论文及相关发表的论文，增列这一知识点，重点介绍小麦对列当属寄生杂草（图5-7）的化感促进作用，而且在寄生植物防治上的理论应用意义重大。

图 5-7　寄生在向日葵（L）和蒿属（R）植物上的列当（摘自董淑琦，2009）

一、旱作冬小麦对寄生杂草小列当的化感作用

（一）普通小麦不同品种对寄生杂草小列当的化感作用

1. 根际土浸提液对小列当萌发的影响

用标准发芽刺激物（GR24，10^{-7}mol/L 或 10mg/L）处理小列当（*Orobanche minor* Sm.），发芽率为80%~90%，撂荒土的水浸提液不能刺激小列当发芽，发芽率为0；而小麦根际土的水和甲醇浸提液可以刺激小列当发芽，发芽率为0~42.8%，说明小麦根际分泌的化感物质中含有小列当专性发芽刺激物质。因此，小麦可以作为小列当的"诱捕"作物。5个冬小麦品种间化感作用差异显著。20世纪70年代宁冬1号和90年代小偃22号在4个生长期都有较强的发芽刺激作用，而其余3个品种则在个别生长期有非常微弱的化感作用。其中水提取液原液的刺激效应强于甲醇提取液原液，可能根系分泌物的小列当诱导物质为水溶性物质。宁冬1号根际土水浸提液刺激小列当发芽率达到最高，为42.8%，化感作用最强，可作为抑制小列当的首选品种（表5-2和图5-8）。

表5-2　冬小麦的根际土水浸提液对小列当发芽的影响（%）（董淑琦等，2009）

品种	生长期			
	分蘖期	拔节期	抽穗期	开花期
碧玛1号	10.3ab	15.2b	22.2d	0c
丰产3号	0c	10.33c	36.2b	9.7a
宁冬1号	8.1b	22.7a	42.8a	5.7b
长武131	0c	11.9bc	23d	0c
小偃22号	11.4a	14.9b	30.5c	4.7b

注：同一列中，若出现相同字母，则无显著差异（5%）。

2. 根系分泌物对小列当萌发的影响

通过水培实验发现小麦根系分泌物为1mg/L时，小列当未发现发芽现象，可能发芽刺激物浓度极低。当小麦根系分泌物浓度为10mg/L时，发芽率为33.9%~62%。随浓度增大，当为100mg/L，发芽率诱导提高，为66%~79.7%，从中可看出小麦根系分泌物中含有小列当发芽刺激物，且随根系分泌物浓度增大，发芽刺激物浓度增大。不同小麦品系诱导潜力不同，从小麦培育历史看，随着小麦的进化培育史延长，小列当发芽率诱导增强（表5-3）。这种发芽刺激物质可以通过乙酸乙酯提取出来，且有一定的水溶性。

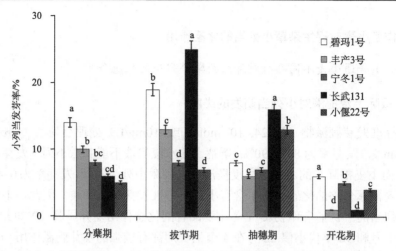

图 5-8　冬小麦的根际土甲醇浸提液对小列当的发芽影响（改自董淑琦等，2009）

同一生长期中，若出现相同字母，则无显著差异（5%）

表 5-3　根系分泌物对小列当发芽率的影响（%）（Dong et al., 2012）

品种	根系分泌物浓度			
	0mg/L	1mg/L	10mg/L	100mg/L
碧玛 1 号	0	0	33.9d	66.0c
丰产 3 号	0	0	38.7d	63.3c
宁冬 1 号	0	0	53.4bc	71.5bc
长武 131	0	0	62.0b	70.4bc
小偃 22 号	0	0	45.6cd	79.7ab
ck（GR24）	0	76.6	85.6a	85.6a

注：同一列中，若出现相同字母，则无显著差异（5%）。

3. 植株提取液对小列当萌发的影响

植株的水提取液对小列当无刺激效应，而稀释 10 倍、100 倍则出现显著的刺激效应，但仍弱于甲醇提取液的刺激效应。对甲醇提取液，且不同的生长期，不同的品种，刺激效应差异显著。同一品种，在抽穗期刺激效应最强。同一生长期，小偃 22 号品种诱导刺激发芽最强（表 5-4）。从表 5-4 中可看出小麦中小列当发芽刺激物可溶于甲醇，温度和微生物影响这种发芽刺激物的生物有效性，如室内 25℃容易导致分解，而大田小于 10℃，因此野外植株的发芽刺激物容易留存，活性高。同理，甲醇提取液稀释 10 倍、100 倍也显著具有刺激效应。

表 5-4　植株甲醇提取液对小列当发芽率的影响（%）（Dong et al., 2012）

品种	小麦生长期				
	苗期	分蘖期	拔节期	抽穗期	成熟期
碧玛 1 号	34.7ab	27.9a	7.9b	42.4ab	31.4a
丰产 3 号	19.3b	10.0b	16.7b	27.8bc	13.3bc
宁冬 1 号	20.7b	9.8b	15.4b	30.9bc	22.0ab
长武 131	27.1b	7.9b	15.0b	17.0c	5.9c
小偃 22 号	46.2a	10.9b	42.4a	56.8a	10.8bc

注：同一列中，若出现相同字母，则无显著差异（5%）。

（二）不同基因型小麦对寄生杂草小列当的化感作用

1. 植株提取物对小列当萌发的影响

不同基因型小麦对小列当发芽均有诱导作用，发芽率为 4.2%~58.7%，而甲醇和蒸馏水对小列当发芽率无诱导效应。同一基因型，基本符合先增强效应再降低效应的趋势，表明发芽刺激物合成先增高，然后下降的趋势，两者规律基本吻合。同一生长期，不同基因型诱导效应显著不同，从二倍体→四倍体→六倍体，发芽诱导逐渐增强，且栽培型效应强于野生型，表明人工诱导和野外进化可能有助于增强小麦对小列当的发芽诱导效应，即发芽刺激物浓度随培育历史增强。此外，甲醇提取物的效应强于水提物，表明发芽刺激物在甲醇中溶解度更高，有利于发芽刺激物分离鉴定。当 100g/L 稀释到 10g/L 时，发芽刺激效应存在，只是发芽率降低，当稀释到 1g/L、0.1g/L 时，发芽率为 0，表示此浓度无发芽诱导效应（表 5-5）。

表 5-5　全株水/甲醇提取液（100g/L）对小列当发芽率的影响（%）（Dong et al., 2013）

品种	小麦生长期				
	苗期	分蘖期	拔节期	抽穗期	成熟期
野生一粒	14.1bc/31.7a	12.2c/18.5d	7.9d/17.7d	14.4d/22.0c	4.2d/14.5b
栽培一粒	9.9c/30.0ab	16.2c/20.9d	9.4d/23.4c	11.5d/24.8c	10.6c/10.5b
野生二粒	13.2bc/21.7b	39.3a/16.5d	10.9d/29.9b	23.3c/31.7b	14.5b/10.1b
栽培二粒	18.4ab/23.0b	30.2b/32.6c	19.5c/30.3b	29.4bc/35.2b	14.2b/15.4b
陕 167	16.6b/34.1a	35.2ab/45.4a	34.0a/32.7b	34.4ab/37.3b	18.6a/13.6b
陕 253	24.0a/29.5a	41.6a/38.4b	27.1b/41.9a	38.3a/58.7a	18.4a/21.0a

注：对照（蒸馏水、甲醇），小列当发芽率均为 0。同一列中，若出现相同字母，则无显著差异（5%）。

2. 根分泌物对小列当萌发的影响

从表 5-6 看出，随着小麦栽培历史延长，根系分泌物产率总体增强。对各基因型的分泌物量来说，AABB>AABBDD>AA。当分泌物浓度为 10~100mg/L 时，小列当获得一定发芽率（21.0%~40.4%），当浓度为 100mg/L 时，发芽率显著提高（49.4%~73.5%），表明根系分泌物浓度与小列当发芽刺激效应成正比。从基因型角度看，从 AA→AABB→AABBDD 小列当诱导发芽率逐渐提高，其中现代品种诱导能力最强。

表 5-6　水培获取的根系分泌物对小列当发芽率的影响（%）（Dong et al., 2013）

品种	基因型	根系分泌物产率/（mg/株）	根系分泌物浓度		
			100mg/L	10mg/L	1mg/L
野生一粒	AA	10.8	52.1d	29.4c	0.0b
栽培一粒		5.4	49.4d	21.0d	0.0b
野生二粒	AABB	16.4	55.8cd	21.7d	0.0b
栽培二粒		19.8	65.7bc	34.7bc	0.0b
陕 167	AABBDD	15.5	73.5b	37.8b	0.0b
陕 253		14.4	70.9b	40.4b	0.0b
GR24			85.6a	85.6a	74.2a

注：同一列中，若出现相同字母，则无显著差异（5%）。

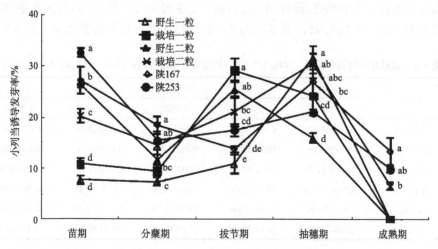

图 5-9　根际土对小列当发芽率的影响（Dong et al., 2013）

同一生长期中，若出现相同字母，则无显著差异（5%）

3. 根际土及其水提物对小列当萌发的影响

从图 5-9 和表 5-7 可看出小麦根际土及其水提物均有小列当发芽诱导效应，表明小麦根系可在土壤中分泌小列当发芽刺激物。对同一基因型，两者的诱导趋势相同，从苗期到分蘖期发芽诱导效应下降，而从分蘖期到拔节期、抽穗期发芽诱导效应逐渐升高，从抽穗期到成熟期诱导效应又下降。对同一生长期，不同基因型诱导效应差异显著，栽培型大于野生型，现代品种大于小麦遗传材料，总体趋势为 AABBDD>AABB>AA。

表 5-7　根际土水提取液（100g/L）对小列当发芽率的影响（%）（Dong et al., 2013）

品种	小麦生长期				
	苗期	分蘖期	拔节期	抽穗期	成熟期
野生一粒	19.4c	4.8e	7.2b	28.5c	5.2b
栽培一粒	17.9c	10.3bc	10.4b	26.3c	12.3a
野生二粒	20.1c	6.0de	9.6b	26.0c	5.8b
栽培二粒	20.8c	9.8cd	12.2b	49.6a	7.2b
陕 167	36.6a	14.1ab	19.2a	28.3c	11.1a
陕 253	27.1b	14.7a	20.7a	37.3b	14.1a

注：对照（蒸馏水），小列当发芽率为 0。同一列中，若出现相同字母，则无显著差异（5%）。

二、不同基因型小麦对向日葵列当种子发芽的诱导效应

1. 根系分泌物对向日葵列当种子发芽的诱导效应

董淑琦（2013）采用 6 种小麦进化材料（即不同基因型小麦）：野生一粒、栽培一粒、野生二粒、栽培二粒、陕 139、陕 253，通过水培试验，发现不同基因型小麦根系分泌物对向日葵列当（*Orobanche cumana* Wallr.）种子萌发具有诱导效应，且这种效应与根系分泌物的浓度呈显著正相关。当根系分泌物浓度为 100mg/L 时，向日葵列当发芽率为 56.1%~68.5%；当根系分泌物浓度为 10mg/L 时，向日葵列当发芽率为 23.6%~46.9%；当根系分泌物为 1mg/L 时，向日葵列当发芽率为 14.1%~21.8%；但根系分泌物浓度为 0.1mg/L 时，向日葵列当发芽率为 0。这表明根系分泌物浓度大于 0.1mg/L 时，则具有发芽刺激效应。当有效浓度固定时，不同基因型品种随野生型到栽培型，从 $2n$ 到 $6n$，小麦根系物对向日葵列当种子萌发的刺激效应增强。

2. 不同生长期根际土及其浸提液对向日葵列当种子发芽的诱导效应

在苗期，根际土具有一定的向日葵列当发芽的刺激效应，发芽率为5.1%~18.6%。通过水或甲醇浸提，提取液也具有刺激效应，这效应与提取物浓度显著相关，同时甲醇的浸提液刺激效应强于水浸提液。当水浸提液浓度为100mg/L、10mg/L 时，各基因型诱导的向日葵列当发芽率分别为 5.5%~20.2%、3.3%~11.5%。当水浸提液浓度为 1mg/L 时，$2n$, $4n$ 基因型诱导的向日葵列当发芽率为 0，但 $6n$ 基因型诱导的向日葵列当发芽率为 5.7%~6.6%。而甲醇浸提液浓度为 100mg/L、10mg/L、1mg/L 时，各基因型诱导的向日葵列当发芽率分别为12.4%~28.2%、6.7%~15.3%、4.1%~8.9%。拔节期、抽穗期、成熟期小麦根际土及其浸提液表现出相似的趋势：根际土刺激效应弱于原提取液，提取液刺激效应与浓度正相关，甲醇提取溶剂效果好于蒸馏水，栽培型大于野生型，现代品种强于早先品系等。拔节期和抽穗期各基因型对向日葵列当的刺激发芽率为9.0%~22.9%，水和甲醇浸提液的刺激发芽率分别为10.2%~19.2%、10.3%~26.2%。成熟期不同基因型小麦根际土存在一定的向日葵列当的种子发芽刺激效应，发芽率为 5.5%~15.0%，野生一粒刺激效应最弱，陕 253 最强。但根际土水或甲醇浸提液无任何刺激效应，即使是原液浸提液，发芽率为 0，表明根际土中的发芽刺激物无法有效完全提取出来。

3. 不同生长期植株组织浸提液对向日葵列当种子发芽的诱导效应

以 100mg/L 组织浸提液为例，研究不同生长期的各基因型的各组织水浸提液对向日葵列当种子萌发的刺激效应。从图 5-10（a）和（b）中看出，苗期根水浸提液的刺激效应强于茎水浸提液，且随栽培历史延长，组织提取液的刺激效应逐渐增强。各基因型茎水浸提液的向日葵列当种子刺激发芽率 4%~17%，根组织的刺激发芽率为 12%~23%。拔节期根水浸提液的刺激效应相近于茎水浸提液，且随栽培历史延长，组织提取液的刺激效应也逐渐增强。各基因型茎和根组织水浸提液的向日葵列当种子刺激发芽率为 10%~16%。从图 5-10（c）和（d）中可看出，抽穗期各组织水浸提液的刺激效应：叶>茎>穗>根。且随栽培历史延长，组织提取液的刺激效应也逐渐增强。各基因型组织的水浸提液对向日葵列当种子刺激发芽率为 5%~25%。成熟期各组织水浸提液的刺激效应：根>叶>茎>颖壳>籽粒。且随栽培历史延长，组织提取液的刺激效应也逐渐增强。各基因型组织的水浸提液对向日葵列当种子刺激发芽率为 5%~45%。

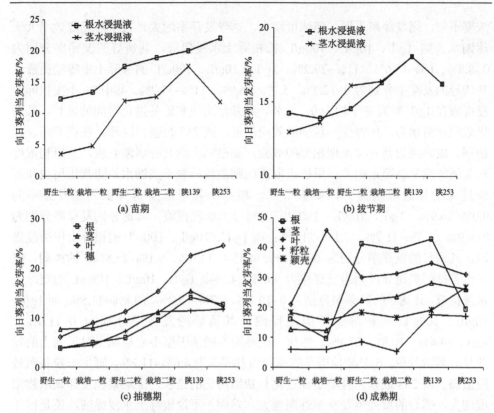

图 5-10　不同生长期小麦植株组织浸提液对向日葵列当种子的刺激发芽率

三、不同基因型小麦对瓜列当种子发芽的诱导效应

1. 根系分泌物对瓜列当种子发芽的诱导效应

同理，通过水培实验，发现不同基因型小麦（野生一粒、栽培一粒、野生二粒、栽培二粒、陕 139、陕 253）根系分泌物对瓜列当（*Orobanche aegyptiaca* Pers.）种子萌发也具有刺激效应。这种刺激效应与根系分泌物的浓度呈显著正相关。如当浓度为 0.1mg/L 时，瓜列当种子未萌发。当浓度增为 1mg/L、10mg/L、100mg/L时，各基因型诱导瓜列当种子的发芽率分别为 11.7%~19.3%、19.2%~31.8%、41.1%~62.2%。对同一浓度，随小麦栽培历史和进化，对瓜列当的诱导效应为增强趋势，如野生一粒最弱，现代品种陕 253 最强。

2. 不同生长期根际土及其浸提液对瓜列当种子发芽的诱导效应

在苗期，不同基因型冬小麦根际土对瓜列当种子萌发具有刺激效应，其诱导的发芽率为 6.1%~20.8%。通过水或甲醇浸提，可以提取出发芽刺激物，其刺激物浓度不同，则发芽率不同，随浓度增大，诱导发芽率增大，且甲醇提取效率大于蒸馏水。如 1g/L、10g/L、100g/L 的根际土水浸提液，其诱导的发芽率分别为 0~8.8%、6%~15.6%、11%~29.2%。1g/L、10g/L、100g/L 的根际土甲醇浸提液，其诱导的发芽率分别为 0~12.3%、5.7%~16.9%、11%~32.2%。其中 $2n$ 小麦根际土浸提液在 1g/L 时发芽率均为 0。此外，随栽培历史和野外进化时间的延长，其诱导效应逐渐增强，如野生一粒刺激效应最弱，陕 253 最强。同理，在拔节期、抽穗期、成熟期均具有与苗期相似的效应，如根际土均具有刺激效应，浸提物浓度与刺激效应呈显著正相关，甲醇提取液的刺激效应强于蒸馏水，随栽培历史和野外进化诱导效应增强。例如拔节期，根际土各基因型诱导瓜列当发芽率为 9.0%~26.9%；1g/L、10g/L、100g/L 的根际土水浸提液，其诱导的发芽率分别为 0~8.9%、5.3%~11.7%、7.1%~21.5%；而 1g/L、10g/L、100g/L 的根际土甲醇浸提液，其诱导的发芽率分别为 0~10.4%、4.35%~14.6%、9.1%~25.8%。抽穗期，根际土各基因型诱导瓜列当发芽率为 9.6%~24.1%；1g/L、10g/L、100g/L 的根际土水浸提液，其诱导的发芽率分别为 0~10.1%、4.7%~15.2%、10.8%~24.5%；而 1g/L、10g/L、100g/L 的根际土甲醇浸提液，其诱导的发芽率分别为 0~11.6%、4.5%~14.4%、10.8%~27.1%。然而，成熟期不同基因型小麦根际土对瓜列当的发芽具有刺激效应，6 个品种诱导的瓜列当发芽率为 4.6%~11.2%，野生一粒刺激效应最弱，陕 253 最强。且随小麦进化与栽培历史的延长，土壤累积发芽刺激物浓度增大，诱导的瓜列当发芽率逐渐增大。然而，不论根际土水浸提液，还是根际土甲醇浸提液，均无刺激效应，所有处理瓜列当发芽率为 0。这些可能表明生理生长期，小麦代谢活跃，根际分泌到土壤中的发芽刺激物浓度较大，对瓜列当具有刺激效应；而繁殖生长期，如成熟期小麦的成分基本转入籽粒，代谢变弱，发芽刺激物变少，诱导的瓜列当种子刺激发芽率为 0。

3. 不同生长期植株各组织浸提液对瓜列当种子发芽的诱导效应

在苗期，小麦植株简单分为根系和茎组织，通过 100mg/L 水提取液，发现两组织均有瓜列当发芽刺激效应。根效应强于茎，且两现代品种的根茎具有相近的刺激效应。随栽培进化历史和人类培育时间延长，瓜列当种子发芽的刺激效应逐渐增强。同理，在拔节期，对野生一粒、栽培一粒和野生二粒，根刺激效应大于茎，而对栽培二粒、陕 139、陕 253，茎组织大于根的刺激效应。在抽穗期，小麦植株组织分为根、茎、叶和穗组织，通过 100mg/L 水提取液，发现四个组织均有瓜列当发芽刺激效应。总体来看，各组织的刺激效应为茎>根>穗>叶。只有茎随栽培进化历史和人类培育，瓜列当种子发芽的刺激效应逐渐增强，其他组织随栽培历史延长刺激效应有下降的趋势。同理，在成熟期，各组织的刺激效应为颖壳>茎>叶>籽粒>根。各个组织的刺激效应随栽培进化历史和人类培育时间延长，瓜列当种子发芽的刺激效应逐渐增强（图 5-11）。

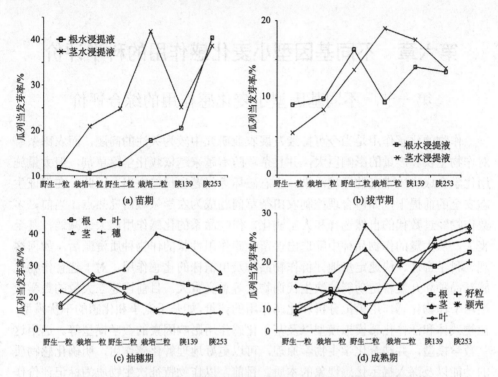

图 5-11　不同生长期小麦植株组织浸提液对瓜列当种子的刺激发芽率

第六章　不同基因型小麦化感作用的科学评价

第一节　不同基因型小麦化感作用的综合评价

作物的化感作用是当今可持续发展农业研究中较为关注的问题，而农田杂草对作物生长和产量的影响巨大，并且杂草防治越来越依赖化学除草剂，但大量施用化学合成物质带来的环境污染、生态破坏等问题也日益突出。因此，在保证生态安全的前提下，如何合理控制农田杂草问题成为农学领域研究热点。当前，多数作物经过数代的自然选择和人工驯化，作物品系的化感作用已大大减弱，甚至丧失。从大量的作物品种中筛选出保留化感作用性状的作物种质资源后，如何客观、科学合理、快速定量地评价作物品种及单植株的化感作用，对于选育作物化感新品种和开发特定功能的次生代谢物质等意义重大。目前已建立大量的数学模型用于作物化感作用模拟分析和化感作用的评价，如基于竞争和化感的干扰模型、植物残体和活体化感模拟模型以及基于化感作用影响因素的数学模型等。运用这些数学模型，并结合化学生物学原理，可以更好地理解化感作用，明确化感物质的功能以及深入揭示化感现象的本质。目前，以作物特征次生物质为标记评价作物的化感作用，主要基于作物的化感作用与品种显著相关。这往往忽视了环境诱导在作物化感作用中的调控作用，而不同品种间产生和释放化感物质的能力主要受控于环境诱导和内在基因组成，即植物不同品种表现出的化感能力不同。所以，明确植物各组织器官在整体表达化感作用中的贡献率和协调指数，对作物化感作用的系统、全面和客观评价，以及利用生物技术或传统的育种开发有益的化感品种有重要意义。

研究表明植物化感作用首先是对膜的伤害，通过细胞膜上的靶位点，将化感物质胁迫的信息传送到细胞内，从而对激素、离子吸收等产生影响。而激素、离子吸收以及水分状况等变化必然引起植物细胞分裂、光合作用等的变化，最终对植物的生长产生影响。因此，应当从系统工程的角度看待作物对受体多层次的化感作用。"作物化感作用"应是作物的根、茎、叶和种子等器官或组织子系统综合调控的过程。目前，采用系统工程评价作物品系化感作用的定量研究和实践较为缺乏。本章从系统工程角度评价作物化感作用及其在小麦化感评价中的应用，试图构建完善合理的科学化感评价体系，这对抗草作物材料的科学筛选和农业可持续发展具有重要的理论和现实意义。

一、作物品系化感作用的系统工程评价

作物化感作用是针对一定时间和空间（器官组织）而言的，特别是化感涉及作物的空间异质性问题，因而将系统工程的一般概念落实到化感作用的表达过程中去尤为重要。各器官组织是化感作用评价的落脚点。在整体评价作物的化感能力时，必须把作物的根、茎、叶和种子视为密不可分的复合系统。作物化感作用作为植物在环境调控下能动地调节生物之间关系的能力，即逆境诱导下通过根、茎、叶和种子各系统的协同效应，从而影响受体（植物、微生物）或害虫的生理、生化以及分子生物学指标，但各子系统协同合作，相互适应，以一种合理的比例关系调节化感作用，这也是化感遗传育种应普遍追求的目标。因此，比较各时期根、茎、叶和种子的化感协调状况，评价根、茎、叶和种子协调程度和化感能力，推导作物化感作用综合指数，对全面客观评价作物品系的化感作用和化感遗传育种的监测具有十分重要的意义。

根据 Williamson 和 Richardson（1988）提出的化感作用评价方法，用处理与相应对照的 T/C 作为衡量指标，得出化感作用指数 RI。RI=T/C-1，其中 C 是对照值，T 是处理值。当 RI>0 时，表示促进作用；当 RI<0 时，表示抑制作用。RI 的绝对值代表化感作用强度的大小。作物的根、茎和叶各子系统的化感作用是由其中的化感物质影响受体的生理、生化以及分子生物学一系列的统计指标反映出来的。在研究作物化感作用时，各子系统指标体系的选择应注意作物各组织器官子系统的化感特性、受体影响的关键指标等，以保证评估的全面性、代表性等要求。主要运用主成分分析方法，对反映各子系统化感能力的指标体系进行评估，确定作物化感作用综合水平。

把系统的 P 个指标 $x = (x_1, x_2, \cdots, x_p)$，采用线性组合方式表示为另一组随机变量 $y = (y_1, y_2, \cdots, y_r)$，即

$$y_i = \sum_{i=1}^{p} l_{ij} x_i \quad (i = 1, 2, \cdots, p; j = 1, 2, \cdots, r)$$

设主成分 y_i 的方差 $V(y_i) = K_i$ $(i = 1, 2, \cdots, r)$，令

$$g_i = K_i \bigg/ \sum_{i=1}^{r} K_i$$

即 g_i 为第 i 个主成分的贡献率，该指标越大，则表明指标概括 $x_1, x_2, \cdots, x_p$ 的能力越强。$\sum_{i=1}^{r} g_i$ 则为前 i 个主成分的累积贡献率。在实际应用中，当累积贡献率达到 90%时，即若 $\sum_{i=1}^{r} g_i > 90\%$，则令

$$F = g_1 y_1 + g_2 y_2 + \cdots + g_k y_k$$

F 即为某一子系统的综合化感作用。

依据作物的综合化感作用，建立系统工程评价模型，即利用计量经济学中的回归分析方法，确定各系统化感协调的比例关系。其原理为：假定变量 X、Y、Z、H 之间的关系可表示为回归方程

$$H = b_0 + b_1 X + b_2 Y + b_3 Z$$

即表明要做到 X、Y、Z、H 之间的协调，就要在 X、Y 不变的情况下，Z 每变化一个单位要求 H 同方向变化 b_3 个单位。同理，可计算出 X 和 Y 与 H 之间的协调变化规律。

采用区域协调发展模型计算出系统间的比例关系，再将计算出的区域各子系统协调值与实际化感作用值进行比较，计算出协调系数，说明子系统间的协调程度，进而表明该系统的化感作用水平。本节采用相对海明距离（relative Hamming distance）来定义协调系数，即

$$X(A, B) = 1 - c \left[D (A, B) \right]^a$$

其中，c 与 a 是两个选取的适当参数。

$$D(A,B) = 1 - \frac{1}{n} d (A, B) = \frac{1}{n} \sum_{i=1}^{n} |u_A(xi) - u_B(xi)|$$

其中，A，B 是论域 U 上的两个模糊子集；X（A,B）为论域 U 上的两个模糊子集 A 和 B 的协调系数；n 是论域中元素的个数；u_A 和 u_B 分别为论域 U 中任意两个计算点。

依据可持续发展综合指数计算作物化感作用综合指数，说明作物之间的化感力差异。作物化感作用综合指数是作物在生长过程中化感作用总体水平的集中体现，本节依据作物各组织器官以及生长时期的化感特征，采用递阶多层次综合评价法来计算，即

$$CIAP = \prod_{i=1}^{m} \left[\sum_{j=1}^{k} W_{ij} I_{ij} \right] W_{i0}$$

其中，I 为元素指标量化值；W_{ij} 为元素指标的权重；W_{i0} 为基本指标的权重；CIAP 指 comprehensive index of allelopathic potential。

二、半干旱区普通小麦化感作用的评价

依据黄土高原半干旱区推广的普通小麦状况，选取不同年代的冬小麦代表性品种：碧玛 1 号、丰产 3 号、宁冬 1 号和小偃 22 号，认为从返青期到成熟期这段时间根、茎、叶的化感数据最能反映作物的实际化感能力。因此，本书按照时间

先后顺序选取了 3 月 5 日至 5 月 25 日的四个品种根、茎、叶方面对受体（一年生硬直黑麦草）的指标，具体生物测定见 Zuo 等（2005）的描述，其中指标体系由 12 个指标组成：受体根长、苗长、根冠长比、根数、根平均长、根鲜重、根干重、茎叶鲜重、茎叶干重、根冠比、发芽率、植株水分含量。这些指标从不同侧面反映了作物根、茎、叶各子系统的综合化感作用水平。应用主成分分析方法，确定四个品种的根、茎、叶各子系统综合化感作用综合指标值如表 6-1 所示。

表 6-1　黄土高原半干旱区普通小麦从返青期到成熟期的根、茎、叶各子系统的综合化感作用

品种	生育期	根（X）	茎（Y）	叶（Z）	品种	生育期	根（X）	茎（Y）	叶（Z）
	3 月 5 日	−0.16	−0.28	−0.45		3 月 5 日	−0.47	−0.31	−0.28
	3 月 25 日	−0.65	−0.4	−0.43		3 月 25 日	−0.55	−0.60	−0.38
丰产 3 号	4 月 15 日	−0.17	−0.74	−0.62	碧玛 1 号	4 月 15 日	−0.24	−0.66	−0.83
	5 月 5 日	−0.15	−0.32	−0.90		5 月 5 日	−0.22	−0.44	−0.55
	5 月 25 日	−0.10	−0.14	−0.08		5 月 2 日	−0.12	−0.15	−0.30
	3 月 5 日	−0.29	−0.58	−0.40		3 月 5 日	−0.07	−0.29	−0.08
	3 月 25 日	−0.59	−0.79	−0.46		3 月 25 日	−0.10	−0.40	−0.49
宁冬 1 号	4 月 15 日	−0.30	−0.67	−0.68	小偃 22 号	4 月 15 日	−0.10	−0.56	−0.69
	5 月 5 日	−0.20	−0.28	−0.86		5 月 5 日	−0.12	−0.43	−0.65
	5 月 25 日	−0.18	−0.15	−0.18		5 月 25 日	−0.10	−0.10	−0.16

由表 6-1 中 X、Y、Z 的数据，建立协调发展模型（表 6-2）。

通过表 6-1 和表 6-2 及数学模型得出以下结论。

（1）四个品种根、茎、叶子系统对受体的化感作用按时间序列 3 月 5 日至 5 月 25 日呈明显的先上升后下降趋势，根、茎、叶各子系统综合化感指数在平均水平 0 之下，为∧形抑制。四个品种根、茎、叶各子系统化感作用基本同步，说明具有大致相同的变化趋势。在 4 月 15 日（抽穗期），碧玛 1 号、丰产 3 号和小偃 22 号植株的化感抑制作用最强，宁冬 1 号提前（3 月 25 日）达到化感作用高峰值。各子系统的化感峰值出现时间也存在差异（表 6-1）。这说明小麦化感抗逆性状可通过遗传选育获取，只是需要以生理消耗为代价。

（2）四个品种根、茎、叶子系统间具有很强的线性关系（表 6-2）。建立的数学模型通过统计总体检验表明按碧玛 1 号、丰产 3 号、宁冬 1 号和小偃 22 号小麦选育历程，根、茎、叶子系统间的线性关系更强，这符合人工选育优良抗草高产品种的理想目标。

（3）叶子系统的化感作用在植株各组织器官中潜力最高。从小偃 22 号普通小麦模型中可看出，根子系统化感作用是地上部化感作用提高的主要动力，根子系统化感作用的变化使叶和茎子系统的化感作用的变化速度超过自身的变化速

表 6-2　根、茎、叶各子系统之间的化感作用数学协调模型

	丰产 3 号	碧玛 1 号	宁冬 1 号	小偃 22 号
Y/X	$Y=-0.3291+0.2184X$	$Y=-0.2903+0.4396X$	$Y=-0.0692+1.3622X$	$Y=-0.2148+1.4707X$
	$T=0.3908$	$T=0.7176$	$T=2.6772$	$T=0.2782$
	$R=0.2201$　$F=0.1527$	$R=0.3828$　$F=0.5149$	$R=0.8396$　　$F=7.1672$	$R=0.1586$　$F=0.0774$
X/Y	$X=-0.1597+0.2218Y$	$X=-0.1764+0.3333Y$	$X=-0.0561+0.5175Y$	$X=-0.0899+0.0171Y$
	$T=0.3908$	$T=0.7176$	$T=2.6772$	$T=0.2782$
	$R=0.2201$　$F=0.1527$	$R=0.3828$　$F=0.5149$	$R=0.8396$　　$F=7.1672$	$R=0.1586$　$F=0.0774$
X/Z	$X=-0.2581-0.0273Z$	$X=-0.4415-0.2609Z$	$X=-0.3286-0.0333Z$	$X=-0.0783+0.0430Z$
	$T=-0.0627$	$T=-0.5959$	$T=-0.0928$	$T=1.4466$
	$R=0.0362$　$F=0.0039$	$R=0.3253$　$F=0.3551$	$R=0.0535$　　$F=0.0086$	$R=0.6410$　$F=2.0927$
Z/X	$Z=-0.5072-0.0479X$	$Z=-0.5953-0.4056X$	$Z=-0.5418-0.0859X$	$Z=0.5058+9.5551X$
	$T=-0.0627$	$T=-0.5959$	$T=-0.0928$	$T=1.4466$
	$R=0.0362$　$F=0.0039$	$R=0.3253$　$F=0.3551$	$R=0.0535$　　$F=0.0086$	$R=0.6410$　$F=2.0927$
Y/Z	$Y=-0.2170+0.3341Z$	$Y=-0.1234+0.6608Z$	$Y=-0.4109+0.1603Z$	$Y=-0.1373+0.5316Z$
	$T=0.8618$	$T=1.7838$	$T=0.2785$	$T=2.8504$
	$R=0.4454$　$F=0.7426$	$R=0.7174$　$F=3.1820$	$R=0.1588$　　$F=0.0776$	$R=0.8546$　$F=8.1245$
Z/Y	$Z=-0.2683+0.5940Y$	$Z=-0.1298+0.7789Y$	$Z=-0.4374+0.1572Y$	$Z=0.0776+1.3738Y$
	$T=0.8618$	$T=1.7838$	$T=0.2785$	$T=2.8504$
	$R=0.4454$　$F=0.7426$	$R=0.7174$　$F=3.1820$	$R=0.1588$　　$F=0.0776$	$R=0.8546$　$F=8.1245$
X/YZ	$X=-0.1936+0.2969Y-$ $0.1265Z$	$X=-0.3050+1.1056Y-$ $0.9915Z$	$X=-0.1083+0.5362Y-$ $0.1193Z$	$X=-0.0997-$ $0.1557Y+0.1258Z$
	$T=0.3871/-0.2199$	$T=3.7401/-3.6416$	$T=2.3857/-0.5254$	$T=-6.4082/8.3227$
	$R=0.2663$　$F=0.0763$	$R=0.9424$　$F=7.9402$	$R=0.8607$　　$F=2.8569$	$R=0.9862$　$F=35.5529$
Y/XZ	$Y=-0.1564+0.3405Z+$ $0.2347X$	$Y=0.2259+0.8673Z+$ $0.7913X$	$Y=0.0426+0.2063Z+$ $1.3799X$	$Y=-0.6169+0.7951Z-$ $6.1262X$
	$T=0.7430/0.3871$	$T=5.1107/3.7401$	$T=0.5729/2.3857$	$T=12.3966/-6.4082$
	$R=0.5043$　$F=0.3410$	$R=0.9692$　$F=15.4732$	$R=0.8640$　　$F=2.9453$	$R=0.9937$　$F=78.8461$
Z/XY	$Z=-0.2981-$ $0.1867X+0.6354Y$	$Z=-0.2843-$ $0.8764X+1.0710Y$	$Z=-0.4945-$ $1.0171X+0.6835Y$	$Z=0.7725+7.7290X+$ $1.2416Y$
	$T=-0.2981/0.6354$	$T=-3.6416/5.1107$	$T=-0.5254/0.5729$	$T=8.3227/12.3966$
	$R=0.4662$　$F=0.2777$	$R=0.9677$　$F=14.7239$	$R=0.3787$　　$F=0.1675$	$R=0.9962$　$F=131.1324$

注：X/Y 等为一系统对另一系统的协调模型；X/YZ 等为一系统对另两系统的协调模型；T 为回归方程中自变量与应变量之间的协调值；R 为相关系数；F 为拟合检验值。

度。根子系统化感作用每增加一个单位，导致叶子系统化感作用增加 1.4707 个单位，使茎子系统化感作用增加 9.5551 个单位。

（4）在四个品种根、茎、叶三子系统间相互关联中，丰产 3 号三子系统间，宁冬 1 号根和叶、茎和叶等偏相关程度不大，未通过 T 检验，碧玛 1 号和小偃 22 号的三子系统间以及宁冬 1 号根和茎偏相关程度较大，通过了 T 检验。

三、小麦品种根、茎、叶各子系统之间化感作用的协调分析

根据各子系统化感作用的数据及其数学模型，按照协调系数的确定方法，计算出各种协调系数（表6-3）。通过对 3 月 5 日～5 月 25 日生育期 4 个品种根、茎、叶各子系统之间化感作用的协调分析，得出以下几点结论：

表 6-3　4 个品种 3 月 5 日～5 月 25 日的根、茎、叶子系统化感作用协调系数

品种	生育期	$w(X/Y)$	$w(Y/X)$	$w(X/Z)$	$w(Z/X)$	$w(Y/Z)$	$w(Z/Y)$
	3 月 5 日	0.854	0.809	0.895	0.866	0.882	0.951
	3 月 25 日	0.882	0.573	0.613	0.604	0.721	0.878
丰产 3 号	4 月 15 日	0.968	0.923	0.901	0.879	0.896	0.957
	5 月 5 日	0.891	0.651	0.625	0.619	0.730	0.933
	5 月 25 日	0.966	0.920	0.914	0.946	0.945	0.950
	3 月 5 日	0.984	0.831	0.835	0.931	0.933	0.953
	3 月 25 日	0.986	0.884	0.937	0.920	0.935	0.973
碧玛 1 号	4 月 15 日	0.974	0.883	0.938	0.917	0.928	0.982
	5 月 5 日	0.914	0.833	0.848	0.666	0.774	0.864
	5 月 25 日	0.991	0.939	0.935	0.807	0.859	0.962
	3 月 5 日	0.903	0.952	0.956	0.711	0.814	0.891
	3 月 25 日	0.970	0.990	0.960	0.846	0.894	0.963
宁冬 1 号	4 月 15 日	0.849	0.880	0.896	0.957	0.969	0.889
	5 月 5 日	0.860	0.904	0.730	0.933	0.610	0.208
	5 月 25 日	0.949	0.906	0.945	0.950	0.959	0.895
	3 月 5 日	0.975	0.905	0.933	0.953	0.856	0.714
	3 月 25 日	0.876	0.938	0.935	0.973	0.872	0.968
小偃 22 号	4 月 15 日	0.849	0.918	0.928	0.982	0.880	0.937
	5 月 5 日	0.655	0.956	0.774	0.864	0.769	0.790
	5 月 25 日	0.728	0.922	0.859	0.962	0.941	0.979

品种	生育期	$w(X/YZ)$	$w(Y/ZX)$	$w(Z/XY)$	$w(X,Y)$	$w(X,Z)$	$w(Y,Z)$	$w(X,Y,Z)$
	3 月 5 日	0.978	0.980	0.991	0.832	0.881	0.917	0.983
	3 月 25 日	0.924	0.999	0.982	0.728	0.609	0.800	0.968
丰产 3 号	4 月 15 日	0.954	0.996	0.979	0.946	0.890	0.927	0.976
	5 月 5 日	0.996	0.923	0.929	0.771	0.622	0.832	0.949
	5 月 25 日	0.952	0.991	0.988	0.943	0.930	0.948	0.977
	3 月 5 日	0.991	0.995	0.971	0.908	0.883	0.943	0.986
	3 月 25 日	0.991	0.997	0.985	0.935	0.929	0.954	0.991
碧玛 1 号	4 月 15 日	0.922	0.959	0.988	0.929	0.928	0.955	0.956
	5 月 5 日	0.971	0.889	0.913	0.874	0.757	0.819	0.924
	5 月 25 日	0.924	0.904	0.912	0.965	0.871	0.911	0.913
	3 月 5 日	0.931	0.970	0.962	0.928	0.834	0.853	0.954
	3 月 25 日	0.939	0.961	0.906	0.980	0.903	0.929	0.935
宁冬 1 号	4 月 15 日	0.947	0.969	0.975	0.865	0.927	0.929	0.964
	5 月 5 日	0.941	0.947	0.876	0.882	0.832	0.409	0.921
	5 月 25 日	0.963	0.974	0.875	0.928	0.948	0.927	0.937
	3 月 5 日	0.938	0.974	0.939	0.940	0.943	0.785	0.950
	3 月 25 日	0.974	0.987	0.939	0.907	0.954	0.920	0.967
小偃 22 号	4 月 15 日	0.937	0.952	0.952	0.884	0.955	0.909	0.947
	5 月 5 日	0.975	0.937	0.908	0.806	0.819	0.780	0.940
	5 月 25 日	0.999	0.935	0.805	0.825	0.911	0.960	0.913

注：$w(X,Y,Z)$ 为三系统间的协调系数；$w(X,Y)$ 为二系统间的协调系数；$w(X/Y)$ 为一系统对另一系统的协调系数；$w(X/YZ)$ 为一系统对另二系统的协调系数。

（1）如果协调系数 w 的界定范围在 0.600 以下为不协调状况、0.600～0.800 为基本不协调状况、0.800～0.950 为基本协调状况、0.950 以上为协调状况的话，四个品种的三子系统在 5 月 5 日处于基本协调状况，其余各生长期均处于协调状况。从整体来看，四个品种根、茎、叶各子系统之间化感作用处于协调状况，但从后期的生殖生长时期来看，协调系数有下降的趋势，说明四个品种根、茎、叶各子系统之间化感作用的不协调程度有所增长。

（2）四个品种根、茎、叶各子系统之间化感作用协调程度在 3 月 5 日~5 月 25 日这段生长期内比较均衡。丰产 3 号、碧玛 1 号、宁冬 1 号和小偃 22 号根、茎、叶各子系统间发展的平均协调系数分别为 0.971、0.954、0.942 和 0.943，处于协调状况，协调系数的极差只有 0.035，最大的是丰产 3 号、碧玛 1 号和小偃 22 号、宁冬 1 号分别在 3 月 5 日（0.983）、3 月 25 日（0.991 和 0.967）以及 4 月 15 日（0.964）。协调系数最小的是丰产 3 号和宁冬 1 号、碧玛 1 号和小偃 22 号分别在 5 月 5 日（0.949 和 0.921）和 5 月 25 日（均为 0.913）。

（3）四个品种根、茎、叶各子系统之间化感作用协调程度两两系统间的协调状况，不如三个系统间的协调发展状况。两两系统间的平均协调系数丰产 3 号、碧玛 1 号、宁冬 1 号和小偃 22 号分别为 0.838、0.904、0.872 和 0.887，处于基本协调状况，低于四个品种的三子系统间的平均协调系数 0.971、0.954、0.942 和 0.943。其中，丰产 3 号的根和叶两系统间的协调系数最低，为 0.786，处于基本不协调状况，说明丰产 3 号叶部挥发与根区分泌在化感实施过程中存在一定矛盾。更值得注意的是，随着小麦子粒的形成和产量的初步构成，各种协调系数均有下降的趋势，必须加以控制，实现抗逆和稳定农艺性状的统一。

（4）四个品种根、茎、叶各子系统之间化感作用协调程度在 5 月 5 日（灌浆期），小麦的根、茎、叶子系统间，根与茎、根与叶、茎与叶协调系数均处于返青期以来的平均水平以下，究其原因主要是作物抗逆能力不适应营养生长和生殖生长的要求。因此，在化感育种过程中一定要注意抗逆性状的培育，尤其是不影响作物的自身形态建成和最终产量指标。

四、小麦化感作用综合指数

首先利用植物组织器官生长特征以及不同生长时期的化感表现确定指标权重，然后采用递阶多层次综合评价法，计算黄土高原半干旱区四种普通小麦化感作用的综合指数（comprehensive index of allelopathic potential，CIAP），其时间变化曲线见图 6-1。黄土高原半干旱区四种普通小麦化感作用总体处于较低水平（CIAP<0.40），但四种普通小麦化感作用综合指数表现为小偃 22 号>宁冬 1 号>丰产 3 号>碧玛 1 号，说明人工育种过程可能有利于整体提高普通小麦的化感作用。

植物化感作用主要是通过向环境释放特定次生化感物质来实现的，但是这些

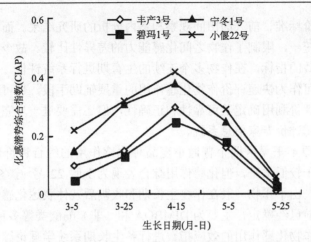

图6-1　四个品种3月5日至5月25日的综合化感作用比较

化感物质的诱导、产生和协同效应与环境胁迫和基因调控紧密相关。因此，采用系统工程原理作为作物化感作用评价方法，把一系统（植株或品系）分为多个子系统（各组织器官），多个子系统又影响受体的生理、生化和分子学一系列指标（多层次），对作物进行时空系统整体科学评价，克服了传统评价的室内实验和田间水平的简单验证，而且考虑作物化感作用的时空异质性，充分把基因与环境动态互作联系起来。在指标较少的评价中，采用改进标准赋权法确定系统权重，而多指标评价时可采用层次分析法确定权重。这种混合赋权既有规范性又有灵活性，是一种非常有效的尝试。在此基础上，采用主成分分析、相对海明距离以及递阶多层次综合评价法，为解决多品种、多组织器官、多受体以及多指标的化感作用综合评价提供了科学、全面和系统的方法选择。

　　本节以系统工程理论为基础，从作物根、茎、叶系统角度研究作物各组织器官在整体动态发挥化感作用的协调状况，提出了简化化感指标体系，各器官组织在化感表达中存在协同效应、动态综合评价作物化感能力。这对以具有化感特性的恢复系和不育系进行杂交育种，得到具有强烈化感和竞争双重能力的杂交稻，并对其化感杂交优势评价意义巨大。目前，许多国家正在开展具有化感特性新品种的研究，如利用对不同杂草表现化感特性的水稻材料和其他具有抗病虫害、抗逆、竞争力强、高产特征的优质商业品种进行杂交育种，因此有必要采用系统工程原理合理评价和监测化感育种。

　　基于系统工程原理在黄土高原半干旱区不同历史时期推广的四种普通小麦品种的化感作用评价中，考虑到化感作用的多因素影响，避免了化感物质结构活性、含量和协同效应的复杂性，而且把作物各组织器官从整体把握、协同着手，动态分析，具有较强的科学性和指导性。然而受体指标及其数量的确定，主要借鉴系统工程评价标准、前人的田间观察和室内分析的研究结果。而目前的指标和化感受体的不统一,限制了作物之间化感能力的差异性比较。故今后应选择一定数量且合理有效的指标,在作物多个连续的生育期进行系统评价。当然,系统工程原理评价法可作为快速评价作物化感作用的重要辅助手段,也可对作物化感品种资源的最终评价利用确定其可靠性和正确性,但还需要进一步完善,尽快能建立系统工程化感评价专家信息系统。

对黄土高原半干旱区四个普通小麦品种化感作用的综合评价认为它们的化感作用总体处于较低水平,但化感作用综合表现为小偃 22 号>宁冬 1 号>丰产 3 号>碧玛 1 号。由于作物一般在作物生长期和收割后残体表达化感作用,而小麦的化感物质目前已经确定,主要为 DIMBOA 和(非)酚酸类等多种物质。因此,本节直接选用作物化感作用的效应指数进行各生长期系统学理论综合评价,考虑到以植株浸提液的化感作用建立系统评价模型,需要利用其中的化感物质含量为校正参数,通过调整适当参数和相应校正系数等对模型逐步完善。对于以小麦植株体内的总化感物质含量或向环境释放的可能含量的模型评价分析,目前需进一步通过大田试验进行理论评价和野外验证。

第二节　不同基因型麦茬化感作用的数值分析

植物化感作用是指植物与植物(包括微生物)之间的化学关系,而实施这种化感作用的化学物质存在于植物的许多组织器官中,如活体的根、茎、叶等以及残体中,在一定条件下,这些物质通过活体植株的分泌或植物残株的分解释放到环境中,影响周围植物的生长。21 世纪初,免耕覆盖耕作制度的兴起使人们从繁重的耕地劳动中解脱出来,秸秆覆盖既保墒又培肥地力,降低了草害,但同时也带来一些生产问题,如作物自毒、连作障碍和重茬等。

在我国西北一些地区,小麦与马铃薯轮作制度比较普遍。但由于小麦残体滞留在土壤导致下茬马铃薯大幅度减产,明显影响了当地的粮食安全。因此,试图通过引进转基因马铃薯,一方面增强作物抗性,一方面也可提高产量。但是在我国现行耕作制度下转基因马铃薯的生长是否适应?有关麦秸化感作用的研究近十多年来也有不少相关报道。如 1982 年 Stemsiek 报道,小麦秸秆水浸液对裂叶牵牛和小绒毛草的萌发有抑制作用,并抑制其幼苗的生长,而对日本稗和田曹的萌发无明显影响。Blum 等报道指出,免耕系统中小麦留茬可抑制双子叶杂草刺藜和牵牛的生长。而 Li 等(2005)指出小麦残茬不论在实验室还是大田均显著降低玉米地中盛马唐的发芽率,特别是大田条件下若 0.75kg/m^2 的覆盖残茬可降低其密度 87.3%~96 4%,而生物量可降低 77.7%~81.0%,但玉米产量没有显著影响。麦茬在抑制杂草的同时,也影响一些作物的生长,如大田表面覆茬

$5t/hm^2$ 可显著降低油菜的出苗，其中成苗数、地上生物量以及产量均分别下降33%、56%和23%。

目前，尽管国内外在麦茬的化感作用方面已经做了相当多的研究工作，但麦茬对转基因植物生长的化感作用及其化感表达数值模拟未见报道。本书在室内通过固体组培技术研究了盆栽残茬样品在不同时间、不同浓度梯度水平下转基因马铃薯幼苗对稗草的化感作用，通过时间序列和 Logistic 模型分析推导麦茬化感表达的时空变异，并利用马尔可夫（Markov）过程比较了四种不同基因型普通小麦残茬化感作用的强弱，希望为进一步引进转基因作物和构建持续发展农业提供理论依据。

一、化感表达数值模拟

对 10mg/mL（$3t/hm^2$）在 0~40d 内进行时间序列分析。对浓度 0.05~15mg/mL 在转接 28d 后进行化感浓度 Logistic 分析，在时间序列中计算月单位时间的化感衰减系数。对时间序列以及化感浓度 Logistic 分析进行综合交互处理，推导出普通小麦麦茬的化感时空异质性表达模式。在 0~40d 内，取出转接的转基因马铃薯幼苗，把上述指标分别统计归为根、茎、分支和形态建成（生物量）4 个受体指标子体系，通过分析麦茬对根、茎、分支和形态建成互相转移的影响，构造马尔可夫转移概率矩阵。

依据麦茬释放化感物质为一随机过程，设化感表达时间序列为 $Y(t)$，其中 $t=1,2,\cdots,n$；设其均值线为 $\hat{Y}(t)$，一般称为趋势化感作用。趋势化感作用与实际化感作用有一定的偏差，可用 $|Y(t)-\hat{Y}(t)|$ 或 $|Y(t)-\hat{Y}(t)|/\hat{Y}(t)$ 表示，前者是绝对偏差，与化感作用的取值标准有关系；后者是相对距离，不受生长时期不同测试受体或指标差异的影响，也不受时间和空间影响，具有可比性。

把化感表达时间序列 $Y(t)$ 分解为 $Y(t)=\hat{Y}(t)+\Delta(t)$，其中 $\Delta(t)=Y(t)-\hat{Y}(t)$ 为残差，$\hat{Y}(t)$ 为趋势化感作用，$\Delta(t)$ 主要是受短周期变化因子影响的化感分量。$\Delta(t)/\hat{Y}(t)$ 衡量了以基因型为主，包含环境影响和遗传变异等因素共同起作用而促使化感作用偏离预期的程度，可作为第 t 时间内化感作用变异的度量，记为 $V(t)$。

本节选择转基因马铃薯作为实证研究对象，计算所得的化感作用实际值仅反映观测时刻的化感表现。为了描述化感表达在时间梯度上的变化，故采用如下曲线公式（Li et al., 1997）

$$Y = a_0 + a_1 f_1(t) + a_2 f_2(t) + \cdots + a_n f_n(t)$$

通过曲线拟合方法建立模拟模型。

根据实验测定的化感作用值的分析，选取 $f_n(t) = t^i, i= 1,2,3,4,5,6,7,8, f_7(t)=$

$\sin t$，$f_8(t) = \cos t$，则拟合曲线的一般形式为

$$Y(t) = a_0 - a_1 t + a_2 t^2 + a_3 t^3 + a_4 t^4 + a_5 t^5 + a_6 t^6 + a_7 \sin t + a_8 \cos t$$

因此，化感作用的表达为在以多项式和三角函数 $\{1,\ t,\ t^2,\ t^3,\ t^4,\ t^5,\ t^6,\ \sin t,\ \cos t\}$ 为基底所形成的空间中寻求一个最佳逼近函数，式中的系数 a_i，$i=0,1,2,\cdots,8$，可利用最小二乘法原理计算。

在生物、农业、工程以及经济科学中，生成"S"形或形状为"S"的生长曲线过程是很普遍的，反映了环境容量的有限性以及资源的稀缺性。直接影响化感作用的主导因素是化感物质种类和有效浓度，当这些利导因子起主要作用时，化感作用较强，但随着化感物质的消耗或被转化利用，化感表达受到限制，这就决定化感作用的表达过程具有饱和性和极限性，即"S"形曲线表达过程。在"S"形曲线簇中，Logistic 曲线应用广泛，因此使用 Logistic 曲线作为化感表达的浓度依赖型函数（Stephenson et al., 2006）。针对化感物质高浓度抑制低浓度促进的表达模式，故采用表达式为 $W = a / (1 + b e^{-kc})$，式中 W 为 c 浓度下的化感作用，而 c 为 t 时刻的函数，a、b、k 为参数，可采用 0.618 优化和回归相结合的方法，根据试验值进行确定。

当 $c \to \infty$ 时，$W = a$，可见 $W = a$ 是曲线的渐近线，是在一定浓度措施下的理论化感作用，一般比实际值大，为化感作用的极限值，而这个极限值往往是达不到的，但其他的合理栽培措施和有利的环境因素可以帮助最大限度地实现这个最大潜力极值。当 $c \to 0$ 时，即未开始释放化感物质时期，W 可认为是化感作用的沉默表达。利用 W 对 c 求导，可得出小麦的化感作用的浓度释放函数为 $V(c) = abk e^{-kc} (1 + b e^{-kc})^{-2}$，进一步利用 V 对 c 求导后，令 $V(c) = 0$，即可得出小麦达到最大化感作用的浓度为 $c = -1/k \ln(1/b)$，将 c 代入 $V(c)$ 可得出最大化感作用。

马尔可夫链模型是应用广泛的一种随机模型。它通过对系统不同状态的初始概率以及状态之间的转移概率的研究来确定系统各状态变化趋势，从而达到对未来趋势预测的目的。马尔可夫过程是无后效性的一种特殊的随机运动过程。它表明一个运动系统在 $t+1$ 时刻的状态只与 t 时刻所处的状态有关（Kwon et al., 2002）。其有三个假设：第一，马尔可夫链模型是随机的。从状态 t 到状态 $t+1$ 的转移概率遵循：$\sum_{j=1}^{m} P_{ij} = 1$，其中 $j=1,2,3,\cdots,m$；第二，通常假设马尔可夫链是一个一阶模型，它说明一个运动系统在 $t+1$ 时刻的状态只与 t 时刻所处的状态有关；第三，假设转移概率一般不发生改变。

在化感指标量化过程中，运用马尔可夫链法将一个小麦品种（或基因型）小麦提取液对转基因马铃薯生物学性状影响确定为 q 个指标子体系，然后计算出各

指标占总指标代数和之比并作为状态向量，用 M 表示：$M=\begin{bmatrix} \dfrac{n_1}{n} & \dfrac{n_2}{n} & \cdots & \dfrac{n_q}{n} \end{bmatrix}$，

其中，n 为指标总和；n_i 为第 i（$i=1,2,\cdots,q$）指标值。

　　一步反应下各状态的转移概率矩阵

$$P = \begin{pmatrix} \dfrac{n_{11}}{n_1} & \dfrac{n_{12}}{n_1} & \cdots & \dfrac{n_{1q}}{n_1} \\ \dfrac{n_{21}}{n_2} & \dfrac{n_{22}}{n_2} & \cdots & \dfrac{n_{2q}}{n_2} \\ \vdots & \vdots & & \vdots \\ \dfrac{n_{q1}}{n_q} & \dfrac{n_{q2}}{n_q} & \cdots & \dfrac{n_{qq}}{n_q} \end{pmatrix} = \left(P_{ij} \right)_{q \times q}$$

其中，n_i 仍表示最初阶段的第 i 品种；n_{ij} 表示一个单位时期后属于第 i 品种的对测试受体的第 j 类影响指标，且满足

$$\sum_{j=1}^{q} p_{ij} = 1,\, 0 \leqslant P_{ij} \leqslant 1 \quad (i,j=1,2,\cdots,q)$$

　　若要研究多步（$k>1$）转移概率 $P_{(k)}$，利用科尔莫戈罗夫-查普曼（Kolmogorov-Chapman）方程有

$$P_{(k)} = P_{(K-1)} P_{(1)} = \cdots = [P_{(1)}]^K$$

当 $k \sim \infty$ 时，如果马尔可夫过程涉及的各状态的概率分布将稳定不变（这个性质称为遍历性，与其相对应的概率分布是稳定分布）。据此，可求出稳定概率向量，这个稳定不变的概率向量就成为评价标准，再根据

$$A(n) = (1-\beta) \times A(n-1) \times P^{n-1} \quad (n \geqslant 2)$$

其中，

$$A(n) = \begin{bmatrix} a_{11} & a_{12} & \cdots & a_{1q} \\ a_{21} & a_{22} & \cdots & a_{2q} \\ \vdots & \vdots & & \vdots \\ a_{p1} & a_{p2} & \cdots & a_{pq} \end{bmatrix}$$

矩阵中行为基因型品种（$p=4$，分别为丰产 3 号、长武 131、豫麦 66 和小偃 22 号），列为化感指标体系（$q=4$，分别为根、茎、分支和形态建成），$A(1)$ 为第一个单位时间（月）的化感作用，$A(n)$ 为经历 n 个单位时间后的化感作用，a_{pq} 为 p 品种对受体 q 指标体系的化感作用，β 为化感表达的衰减系数，P 为麦茬化感表达对受体影响指标的概率转移矩阵，求解一系列方程组得到具体的化感表达量化指标值。

二、不同基因型麦茬化感表达的时间序列

在 10mg/mL（3t/hm²）的 0~40d 内进行时间序列分析，发现不同时期麦茬对转基因马铃薯的化感表达均符合时间序列拟合曲线（图 6-2，r^2>0.9995），只是时间序列的一般形式 $Y(t) = a_0 - a_1t + a_2t^2 + a_3t^3 + a_4t^4 + a_5t^5 + a_6t^6 + a_7\sin t + a_8\cos t$ 随麦茬基因型差异而变化，主要体现为 a_i（$i = 0,1,2,\cdots,8$）值的不同。四种基因型麦茬化感表达均以周期形式反映出来，在 15d 左右化感表达均首次显示出化感作用极值，而且随时间序列的递进化感表达呈逐渐减弱趋势，如 20 世纪 50 年代的品种丰产 3 号在时间序列中化感表达明显逐级降低，在 23d 左右化感作用值就开始低于 0.40 水平，而其他三个现代品种麦茬虽为递减表达，在一定时间内仍然在 0.40 上下浮动。在 0~40d 分别得出丰产 3 号、长武 131、豫麦 66 和小偃 22 号四种基因型麦茬的实际平均值（0.40~0.70），再通过时间序列拟合曲线方程推出四种基因型麦茬的理论平均值，发现丰产 3 号和小偃 22 号化感作用表达显著低于理论水平（–10.33~ –22.50），与之相反的是长武 131 和豫麦 66 出现超表达现象（2.40%~8.75%）（表 6-4）。

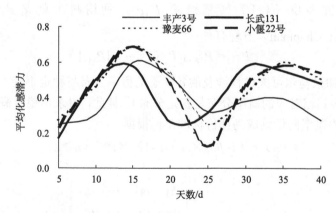

图 6-2　不同基因型麦茬对转基因马铃薯的化感表达时间序列拟合曲线

表 6-4　四种基因型麦茬化感作用表达差异

品种	$Y(t)$	$\hat{Y}(t)$	$\Delta(t)$	$V(t)$ /%
丰产 3 号	0.408	0.527	–0.119	–22.50
长武 131	0.660	0.607	0.053	8.75
豫麦 66	0.708	0.691	0.017	2.40
小偃 22 号	0.699	0.780	–0.081	–10.33

三、麦茬化感表达中浓度（残体量）依赖关系

不同基因型麦茬对转基因马铃薯的化感表达随浓度增大总体呈现为增强趋势，但在 1mg/mL 左右，四种基因型麦茬均显示出麦茬的瞬时效应，表现为强烈的抑制作用（图 6-3）。用试验观测值得到基因型麦茬的化感表达浓度依赖拟合的 Logistic 方程的相关系数均在 0.99 以上，说明用 Logistic 模型可以很好地描述麦茬化感表达的浓度依赖关系。通过拟合方程发现麦茬在 15.0~18.2mg/mL 内可达到化感表达的峰值。以丰产 3 号为对照，长武 131、豫麦 66、小偃 22 号处理最大化感作用分别增强 30.3%、20.0% 和 15.5%，而麦茬浓度函数随时间呈正态分布，浓度反应越低，麦茬化感作用极值出现越早，达到峰值的时间越快。从浓度发生速度看，化感物质释放速度越大，化感作用极值越大，如长武 131 物质释放速度最大，为 2.17g/d，其化感作用极值最大（表 6-5）。这说明，化感物质释放速度可能是造成麦茬化感作用差异的重要原因。

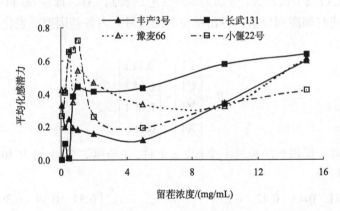

图 6-3　不同基因型麦茬对转基因马铃薯的化感表达的浓度效应

表 6-5　四种基因型麦茬化感作用表达浓度（残体量）依赖拟合函数

品种	W	$c(t)$	r^2	c	$v(c)$	W_{max}
丰产 3 号	$\dfrac{31.0274}{1+45.6527e^{-0.237c}}$	$\dfrac{335.7068e^{-0.237c}}{(1+47.6527e^{-0.237c})^2}$	0.9968	16.3035	1.76	0.465
长武 131	$\dfrac{40.3156}{1+25.7823e^{-0.215c}}$	$\dfrac{223.4772e^{-0.215c}}{(1+25.7823e^{-0.215c})^2}$	0.9975	15.1148	2.17	0.606
豫麦 66	$\dfrac{37.1123}{1+37.5654e^{-0.199c}}$	$\dfrac{277.4335e^{-0.199c}}{(1+37.5654e^{-0.199c})^2}$	0.9899	18.2215	1.84	0.558
小偃 22 号	$\dfrac{35.7624}{1+30.6279e^{-0.228c}}$	$\dfrac{249.7346e^{-0.228c}}{(1+30.6279e^{-0.228c})^2}$	0.9963	15.0084	2.04	0.537

四、麦茬化感表达动态预测

根据指标子体系，得出根、茎、分支以及形态建成之间的单位时间（月）转移概率为

$$P(\text{F1}) = \begin{bmatrix} 0 & 0.406 & 0.395 & 0.199 \\ 0.125 & 0 & 0.375 & 0.500 \\ 0.480 & 0.379 & 0 & 0.141 \\ 0.333 & 0.333 & 0.334 & 0 \end{bmatrix} \quad P(\text{C1}) = \begin{bmatrix} 0 & 1 & 0 & 0 \\ 0.150 & 0 & 0.540 & 0.310 \\ 0.170 & 0.580 & 0 & 0.250 \\ 0.260 & 0 & 0.740 & 0 \end{bmatrix}$$

$$P(\text{Y1}) = \begin{bmatrix} 0 & 0 & 0.640 & 0.360 \\ 0.350 & 0 & 0 & 0.650 \\ 0.140 & 0.390 & 0 & 0.470 \\ 0.500 & 0.500 & 0 & 0 \end{bmatrix} \quad P(\text{X1}) = \begin{bmatrix} 0 & 0.670 & 0.330 & 0 \\ 1 & 0 & 0 & 0 \\ 0.377 & 0.124 & 0 & 0.499 \\ 0 & 0.750 & 0.250 & 0 \end{bmatrix}$$

其中，F1、C1、Y1 以及 X1 分别为丰产 3 号、长武 131、豫麦 66 和小偃 22 号。

通过上述时间序列分析，得出单位时间（月）内各基因型小麦化感作用表达的衰减系数为

$$\beta = \begin{bmatrix} \text{F1} \\ \text{C1} \\ \text{Y1} \\ \text{X1} \end{bmatrix} = \begin{bmatrix} 0.113 \\ 0.082 \\ 0.094 \\ 0.066 \end{bmatrix}$$

以马尔可夫原理预测经过 1 个月、2 个月、1 季度、半年、1 年和 2 年时间各品系化感作用为

$$A(1) = \begin{bmatrix} 0.31 & 0.43 & 0.42 & 0.27 \\ 0.37 & 0.54 & 0.29 & 0.48 \\ 0.35 & 0.58 & 0.39 & 0.51 \\ 0.36 & 0.59 & 0.30 & 0.54 \end{bmatrix} \quad A(2) = \begin{bmatrix} 0.34 & 0.39 & 0.39 & 0.31 \\ 0.25 & 0.63 & 0.47 & 0.33 \\ 0.52 & 0.43 & 0.33 & 0.55 \\ 0.78 & 0.61 & 0.27 & 0.13 \end{bmatrix}$$

$$A(3) = \begin{bmatrix} 0.28 & 0.32 & 0.34 & 0.20 \\ 0.18 & 0.55 & 0.39 & 0.29 \\ 0.44 & 0.42 & 0.28 & 0.36 \\ 0.66 & 0.57 & 0.20 & 0.13 \end{bmatrix} \quad A(6) = \begin{bmatrix} 0.20 & 0.19 & 0.30 & 0.09 \\ 0.15 & 0.44 & 0.30 & 0.19 \\ 0.35 & 0.32 & 0.26 & 0.18 \\ 0.56 & 0.49 & 0.11 & 0.11 \end{bmatrix}$$

$$A(12) = \begin{bmatrix} 0.13 & 0.10 & 0.10 & 0.06 \\ 0.12 & 0.22 & 0.16 & 0.16 \\ 0.14 & 0.18 & 0.13 & 0.17 \\ 0.31 & 0.24 & 0.05 & 0.24 \end{bmatrix} \quad A(24) = \begin{bmatrix} 0.03 & 0.02 & 0.01 & 0.03 \\ 0.07 & 0.08 & 0.05 & 0.04 \\ 0.05 & 0.06 & 0.02 & 0.05 \\ 0.11 & 0.09 & 0.10 & 0.08 \end{bmatrix}$$

当各基因型麦茬化感作用接近为 0 时，即化感作用表达持续的理论时间（月）为

$$A \to 0, \quad N = \begin{bmatrix} n_{F1} \\ n_{C1} \\ n_{Y1} \\ n_{X1} \end{bmatrix} = \begin{bmatrix} 58 \\ 80 \\ 71 \\ 102 \end{bmatrix}$$

以上计算说明四种不同基因型麦茬化感表达与受体转基因马铃薯明显相关，如化感影响的转移概率和月衰减系数的基因型差异。通过马尔可夫过程进行多阶拟合，发现麦茬的化感影响有从地上部向根系转移的趋势，但经过若干时间的化感表达后，四种基因型化感差异顺序未发生变化，理论上也预测为丰产 3 号<豫麦 66<长武 131<小偃 22 号。从马尔可夫过程分析来看，四种基因型麦茬化感作用的半衰期均为半年左右，但总的持续时间为 5~9 年，这说明长期麦茬返田可导致累积效应和对其他作物的深度毒害。

在 10mg/mL（3t/hm^2）的起始浓度下，四种基因型麦茬化感表达均为物质波形式，而且出现化感波逐级衰减趋势。而 Mukhopadhyay 等（2003）运用微积分模型研究浮游植物的化感作用，推导出植物化感物质扩散模式以及植物反应方式，指出化感物质的产生为周期物质波形式。因此基因型麦茬化感表达的化感波表现可能与其分解过程中产生的化感物质有关。而 Sinkkonen 等（2003）通过模拟作物残茬对植物的化感反应，指出残茬分解开始短时表现为一定的促进作用，而后表现为抑制作用，之后又在残茬分解后期表现为促进作用。虽然本书未观察到直接的促进作用，可能与转基因马铃薯幼苗密度选择有关。因为化学干扰作用有时表现为受体密度依赖关系随受体目标密度增大，化感物质效应被逐渐稀释。因此，在低密度下一般导致抑制作用。但当密度增大时，化感作用有可能转化为促进作用（Sinkkonen et al., 2003）。四种基因型麦茬的化感表达表现出的 Logistic 曲线的浓度依赖关系，表明了麦茬释放化感物质进而分解转化运移与受体密度共同决定了麦茬的有效化感物质浓度及其化感作用的本质。

由于麦茬化感作用的特殊性与受体不存在竞争关系，而与环境密切相关，因此，氧浓度有时影响麦茬的腐解、化感物质的释放速度以及麦茬内含化感物质与产生比率等，如本书中时间序列得出丰产 3 号和小偃 22 号化感物质产生率低，而长武 131 和豫麦 66 化感物质产生率高。同时对系列浓度下 Logistic 方程推出长武 131 麦茬化感物质释放速度较大，因此其麦茬的化感表达较强。耦合时间序列和 Logistic 模型分析推导麦茬化感表达的时空变异，即普通小麦麦茬的化感时空异质性（图 6-4）为空间物质波形式，虽为麦茬化感表达中特定浓度时间序列与特定时间浓度 Logistic 过程的叠加，但明显显示出化感作用表达的时间与浓度的异质性与交互效应，可能的解释为化感物质在土壤-植物系统中有效浓度的变化以

及周围环境如光、温、水、气等的波动变化所导致。与 Sinkkonen 等（2003）提出的密度依赖拓展化感模型（DDRAM）非常相近，只是本书密度为固定，而麦茬添加量逐渐升高，同时假定麦茬产生化感物质为恒定的，在此，化感物质浓度应该为受体植物密度的负相关函数，因此植物对麦茬反应的模式将基本一致。

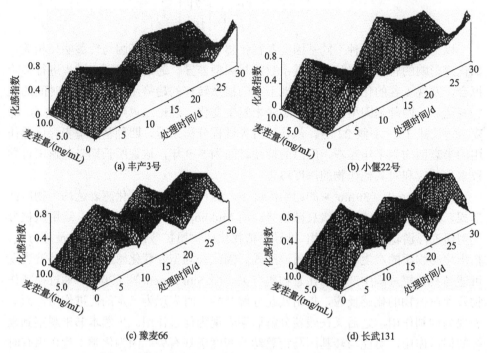

(a) 丰产3号　　　　　　　　　　　　(b) 小偃22号

(c) 豫麦66　　　　　　　　　　　　(d) 长武131

图 6-4　普通小麦麦茬化感表达的时空异质性的一般模式

　　马尔可夫链所描述的过程是在趋于无限大出现或达到各状态的概率分布稳定不变时，事物所呈现的变异规律，由于麦茬化感本质对受体生长影响的复杂性以及环境后效性，并充分利用了马尔可夫过程（Markov process）中转移矩阵的基本特征，准确地从转移矩阵中提炼出变化信息，无需过多的假设条件，所建立的模型简单，因此可利用马尔可夫链模型进行化感评价与预测。化感指数在 0~1 的特性，以及人为设定的指标体系中，可得到转移概率向量矩阵，如对根生长与地上部（茎叶）影响的概率转移变化等构造出麦茬长期表达的马尔可夫过程形式。

　　四种不同基因型麦茬化感表达与本身基因型差异、受体模式植物、指标体系的选择以及评价标准等密切相关，因此所构建的马尔可夫过程不尽相同，但通过时间的多阶拟合，差异可逐渐缩小。如在本书中马尔可夫过程预测出麦茬的化感影响有从地上部向根系转移的趋势，但经过若干时间的化感表达后，基因型间化感差异均不会受到影响。理论上也预测出化感强度差异为丰产 3 号<豫麦 66<长武

131<小偃 22 号。由于化感物质在土壤中的一系列变化，麦茬化感作用的半衰期也随之变化。从马尔可夫过程分析来看，四种基因型化感作用的半衰期均为半年左右，但化感作用可持续 5~9 年，因此重茬和连作障碍可能就是长期麦茬返田所导致的累积效应。

五、麦茬化感表达预测模型比较与修正

目前，针对植物化感表达的模型阐述很多，但主要基于数学模型探索阶段，很少用于实际研究。基于两物种竞争条件下的化感模型，Sole 等（2005）采用改进的 Lotka-Volterra 模型研究了既有竞争又有化感作用的两种海藻 *Chrysocromulina polylepis* 与 *Heterocapsa triquetra* 之间的关系，指出 *C. polylepis* 的化感作用与该藻的起始浓度的平方有关，并且浓度较高时模型拟合性效果更好。而 Mukhopadhyay 等（1998）结合化感表达中物种密度以及时间序列采用延期微分方程模型研究上述浮游生物的生长动态，得出化感作用为促进作用时，模型曲线为稳定的固定振幅的周期振动物质波。也有通过研究化感物质产生与扩散模型分析化感作用表达的，如 Dubey 和 Hussain（2000）创建系统数学模型，用来分析系统中两个竞争物种在一定生境下的共存以及相互的化感影响。Huo 等（2004）应用离散数学原理构造浮游生物化感的模型，研究各种条件下化感表达情况。

而关于植物残茬化感模型研究非常活跃，从残茬分解、化感物质产生与释放以及受体生长反应和影响化感表达的相关因素，建立了一系列残茬化感作用的物理模型。这些模型可模拟在一个更大范围内各个环节中的因素变化以及相对应的化感作用。如 An 等（2003a）创建的残茬化感作用的机械模型可模拟通风条件下化感物质的产生以及化感特性。数学模型显示通风可显著影响残茬分解过程中植物的化感特性。在厌氧条件下，残茬分解早期化感物质产生达到最大，随后随分解进程产生下降。但在通风条件下，残茬的化感形式与强度均影响显著。本书试图通过化感表达直接模拟内部化感物质的化学干扰作用，避免了复杂的化感物质种类与有效浓度，从时间序列与浓度依赖关系模拟出麦茬在一段时间内的化感表达模式，理论推导出普通小麦麦茬的化感表达为空间物质波形式，这与活体化感表达模式可能不尽相同。An 等（2003b）研究植物活体中化感物质随植物生长时间序列一般为递减趋势，而化感物质周期性产生的概率很低。由于基因型与环境因素的互作效应，导致化感作用表达的不确定性，因此带来了模型评估的准确性问题。在此基础上，可以开展更加综合的化感表达在生态系统上的服务物质量和价值量评估研究，这可为生态系统中化感作用的利用与管理决策提供有用信息和模型数据基础。

第三节　不同基因型小麦化感作用的数学模拟

小麦活体和残体均能表达化感作用。小麦活体通过在体内合成化感物质,然后以挥发、淋溶、根系分泌等方式释放,其合成速率和合成量、释放速率及释放量受生物因素和非生物因素影响与诱导。生物因素包括小麦生物学、病虫草害等;非生物因素包含土壤环境、水分条件、气候因素等。秸秆腐解也是小麦实施化感作用的重要方式之一,如免耕少耕留茬、秸秆覆盖、秸秆与土壤混合处理等,因此秸秆化感作用的表达依赖很多因素,如秸秆降解率、化感物质释放率、毒性效应性质及程度、环境因素、受体生物等。An等(1993, 2002, 2003)通过数学模拟预测或评价小麦活体产生化感物质和秸秆腐解的化感作用,这样可以正确认识、合理利用作物化感作用。

一、小麦活体化感作用的模拟分析

（一）模型描述

1. 模型假设

（1）模型系统包含三个部分:化感物质的产生、转化和代谢过程;两个过程:化感物质释放和消失。化感物质从活体植株释放进入土壤,然后被代谢为非化感类物质,或者被其他过程消除（图6-5）。

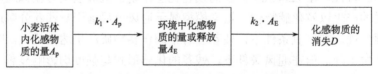

图6-5　小麦活体化感作用表达的简化模型

（2）化感物质不考虑某一种类,仅考虑化感物质总量。

（3）化感物质的释放量与活体内的化感物质总量A_p存在比例关系。

（4）化感物质的代谢量与化感物质释放量或在环境中的化感物质量A_E存在比例关系。

（5）化感物质释放与代谢是不可逆过程。

2. 模型方程

$$\frac{dA_E}{dt} = k_1 A_p - k_2 A_E$$

$$\frac{dA_p}{dt} = -k_1 A_p$$

$$A_p = A_p^0 e^{-k_1 t}$$

$$A_E = \left(\frac{k_1 A_p^0}{k_2 - k_1}\right) e^{-k_1 t} + \left[A_E^0 - \left(\frac{k_1 A_p^0}{k_2 - k_1}\right)\right] e^{-k_2 t}$$

当 $A_E^0 = 0$，

$$A_E = \left(\frac{k_1 A_p^0}{k_2 - k_1}\right)\left(e^{-k_1 t} - e^{-k_2 t}\right);$$

当 $t \to 0, A_E \to 0$；

当 $t \to \infty, A_E \to 0$；

当 $t^* = \dfrac{\ln k_2 - \ln k_1}{k_2 - k_1}$，　$A_E \to A_{E\,max}$。

当小麦活体受到胁迫时，如病虫草害侵害、组织或部位损伤、矿物质匮乏、干旱、极端温度、非正常辐射等，化感物质释放急剧增加。

$$A_p = A_p^0 e^{-k_1 t} + g(t)$$

$$= f(t) e^{-kt}$$

$$f(t) = A_p^0 + \frac{g(t)}{e^{-k_1 t}}$$

$$A_E = \left[\frac{k_1 f(t)}{k_2 - k_1}\right]\left(e^{-k_1 t} - e^{-k_2 t}\right)$$

其中，A_p 为小麦活体或其他活体植株内化感物质的量；A_p^0 为计时初始时化感物质的量；A_E 为环境中化感物质的量或释放量；$A_{E\,max}$ 为化感物质最大释放量；D 为环境中化感物质消失量；k_1 为化感物质释放系数；k_2 为化感物质代谢系数；t 为活体植株生长期，如从发芽或出苗或某个时期开始算起，可以用任意时间单位，如时、天、月、年等；$g(t)$ 为植株生长过程中再次产生的化感物质的量；$f(t)$ 为化感物质初始值与再次产生的化感物质量的总和值；e 为自然对数的底数，是一个无限不循环小数，其值取 2.71828。

（二）模型模拟结果

1. 植物活体中的化感物质含量或浓度随生长期逐渐降低

图 6-6 说明小麦活体中合成的化感物质量随生育期逐渐降低，但总量是累积增加的。而图 6-7 表明小麦活体存在大量的化感物质，但释放的模式与合成方式

不同，在生长初期，逐渐增加，短期内达到一个释放高峰，而后随生长后期释放量逐渐降低，释放模式为开口向下的抛物线方式。

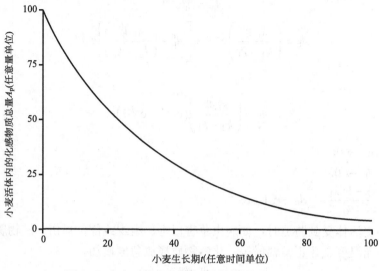

图 6-6　小麦活体内化感物质总量随生长期的变化

$$A_P^0 = 100 \; ; \; k_1 = 0.03$$

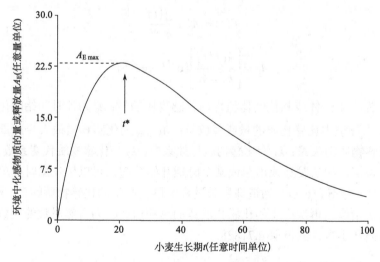

图 6-7　小麦活体化感物质释放量随生长期的变化

$$A_P^0 = 100 ; \; A_E^0 = 0.0 \; ; \; k_1 = 0.03 ; \; k_2 = 0.07$$

2. 植物活体中的化感物质含量或浓度在胁迫下随生长期呈周期变化

从图 6-8 可看出，当小麦遭遇外界胁迫，如杂草干扰或土壤干旱化，则化感物质出现"断层"现象。从原来的逐渐降低趋势，转变为胁迫提高化感物质合成量，或许这就是诱导调控的结果。当稳定胁迫为周期发生，则化感物质合成模式为周期方式。

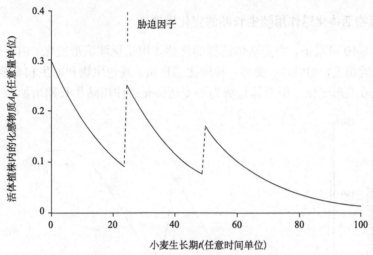

图 6-8　小麦活体化感物质量在胁迫下随生长期的变化

3. 植物活体释放化感物质含量或浓度随生长期呈周期变化

从图 6-9 可看出，当小麦遭遇生物或非生物因子胁迫，则化感物质释放模式出现周期现象。从单一的抛物线模型，转变为多个抛物线模型合成方式。各个抛

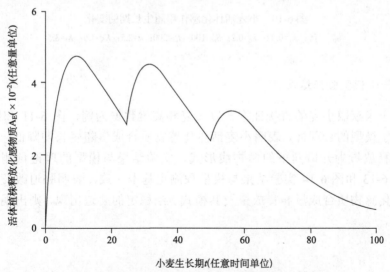

图 6-9　小麦活体化感物质释放量在胁迫下随生长期的变化

物线的连接点为胁迫发生的时期，可诱导化感物质释放。在逐渐释放增加的生长期内，面对胁迫，可直接提高释放量。而在逐渐释放降低的生长期，胁迫因子将抑制降低趋势，随之达到释放高峰，从而出现多个抛物线模式的叠加。

4. 植物活体化感作用随生长期的变化模拟

从图 6-10 可看出，小麦活体植株的化感作用呈现波浪形变化。由于化感作用与很多因素相关，如供体、受体、种间化感物质、其他生物和非生物影响因素等，因此呈现波浪形变化，但总体趋势为小麦活体化感作用随生长期增加。

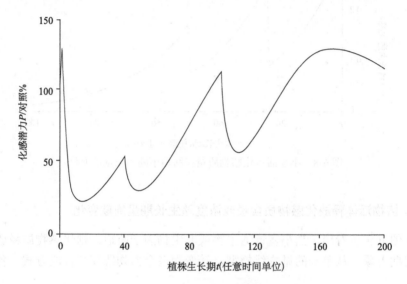

图 6-10　小麦活体化感作用随生长期的变化

$A_p^0 = 100$；$k_1 = 0.02$；$k_2 = 0.2$；$S_m = 100$；$I_m = 200$；$n = 2.5$；$K_S = 1.5$；$K_I = 3.5$

（三）模型验证结果

由于未获取小麦的直接证据，以大麦和高粱数据为例，图 6-11 和图 6-12 均证明了模型的合理性，表明小麦活体化感物质合成量随生长期降低，但在环境中的释放量为开口向下的抛物线形式，实验结果与模型的理论预测结果一致。图 6-13 和图 6-14 实验结果与模型预测也基本一致，表明胁迫改变了小麦活体的化感物质合成量和释放量及其模式。当稳定的胁迫出现，则出现新的周期模式。

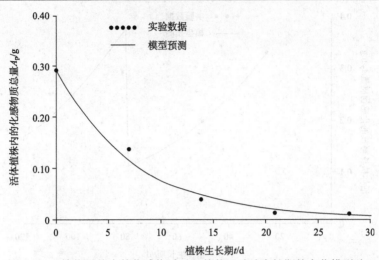

图 6-11　　植物活体内的化感物质对羟基苯甲酸随生长期的变化模型验证

$A_P^0 = 0.292$g；$k_1 = 0.135$；　$f(t) = -1.673 + 141.59t - 33.51t^2$；$k_1 = 0.1421$；$k_2 = 0.3971$

（以高粱为例，实验数据来自 Weston et al., 1989）

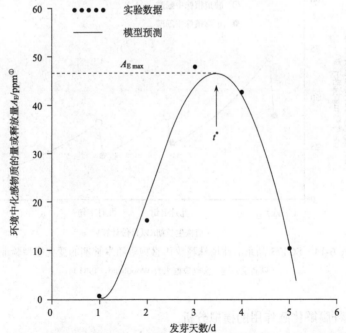

图 6-12　　发芽种子活体内的化感物质大麦芽碱随发芽天数的变化模型验证

（以大麦为例，实验数据来自 Lovett 和 Liu, 1987）

---

① ppm=10^{-6}。

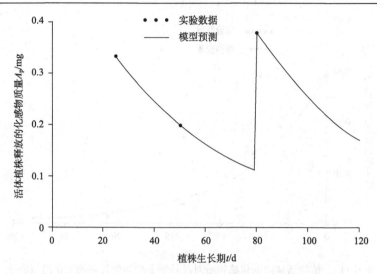

图 6-13　SC173 品系活体植株释放化感物质随生长期的变化模型验证

（以高粱为例，实验数据来自 Woodhead，1981）

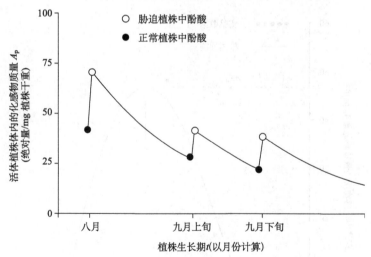

图 6-14　SC173 品系活体植株释放化感物质随生长期的变化模型验证

（以高粱为例，实验数据来自 Woodhead，1981）

二、小麦秸秆腐解化感作用的模拟分析

（一）小麦秸秆腐解与化感物质产生的关系模拟

1. 模型假设（图 6-15）

（1）残茬和腐解环境为一个封闭的体系。

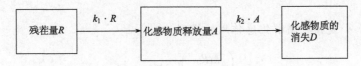

图 6-15　小麦秸秆腐解与化感物质产生的关系模型

（2）模型系统包含三个部分：残茬、化感物质、非化感物质；两个过程：
化感物质释放、化感物质转化消失。

（3）这个模拟系统不考虑外源物质的参与，或者外界环境影响。

（4）只考虑化感物质总量，不同种类的化感物质释放速率和代谢转化速率
认为相同。

（5）化感物质释放量 A 只与残茬量 R 存在比例关系。

（6）化感物质的代谢量 D 与化感物质释放量 A 存在比例关系。

（7）化感物质释放与代谢是不可逆过程。

2. 模型方程

$$\frac{\mathrm{d}A}{\mathrm{d}t} = k_1 R - k_2 A$$

$$\frac{\mathrm{d}R}{\mathrm{d}t} = -k_1 R$$

$$R = R_0 \mathrm{e}^{-k_1 t}$$

$$\frac{\mathrm{d}A}{\mathrm{d}t} = -k_1 R_0 \mathrm{e}^{-k_1 t} - k_2 A$$

$$A = \left(\frac{k_1 R_0}{k_2 - k_1}\right)\mathrm{e}^{-k_1 t} + \left(A_0 - \frac{k_1 R_0}{k_2 - k_1}\right)\mathrm{e}^{-k_2 t}$$

$$A_0 = 0$$

$$A = \left(\frac{k_1 R_0}{k_2 - k_1}\right)\left(\mathrm{e}^{-k_1 t} - \mathrm{e}^{-k_2 t}\right)$$

根据上述方程得出

$$t \to 0, A \to 0$$

$$t \to \infty, A \to 0$$

$$t = \frac{\ln k_2 - \ln k_1}{k_2 - k_1}, A = A_{\max}$$

其中，R 为残茬量；R_0 为初始残茬量；A 为化感物质的量；A_0 为初始化感物质产生
量；$A_{\max}$ 为化感物质最大量；D 为化感物质转化量；k_1 为残茬化感物质释放速率；
k_2 为化感物质转化速率；t 为残茬分解释放化感物质或化感物质转化的有效时间。

（二）小麦秸秆腐解化感作用的模型

$$A = \left(\frac{k_1 R_0}{k_2 - k_1}\right)\left(e^{-k_1 t} - e^{-k_2 t}\right)$$

$$P = \frac{S_m [A]^n}{[A]^n + K_s^n} - \frac{I_m [A]^n}{[A]^n + K_I^n} + 100$$

其中，A 为 t 时刻化感物质产生量；P 为化感作用值，一般用对照的%表示；t 为降解时间，d；$t=0$ 表示降解开始；R 为 t 时刻的秸秆量；R_0 为秸秆初始值；k_1 为化感物质释放系数，与时间和秸秆类型有关，如小麦秸秆在夏、秋、冬分别为 0.0047、0.008、0.002；当小麦秸秆混土处理和表面覆盖则 k_1 分别为 0.029、0.01；当玉米秸秆混土处理和表面覆盖则 k_1 分别为 0.006、0.009；苜蓿秸秆 k_1 为 0.02；k_2 为化感物质降解系数；S_m、I_m、K_S、K_I、n 为模型参数。

$$A^* = \left(\frac{k_1 E_p R_0}{k_2 - k_1}\right)\left(e^{-k_1 t} - e^{-k_2 t}\right)$$

$$P^* = \frac{S_m [A^*]^n}{[A^*]^n + K_s^n} - \frac{I_m [A^*]^n}{[A^*]^n + K_I^n} + 100$$

$$k_1 = k_1^0 \cdot E_{T,1} \cdot E_{m,1} \quad (0.01 \leqslant k_1^0 \leqslant 0.03)$$

$$k_2 = k_2^0 \cdot E_{T,2} \cdot E_{m,2} \quad (0.01 \leqslant k_2^0 \leqslant 0.09)$$

$$E_T = Q_{10}^{(T-T_r)/10}$$

$$E_m = \frac{1}{E_m^0 + \lambda \psi} \quad (1 \leqslant E_{m,i}^0 \leqslant 1.05)$$

其中，E_p 为与不同秸秆类型化感作用有关的常数，一般在 0~1；E_T 为与温度有关的变量；T 为温度（℃），一般为 20~30℃；T_r 为参考温度（20℃）；Q_{10} 为与秸秆类型有关的参数，如水稻、小麦、油菜分别为 2.37、2.9、2.6，一般为 2~2.9；E_m 为水势对化感物质产生的影响，值为 0~1。E_m^0 为当水势为 0 时水势影响的倒数，等于 $1/E_m$；ψ 为土壤与秸秆混合物的水势值（MPa）。当水势为 –1.5~0 MPa，厌氧状态，随水势下降，厌氧活性下降；当 $\psi = 0$，饱和点，厌氧微生物活性最强；当 $\psi = -1.5$ MPa，好氧微生物开始占优势，其活动的水势范围为 –10 ~ –1.5 MPa。土壤水分有几种表示方法，如土壤含水量、田间持水量、饱和含水量、水势等。模型选用水势表述水分对秸秆腐解化感作用的影响。水势与降解速率的关系见图 6-16。一般选 –0.033 ~ –0.010。

λ 为经验常数，$-20 < \lambda_1 < -10$，$-10 < \lambda_2 < -1$。

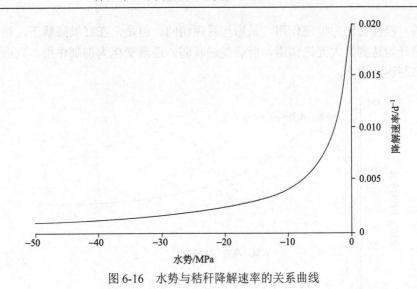

图 6-16　水势与秸秆降解速率的关系曲线

模型参数可以归类为三个方面：①植物秸秆类型、数量和内在成分；②秸秆腐解的环境条件，如温度、湿度、UV 辐射、通气、土壤质地、土壤有机质、无机离子、pH、微生物；③人工干预，如时间、秸秆利用模式（秸秆与土壤混合、秸秆表面覆盖等）、天气等。

（三）小麦秸秆腐解化感作用的模型参数

1. 不同水势或通气条件下秸秆腐解化感作用模型曲线

微生物，包括细菌、真菌、放线菌，是植物残体的初级分解者，可以腐解释放毒素类物质或者毒素前体物质，也可把初级降解产物转化为次生毒性物质。这些微生物也可以合成生长调节物质，影响高等植物生长和代谢，使毒性物质无毒化。然而好氧和厌氧环境改变了微生物的数量和活性，以及有机物的降解途径、中间产物的类型、代谢速率等，而且影响了化感物质的作用性质。因此，建立通气对秸秆腐解化感作用的影响模型需要考虑一些因素：秸秆类型、残渣量、温度、湿度、覆盖方式、天气因素等（An et al., 2003）。

模型验证：$E_T=E_m=E_p=1$；$E_{m,1}^0=E_{m,2}^0=1$；$\psi=0$MPa；$\lambda_1=-12$；$\lambda_2=-5$；$Q_{10,1}=2.5$；$Q_{10,2}=2$；$k_1^0=0.02$；$k_2^0=0.2$；$S_m=100$（对照%）；$I_m=200$（对照%）；$K_S=1.5$g；$K_I=3.5$g；$n=2$；$R_0=100$g。

一般水势最大时 0MPa，腐解环境为厌氧环境；而水势为-1.5MPa 时，微生物处于好氧状态。通常用水势来间接反映腐解环境。从图 6-17 可知，秸秆在厌氧降解条件下，化感作用从初始的微弱促进逐渐达到最大抑制，然后随降解抑制逐渐减弱，慢慢转化为促进作用，最后与对照相同。但是，在好氧降解下，秸秆化感作用开始达到最大促进作用，而后促进减弱，逐渐变化为抑制作用，且后期随降解抑制逐渐增大。

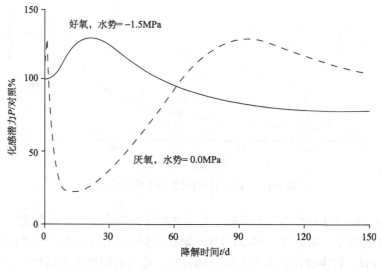

图 6-17　通气对秸秆降解化感作用的影响

从图 6-18 可看出，好氧环境影响降解微生物的生长和活性，从而影响秸秆的降解率，直至影响化感物质释放，因此随降解时间化感物质释放量逐渐增加。而土

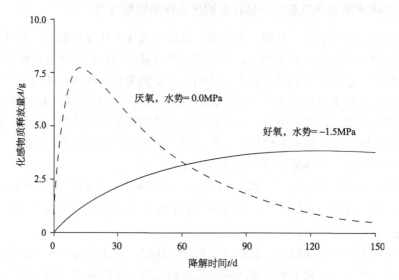

图 6-18　通气对秸秆降解化感物质释放量的影响

壤湿度、残渣率、黏土含量均与好氧环境有关。其中土壤湿度是最主要的影响因子，高的水势将导致厌氧环境。在$-1.5 \sim 0\,\mathrm{MPa}$，异养微生物生长率最大，活性最高。水分不仅有利于厌氧微生物生长，还将促进化感物质的释放、扩散和渗出。因此，在厌氧环境下，化感物质释放量达到峰值，而后逐渐下降。

2. 不同秸秆类型及秸秆量腐解化感作用模型曲线

从图 6-19 和图 6-20 可知，不同类型的秸秆化感作用不同，化感持续时间不同，E_p 值越大，化感作用越强。A 类型，E_p 值最大，抑制作用最强，持续有效期最长。反之，C 类型，抑制作用最弱，持续时间最短。有文献报道小麦 $E_p=0.5$、燕麦 $E_p=0.56$、玉米和高粱秸秆 $E_p=0.7$。同理，从图 6-21 和图 6-22 分析，秸秆量不同，化感作用及化感物质释放量不同。秸秆量大，化感物质绝对量大，释放量大，化感作用强，化感效应持久。反之，秸秆量小，化感作用弱，化感持续时间短。根据图 6-19 ~图 6-22 推测，秸秆覆盖量应为高粱：$82\mathrm{kg/hm}^2$，玉米：$66\mathrm{kg/hm}^2$，燕麦：$21\mathrm{kg/hm}^2$，小麦：$7\mathrm{kg/hm}^2$。

3. 不同腐解温度下秸秆化感作用模型

温度对秸秆腐解及化感作用有显著影响，腐解高温为 $45\sim60℃$，一般温度为 $10\sim30℃$。大多数腐解微生物为中温型，$20\sim35℃$微生物代谢活性最强。温度优先

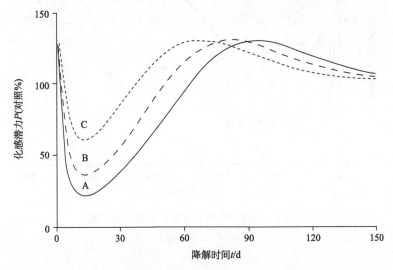

图 6-19　秸秆类型对降解化感作用的影响

A、B、C 表示秸秆类型，其 E_p 值分别为 1, 0.8, 0.6

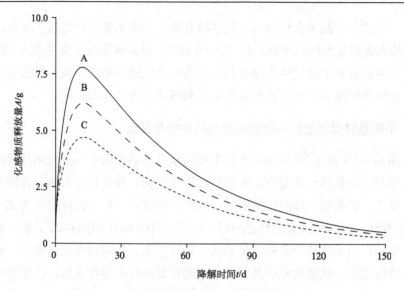

图 6-20　秸秆类型对降解化感物质释放量的影响

A、B、C 表示秸秆类型，其 E_p 值分别为 1, 0.8, 0.6

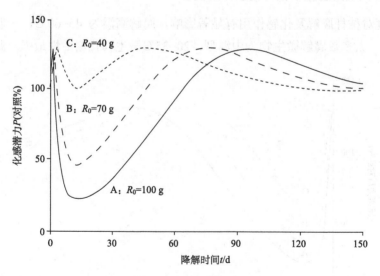

图 6-21　不同秸秆量对降解化感作用的影响

A、B、C 表示不同秸秆量

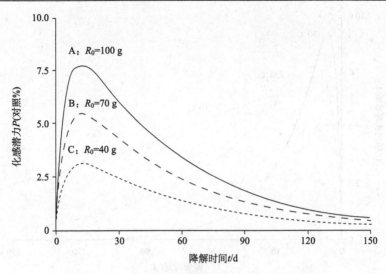

图 6-22　不同秸秆量对降解化感物质释放量的影响
A、B、C 表示不同秸秆量

影响微生物的生长和活性，进而影响秸秆降解率。在中温范围内，随温度升高，化感物质释放量逐渐增加，但化感作用持久性下降。反之，温度低，微生物活性低，降解少，化感物质释放量少，化感作用弱，但持久性好（图 6-23和图 6-24）。

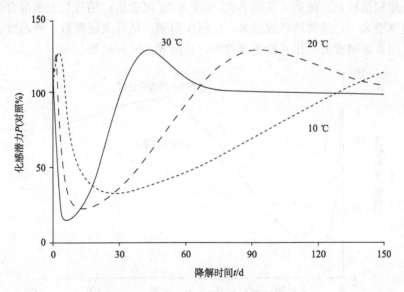

图 6-23　不同温度对降解化感作用的影响

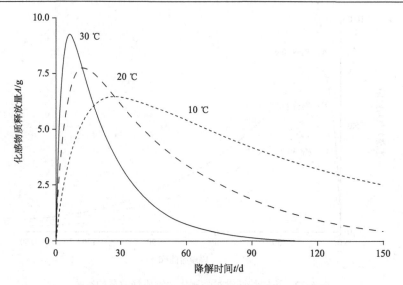

图 6-24　不同温度对降解化感物质释放量的影响

4. 不同秸秆利用模式下秸秆化感作用模型

　　秸秆利用的方式有很多种,如免耕留茬、秸秆表面覆盖、秸秆与土壤混合处理、秸秆焚烧等。本模型分析了两种主要秸秆利用模式的化感表达:秸秆与土壤混合处理和秸秆表面覆盖。从图 6-25 和图 6-26 可看出:秸秆与土壤混合处理,腐解速率增大,化感物质释放量多,化感作用强;秸秆表面覆盖,受温度、湿度等天气因素影响较大,化感物质释放慢,化感表达时间延长。

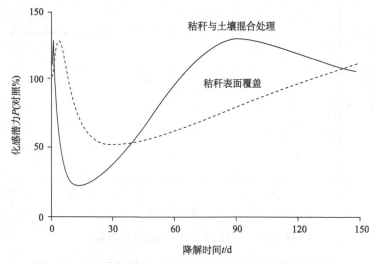

图 6-25　不同秸秆利用(或处理)方式对降解化感作用的影响

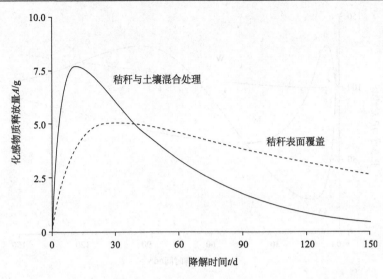

图 6-26　不同秸秆利用（或处理）方式对降解化感物质释放量的影响

5. 不同天气模式下秸秆化感作用模型

秸秆化感作用与天气因素也密切相关，如秸秆分解受温度、湿度及时间影响显著。因此模型简化了天气因素，仅考虑温度、湿度和降解时间三个因素组合。在此，人为设计三种天气状况。

（1）严重影响的天气（severe weathering, S）：中温（20℃）+高水势（0MPa）+长腐解时间（150d）。

（2）中等影响的天气（moderate weathering, M）：低温（10℃）+中水势（–0.1MPa）+中腐解时间（100d）。

（3）微弱影响的天气（weak weathering, W）：高温（30℃）+低水势（–45MPa）+短腐解时间（50d）。

从图 6-27 和图 6-28 可看出，高温、高水势、长时间降解等三个因素具有协同效应，化感物质释放快，释放量大，化感作用强。而低温、低水势、短降解时间化感作用弱，但持久。比如在北美和澳大利亚，秸秆腐解的化感作用明显不同，主要原因是两地的气候因素显著不同：北美，作物秋季收割后，经历初始温暖和湿润的气候，而后寒冷、多水、长期休耕，这样有助于微生物活性增强，化感物质渗出快。而在澳大利亚，南部和西部的干旱区，作物秸秆经历秋冬季长期的高温和干燥气候，秸秆降解缓慢，化感作用微弱，化感持久性强。如果晚秋遇上降雨，化感物质短期释放快、量多，易累积。

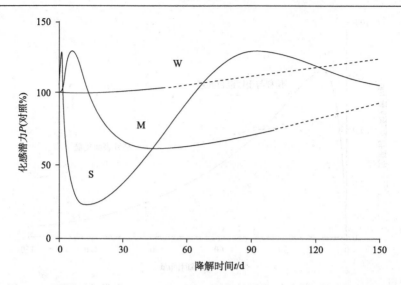

图 6-27　不同天气模式（S、M、W 为三种气候因素）对降解化感作用的影响

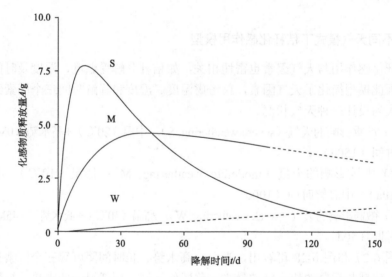

图 6-28　不同天气模式（S、M、W 为三种气候因素）对降解化感物质释放量的影响

三、基于受体生物的小麦化感作用模拟分析

（一）模型构建

$$v = \frac{v_{\mathrm{m}}[X]^q}{K^q + [X]^q}$$

$$S = \frac{S_m [X]^q}{K_S^q + [X]^q}$$

$$I = \frac{I_m [X]^q}{K_I^q + [X]^q}$$

$$\begin{cases} P = 100 + S - I \\ X \to \infty, \quad P \to 0 \\ I_m = S_m + 100 \end{cases}$$

$$[X]^q = \frac{K_S^q \sqrt{I_m K_I^q} - K_I^q \sqrt{S_m K_S^q}}{\sqrt{S_m K_S^q} - \sqrt{I_m K_I^q}}$$

其中，v 为受体生物对化感物质的生长反应，包括促进反应 S 和抑制反应 I；v_m 为最大反应；$[X]$ 为化感物质浓度；K 为当 $v = 0.5 v_m$ 时的 $[X]$；q 为常数，一般决定曲线的形态；S 为化感物质对受体生物生长的促进或刺激反应；S_m 为最大促进或刺激反应；I 为化感物质对受体生物生长的抑制反应；I_m 为最大抑制反应；K_S 为当 $S = 0.5 S_m$ 时的 $[X]$；K_I 为当 $I = 0.5 I_m$ 时的 $[X]$；P 为化感作用，包括一般意义上的 v，即为促进反应 S 和抑制反应 I 两方面。

（二）模型曲线

从图 6-29 可看出，受体生物对化感物质的生长反应主要表现为逐渐增加式反应，为指数型模型，这是一个理论预测模型。其实，在实际反应中，或者实验过程中，一般以受体化感作用为指标，如图 6-30 和图 6-31 所示，不论模型预测，还是实验结果均表现为呈现低浓度促进、高浓度抑制的规律。

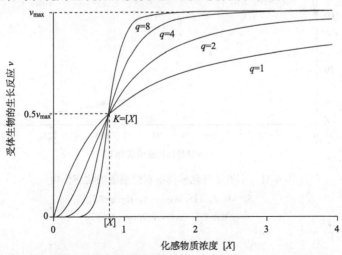

图 6-29　受体生物对化感物质的生长反应（改自 An et al., 1993）

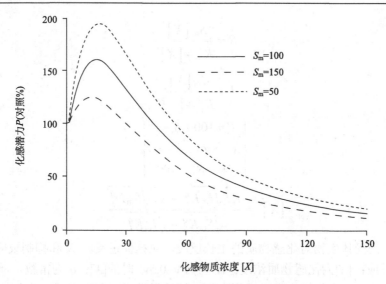

图 6-30　化感物质对受体生物的化感作用

I_m=200, K_S=5, K_I=30, q=2

（三）模型验证

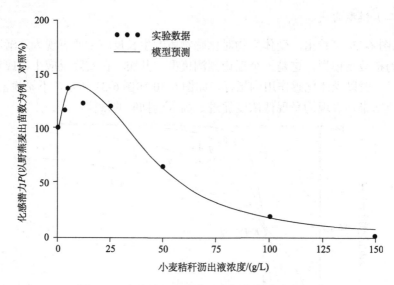

图 6-31　小麦秸秆化感物质对野燕麦的化感作用

S_m=45；I_m=145；K_S=3；K_I=45；q=2.5

（实验数据来自 Purvis 和 Jessop, 1985）

第七章 不同基因型小麦化感作用的影响因素

第一节 土壤微生物对不同基因型小麦化感作用的影响

一般，随着小麦育种更多地关注产量和品质，一些优良特性，如抗病虫草性、化感、竞争等性状可能削弱或丢失。但研究发现，随着人工育种和野外进化的耦合作用，化感作用却从 $2n \rightarrow 4n \rightarrow 6n$ 逐渐增强。因此，可能的解释机制之一是土壤根系微生物有助于小麦化感作用的表达和诱导。本书探讨了四个基因型小麦的化感作用，并采集了根际土壤，剖析了土壤微生物种群动态，试图揭示化感作用的微生物学机制。各基因型小麦根际均具有三类典型微生物，其数量明显不同，如细菌、真菌和放线菌数量分别为 $(1.54 \sim 26.59) \times 10^6$、$(0.43 \sim 4.12) \times 10^4$、$(1.36 \sim 18.25) \times 10^5$。在四个代表性品系中，小偃 22 号化感作用最强，其根际微生物丰度最大。通过微生物碳和微生物氮分析，发现具小麦化感作用和分泌次生代谢物质的小麦品种可形成独特的根际微生境，土壤酶活性诱导增强，如脲酶、过氧化氢酶、蔗糖酶和脱氢酶与化感活性显著正相关。通过根系分泌物活性测定，发现小麦化感作用可以抑制杂草播娘蒿和有害微生物全蚀病菌（*Gaeumannomyces graminis* var. *Tritici.*）。据此，大胆假设，根际微生物有助于根际微环境和化感作用的表达，可有效帮助作物抑制杂草和病害。

其实化感作用是生物之间的化学关系，是以次生代谢物质为媒介的生物相互作用。如植物，微生物、病毒产生的或残体腐解的化感物质影响另一生物的生长发育，或抑制，或促进，或无反应（Rice，1984）。在实际生态系统中，往往是多种生物发生复杂的化感作用，如植物与微生物共生的系统包含植物的化感作用、微生物的化感作用、植物与微生物的相互化感作用等。特别是作物的化感作用，可以减少农药使用，减少环境污染，免耕少耕覆茬，避免水土流失，改善土壤环境，提高根际生物多样性（Khanh et al.，2005）。如大麦、水稻、玉米、小麦、荞麦等作物均具有抑制杂草的化感作用（Ferrero 和 Tesio，2010）。这些作物的化感作用，配合合理的耕作间套种技术，可以实现农业的持续发展。

小麦化感作用可以实现多抗性，如抗草性、抗虫性、抗病害等，也可以开发农药化肥，如秸秆混耕、地表覆盖、保墒增肥等。Li 等（2011）报道化感小麦密度的增加，不仅增加了化感物质总量和浓度，而且可以提高其竞争力，对一年生硬直黑麦草抑制力增强。在伊朗的东南部 Kerman 地区，一年小麦-玉米两熟地区，小麦残茬在 90d 的腐解期内，可对玉米幼苗产生化感抑制潜势（Saffari 和 Torabi-Sirchi，2011）。因此，应合理利用小麦的化感作用，如选取合理的覆盖量、覆盖模式、覆盖时间等，一方面抑制杂草，另一方面减弱或消除小麦对其他作物的化感作用（Wu et al.，2001），这也是保护性农业未来的发展方向。有时，小麦的化感促进作用也可以用来消除杂草。如 Dong 等（2013）指出小麦根系分泌物或者根际土浸提液可以刺激有害寄生杂草小列当的种子萌发，导致无寄主寄生而后死亡。且这种化感促进作用与小麦的基因型、染色体倍数、品系、组织器官、提取溶剂等有关。小麦的栽培历史、选育进程和野外进化等无意识提高了其对寄生杂草的化感促进潜势，如普通小麦理论上可以作为列当属寄生杂草的诱捕作物或生态替代物种。

　　目前，很多研究涉及小麦化感物质的分离、鉴定和活性测定，Ma（2005）综述提出小麦中主要有三类化感物质：酚酸、（异）羟基肟酸、短链脂肪酸等。我们的研究组（Zuo et al.，2007，2012）发现小麦的化感遗传变异很大，在黄土高原推广的小麦中其化感作用变异率为 55%~95%。在小麦的生活史中，分蘖期的化感作用遗传变异最大，而灌浆期的化感作用化感变异最小，这种化感作用在不同生长期是非连续变化的。化感性状是数量遗传特性，已从 1A、2B、5D 染色体上鉴定出与小麦化感作用相关的 QTLs，下一步有必要从中鉴定出有关的化感基因。

　　小麦根区为根际范围 5mm 的区域，既是根系分泌物集聚区，也是微生物活跃区，是根系、土壤和微生物交互作用的功能场所。在根际区，微生物种类繁多（测定方法见表 7-1），种群动态和活性受植物根系影响。Singh 等（2008）在印度的 Garhwal Himalaya 地区一农林生态系统中采集了乔木的根际土壤，发现不同物种的化感作用显著不同。如 *Ficus roxburghii* 根际土对作物化感作用最强，而 *Boehmeria rugulosa* 毒性较弱。Kato-Noguchi 等（2007）发现紫外照射可诱导增强水稻分泌 momilactone B，从而增大根际土累积浓度。Momilactone B 具有微生物抗性，为水稻的主要化感物质，可增强水稻的根腐病抗性和对杂草的竞争力。小麦化感作用的化学基础、生理学基础和遗传学基础已被深入研究（Wu et al.，2000; Zuo et al.，2011，2012）。然而，关于微生物在小麦化感作用诱导和表达中的角色和地位的研究不多。本书鉴定和定量了四种化感型小麦根际微生物动态，同时测定土壤微生物量碳（soil microbial biomass carbon, MBC）和氮（soil microbial biomass nitrogen, MBN）以及土壤酶活性，尤其采用野外杂草看麦娘和小麦病原菌为受体生物，评估了各品种根际土浸提液的化感作用，试图剖析化感小麦与土壤、微生物的关系，这对于认识小麦化感作用、合理利用化感作用具有重要的理论和实际意义。

表 7-1　化感型根际土壤特征微生物的培养方法（用于定量测定）

培养条件	细菌	真菌	放线菌	纤维素降解菌	土壤固氮菌	硝化菌	硫杆菌
培养基	Beef extract peptone	Martin substratum	Gause's No.1	Cellulose Congo red	Ashby's without nitrogen	Improved Stephenson's	Sodium thiosulfate
温度/℃	30	28	28	30	28	30	28
时间/d	4	4	7	6	5	7	7

一、化感小麦根际微生物群落动态

（一）微生物培养方法

Zuo 等（2005）发现四个代表性品种：碧玛 1 号、丰产 3 号、宁冬 1 号和小偃 22 号分别具有高、中、弱、微弱化感作用或无化感作用。未播种小麦的荒地设为对照，调查它们的某些重要生长期（苗期、抽穗期、灌浆期、成熟期）。

（二）微生物种群动态

四种典型化感型小麦根际土均检测出三种主要微生物，如细菌、放线菌和真菌，它们的数量逐渐下降，即细菌数>放线菌数>真菌数。四个小麦测试材料细菌数量随生长期变化均表现为灌浆期>抽穗期>苗期>成熟期。在同一生长期，细菌和放线菌数量随品种变化，数量比较为碧玛 1 号<丰产 3 号<宁冬 1 号<小偃 22 号，这与化感作用的品系顺序相同。对于细菌数量，四个品种在抽穗期和灌浆期差异显著，这也反映了品系不同，代谢不同，根系分泌物对微生物的影响差异显著（图7-1（a）和（c））。关于真菌，最大数量出现在小麦抽穗期，最小数量在苗期。真菌数量对小麦生长期均表现为抽穗期>灌浆期>成熟期>苗期。不同品种中真菌数量与细菌的变化相同，碧玛 1 号根际土壤真菌量最小，小偃 22 号真菌数量最大。四个品种的化感作用与根际真菌数量呈显著正相关。特别在灌浆期，真菌数量在四个品种中差异显著（图 7-1（b））。实验进一步分析了土壤中的功能微生物，其中丰度排前四位的菌类被鉴定和分离定量（图 7-2）。对各基因型材料，成熟期具有最大数量的纤维素降解菌，这与成熟期纤维素含量最大呈正相关，其他三个生长期降解菌数量无显著差异。以小偃 22 号品种为例，发现其化感作用最强，其根际土壤有最多的降解菌（图 7-2（a））。此外，对四个品种，从苗期到灌浆期，固氮菌数量逐渐增加。然后，到成熟期，固氮菌数量下降。其中固氮菌的丰度最大和最小的时期分别发生在灌浆期和成熟期。固氮菌数量与小麦化感作用显著相关，这表明固氮菌可能有助于小麦化感作用诱导增强，如氮素的累积与含氮化感物质的正相关性（图 7-2（b））。硝化菌的变化趋势与固氮菌相似，与生长期密切相关，硝化菌数量比较为成熟期<苗期<抽穗期<灌浆期。硝化菌的数量也与化感作用呈正相关（图 7-2（c））。硫杆菌从小麦的苗期到灌浆期数量逐渐下降，而到成熟期硫杆菌数量增大。同理，硫杆菌与化感作用呈显著正相关（图 7-2（d））。

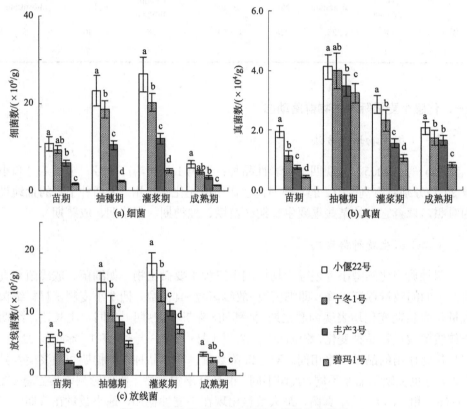

图 7-1　四种化感型小麦根际土壤微生物数量

小写字母表示 $P < 0.05$ 水平上的各处理差异

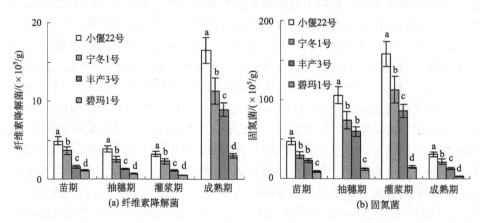

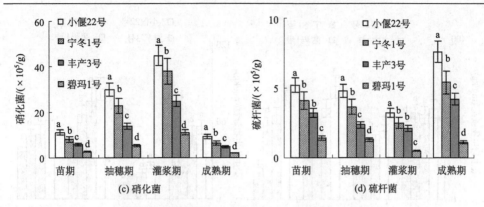

图 7-2　四种化感型小麦根际土壤功能微生物数量

小写字母表示 $P < 0.05$ 水平上的各处理差异

因此，小麦的化感作用与根际土的功能微生物显著相关，如固氮菌、硝化菌和硫杆菌，或者可以改善根际营养，间接改善小麦生长情况；或者这些微生物代谢物质与小麦根际分泌物协同增强化感作用。

二、土壤生物化学与根际化感作用

（一）土壤微生物生物量碳、微生物生物量氮和土壤酶

从四个化感型小麦品系根际土看，微生物生物量碳含量显著高于微生物生物量氮含量，表明土壤微生物代谢旺盛，土壤肥力高（图 7-3）。在生理生长期，微生物生物量碳逐渐升高；而在繁殖生长期，微生物生物量碳逐渐下降。灌浆期小麦的根际土中微生物生物量碳含量最高。在同一生长期，小偃 22 号品种微生物生物量碳含量最大，碳利用率最高；而碧玛 1 号微生物生物量碳含量最小，碳利用率最低。不同基因型小麦的土壤氮利用策略与土壤碳利用相似。对同一品系而言，土壤微生物生物量氮含量在灌浆期和抽穗期分别达到最高和最低。微生物生物量氮含量与化感作用呈正相关，这可能与一类以氮为主的化感物质分泌量有关，如微生物生物量氮含量比较为小偃 22 号>宁冬 1 号>丰产 3 号>碧玛 1 号。土壤微生物生物量 C/N 在苗期、抽穗期、灌浆期和成熟期分别为 5.62、6.75、3.31 和 3.63。不同品种 C/N 值的比较为小偃 22 号（4.52）<宁冬 1 号（4.69）< 丰产 3 号（4.75）< 碧玛 1 号（5.34），与化感作用呈显著负相关。土壤酶活性从苗期到灌浆期逐渐升高，到成熟期酶活性下降。其中化感作用最强的小麦品种小偃 22 号根际土壤酶活性最高，反之，化感弱的品种丰产 3 号土壤酶活性最弱。总体水平上酶活性比较为蔗糖酶>过氧化氢酶>脲酶>脱氢酶（图 7-4）。

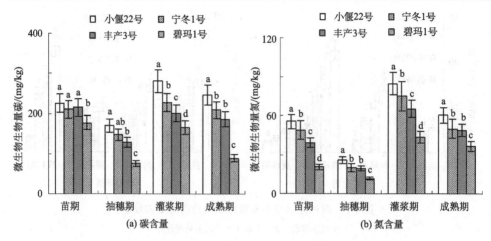

图 7-3　四种化感型小麦根际土壤微生物生物量碳和氮含量

小写字母表示 $P < 0.05$ 水平上的各处理差异

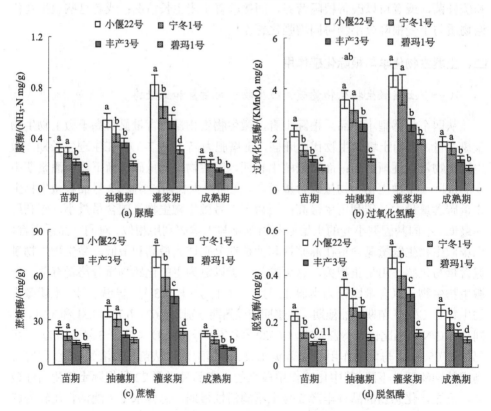

图 7-4　四种化感型小麦根际土壤酶活性

小写字母表示 $P < 0.05$ 水平上的各处理差异

（二）根际分泌物或土壤浸提液对杂草和根病原菌的化感作用

以根际土浸提液模拟化感型小麦的根系分泌物，发现根际土壤提取液可显著抑制杂草播娘蒿和根际病害全蚀病菌（图7-5）。两类受体生长的化感抑制潜势与生长期有关，从苗期到灌浆期抑制潜力逐渐升高，而后到成熟期化感作用下降。这可能与小麦能量守恒和分配有关，大部分能量分配给籽粒，则少量的能量分配给防御。对杂草和病害的抑制潜力相似，两实验结果与我们课题组研究的结果完全一致，为碧玛1号<丰产3号 < 宁冬1号 <小偃22号（图7-5）。然后，对杂草的抑制潜力强于病害，可能是病害具有更强的化感抗性。

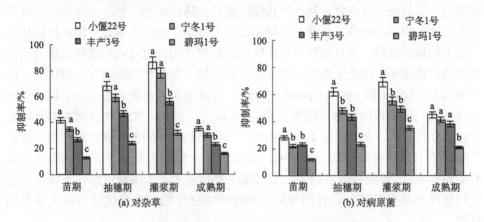

图 7-5　四种化感型小麦对野外杂草和病原菌的抑制潜力

小写字母表示 $P < 0.05$ 水平上的各处理差异

三、根际微生物与作物根系化感作用

本书中发现小麦对杂草和根际病害具有抑制潜力，主要来自根系分泌的化感物质。Wu 等（2000）从小麦幼苗中已鉴定出多种化感物质，如 *p*-hydroxybenzoic、*trans-p*-coumaric、*cis-p*-coumaric、syringic、vanillic、*trans*-ferulic、*cis*-ferulic acids、DIMBOA 等，前 7 类感物质的含量分别为 2.3~18.6μg/L、0.6~17.5μg/L、0.1~4.9μg/L、0.0~52.7μg/L、0.33~12.7μg/L、1.5~20.5μg/L、1.6~23.4μg/L（Wu et al.，2001）。化感作用的强弱与化感物质含量呈显著正相关，如化感作用强的品种，其化感物质浓度大，反之，化感弱的品种含有较少的化感物质。但目前，对化感物质的准确种类及数量、含量或浓度及评价化感作用的化感物质标准不甚清晰。此外，我们研究组调查发现，从碧玛 1 号、丰产 3 号、宁冬 1 号到小偃 22 号，农艺特征逐渐优化，如千粒重和产量越来越高（Zuo et al.，2011），但化感作用能力、防御能力未衰减，可能是外源根际微生物介入诱导增强了化感作用，从而弥补了能量分配不足情况下使小麦仍然具有防御能力。这种小麦与根际微生物的协作互动可以稳定遗传,如发现这种化感作用的遗传力为44%~88%,平均化感遗传力为55%。从化感物质DIMBOA上也发现了化感作用是数量遗传特征,可以遗传给子代(Motiul et al., 2001)。

微生物与小麦可能存在化感互作效应(Prin et al. 2009)。如本书发现化感型小麦根际微生物丰度显著高于未栽培小麦的荒地对照,以小偃22号品种为例,发现其化感作用最强,微生物数量也最高,如细菌、真菌和放线菌数量是其他品种的4.86~7.00倍、1.27~4.53倍、2.42~4.51倍。对细菌进一步挖掘发现,化感型小麦根系容易聚集更多有益的菌类,如固氮菌、硝化菌和硫杆菌。Klironomos(2002)也报道一些外来入侵植物,其次生代谢旺盛且化感作用强,相对本地种容易吸引更多的微生物如根瘤菌,帮助其入侵和适应入侵地生境。土壤微生物在植物化感作用中的功能多样,可直接释放代谢物发挥化感作用,也可以与植物化感协同提高植物化感作用,因此土壤微生物的丰度与植物(包括作物和杂草)的化感作用紧密相关(Wurst和 van Beersum,2009)。尤其杂草、作物和微生物组成的农业生态系统,化感作用复合作用更复杂。Zhou 等(2013)指出任意两者都可能发生化感互作效应,杂草、杂草与微生物、微生物均对作物的化感作用产生不同的影响。本书未分析杂草的干扰影响,仅发现了一些正面的结果,如化感作用强的品系小偃22号根系分泌物多,土壤微生物数量大,土壤酶活跃,土壤微生物生物量碳和氮含量高,这样的根际微环境将增强作物的竞争优势和病虫草害的抗性。

土壤中的提取物成分一般相对复杂,本书中只是粗提物,但主要还是小麦的根际分泌物。不同的品种,其分泌物组分和含量各不相同,但均具有一定的杂草和根病菌的化感抑制潜势。提取物本身就是多种成分的复合效应,多个未分离鉴定的物质存在联合作用,因此实验上的表观化感作用是一个协同作用,这个效应与土壤微生物有关。因此,微生物与作物协作应合理管理、有效利用,理论上可以作为一种杂草和病害的控制方法(Veiga et al., 2012)。未来,应在野外实际环境中,分离、筛选和鉴定出作物和微生物各自的化感作用,进行活性测定。

第二节　　杂草对不同基因型小麦的化感作用

作物地杂草不仅竞争有限的资源,如光、水、肥等,改变土壤微生物状况,而且化感作用强,对作物的萌发、生长、繁殖和产量产生显著影响和干扰。农田系统中的化感作用包括杂草-杂草、杂草-作物、作物-作物、杂草-微生物、微生物-微生物、作物-微生物等。杂草释放化感物质的模式有根系分泌、挥发、淋溶、残体分解等。外来入侵杂草的广泛蔓延对农业生态系统造成了严重危害，其强烈的化感作用是外来杂草成功入侵的原因之一。

小麦是中国主要的粮食作物，在农业生产中占有重要地位。目前小麦的减产已成为农业生产中比较严重的问题，麦田杂草是小麦减产的一个重要原因，因此防治与小麦共生的杂草是小麦增产的重要环节。农田常见伴生杂草对作物的化感作用研究比较广泛，这种研究对合理耕作具有重大意义。

一、杂草对小麦萌发和幼苗生长的影响

小麦大田存在一些重要杂草，如播娘蒿、硬直黑麦草、胜红蓟、问荆（*Equisetum arvense*）等，它们显著影响小麦的产量和农艺性状，可能是由于化感作用影响导致。Jabeen 等（2011）指出杂草和作物之间存在化感互作效应。如高粱可以抑制杂草滋生，可作为覆盖作物进行除草处理。而小麦对杂草的化感作用弱于杂草对小麦的化感作用，在混播中杂草 *Asphodelus tenuifolius* 可降低小麦幼苗的株高。Li 等（2011）指出播娘蒿的挥发油可降低小麦发芽率，为 6.1%~34.9%，也降低了小麦根系和茎组织的长度与干重，尤其减少了小麦根际土中微生物的数量。Amini 等（2011）指出一年生硬直黑麦草和小麦共生栽培时，小麦的根重和茎重显著降低，其中 6~8d 的硬直黑麦草幼苗具有最强的抑制作用，而且硬直黑麦草的密度显著影响其化感抑制作用。同时发现不同的小麦品种对硬直黑麦草的化感抗性显著不同，可能是小麦的遗传机理所致。Lodha 和 Singh（2007）报道多年生盐生杂草 *Cressa cratica* 对大田作物具有化感抑制效应，如对小麦种子萌发抑制率为 70%，对根长和苗长抑制率为 90%和 88.2%。Gao 等（2009）报道杂草胜红蓟提取物对小麦的化感作用与其浓度有关。在 0.05g/mL 时，对种子发芽的抑制率为 9.09%；在 0.025g/mL 时，对幼苗胚根和胚芽的抑制率分别为 81.28%和 74.63%。而在 0.1g/mL 时，对幼苗胚根和胚芽的抑制率分别为 57.38%和 82.21%。郑景瑶等（2014）指出 5mg/mL、30mg/mL 问荆水浸液对小麦种子萌发率无显著影响，而 70mg/mL、100mg/mL 显著降低小麦种子萌发率。100mg/mL 处理后小麦苗高降低，其他浓度处理后各品种小麦的苗高都增加。各浓度处理后，不同品种小麦幼苗的干物质量减少，过氧化物酶活性升高，四个品种小麦幼苗的可溶性糖含量显著降低。70mg/mL、100mg/mL 处理后小麦幼苗的丙二醛含量都显著增加。随浓度的增加，小麦幼苗的过氧化氢酶活性显著升高。不同的小麦品种，其受体反应不同。

大田菊科杂草对小麦也具有强烈的化感作用。芦站根和周文杰（2011）发现黄顶菊（*Flaveria bidentis*）浸提液对小麦种子发芽率、发芽势、幼苗根长和苗高均有抑制效应。小麦种子相对发芽率与黄顶菊根、茎叶浸提液质量分数均呈极显著负相关。化感作用指数和化感作用综合指数均随根、茎叶浸提液质量分数的增

加而增大。黄顶菊茎叶浸提液对小麦的抑制效应大于根浸提液。黄顶菊浸提液对小麦根部生长的影响大于对地上部生长的影响。小麦苗期对化感物质的敏感程度强于萌发期。何军等（2004）报道菊科植物青蒿（*Artemisia annua*）的乙醇浸提物对小麦的化感作用总体上呈现出低促高抑的现象，且随着浓度的增大抑制作用增强；其中浓度为 0.1g/L 的溶液对小麦种子萌发的促进作用最为明显，浓度为 0.01g/L 的溶液对小麦幼苗的根伸长和苗伸长促进作用最明显，当浓度达到 50g/L 时完全抑制了小麦种子萌发并且强烈地抑制了小麦幼苗的根伸长和苗伸长。Tanveer 等（2008, 2010）发现菊科植物苍耳（*Xanthium strumarium*）、大戟科草本植物泽漆（*Euphorbia helioscopia*）的各个组织和根际土均有化感作用，如泽漆根际土可显著降低小麦幼苗的活力指数、根长和干重，而且根、茎、叶、果实等也具有化感作用，其中叶片的潜势最强。董芳慧等（2014）指出刺苍耳（*Xanthium spinosum*）根、茎和叶水浸液对小麦和苜蓿种子的萌发均具有较强的抑制作用，且化感作用随浸提液浓度的增加而增强。刺苍耳化感抑制作用，不仅表现为降低种子的最终发芽率，还表现为延长种子的萌发周期。化感作用强度表现为叶＞根＞茎。

许多研究涉及杂草对小麦的化感作用。Dongre 和 Singh（2011）测定了 14 类杂草叶片提取液对两个小麦品种发芽、幼苗苗长、根系的影响。其中各杂草对小麦种子发芽的抑制率为 *Caesulia axillaris* 33.1%、琉璃繁缕（*Anagallis arvensis*）31.7%、齿果酸模（*Rumex dentatus*）25.1%、胜红蓟 22.5%、水苋菜（*Ammania baccifera*）19.2%、叶轴香豌豆（*Lathyrus aphaca*）18.5%、藜（*Chenopodium album*）17.1%、*Melilotus indica* 13.5%、火柴头（*Commelina bengalensis*）10.11%、异型莎草（*Cyperus difformis*） 6.1%、莎草 5.7%、*Desmodium trifolium* 4.9%、珠子草 3.4%、细花丁香蓼 2.1%。这些杂草对茎长的抑制率为 1.1%~36.7%，对根系的抑制率为 1.2%~52%，杂草琉璃繁缕有最大抑制率，而火柴头有最小抑制率。Oudhia（2001）发现 6 种杂草银胶菊、见霜黄（*Blumea lacera*）、马缨丹、牛角瓜（*Calotropis gigantea*）、曼陀罗、树牵牛（*Ipomoea carnea*）显著影响小麦种子萌发和幼苗活力。Agarwal 和 Rao（1998）报道四种杂草显著影响小麦发芽：胜红蓟、*Melilotus indica*、龙葵、莎草的发芽抑制率分别为 5%~36%、36%~98%、2%~84%、2%~57%。Dongre 和 Singh（2007）通过盆栽实验评价了三种杂草皱果苋（*Amaranthus viridis*）、银胶菊、腋花蓼（*Polygonum plebeium*）水提物（0、10%、20%）对小麦 HUW234 幼苗生长的影响。所有杂草的叶提取物均显著抑制小麦生长。在处理 30~90d 后，所有的生长参数都受到抑制，如根长、苗长、叶面积、根系生物量、茎生物量、总生物量、小穗数、种子质量等，这种抑制效应与浓度有关。

二、杂草对小麦植株生长的影响及其化感机制

杂草对小麦的化感机制是杂草化感物质对植物细胞膜透性、细胞结构、植物激素、矿质离子和水分吸收、酶功能和活性、呼吸作用、光合作用、蛋白质合成和基因表达等方面产生影响。Saxana 等（2003）报道了三种杂草（胜红蓟、*Melilotus indica* All.、银胶菊）提取物对三个小麦品种（UP-2338、PBW-226、RR-21）的化感作用，如种子发芽、幼苗生长、营养元素（^{32}P、^{65}Zn）的吸收和分布等。杂草提取物对小麦种子萌发和幼苗生长（如长度、干重）有显著影响，据此，PBW-226 是抗性种，RR-21 是敏感种。胜红蓟对三个小麦品种生长抑制率最大。当杂草提取物浓度增大时，对小麦营养元素吸收干扰越强，即小麦对 ^{32}P、^{65}Zn 的吸收率逐渐下降。*Melilotus indica*、胜红蓟分别对 ^{32}P、^{65}Zn 吸收的影响最大。如一般 ^{32}P 在小麦各部分中的吸收含量分布为根茎连接区>根>茎>叶，杂草化感作用将影响这种分配和蓄积。从杂草提取物中分离、鉴定出功能化感物质，如五倍子酸、香草酸、原儿茶酸、对羟基苯甲酸等。总之，三种杂草的化感作用：胜红蓟>*Melilotus indica*>银胶菊。

Sarika 和 Rao（2010）研究了一些杂草胜红蓟、藜、狗牙根（*Cynodon dactylon*）、白香草木犀（*Melilotus alba*）、银胶菊、小子虉草、龙葵等水提物对小麦幼苗的干重、叶绿素（a、b、a+b）、类胡萝卜素、脯氨酸、净光合速率、净蒸腾速率、气孔阻力的影响。受体小麦包括 10 个品系，如 PBW-154、PBW-343、PBW-373、PBW-443、PBW-502、RR-21、UP-262、UP-1109、UP-2382、UP-2425。除了狗牙根、小子虉草之外，其他杂草显著降低小麦幼苗的干重。小麦叶绿素 a 被胜红蓟和龙葵降低 100%，被狗牙根和银胶菊降低 90%，被白香草木犀降低 80%，被小子虉草降低 70%，被藜降低 30%。胜红蓟、白香草木犀、龙葵；银胶菊；小子虉草；狗牙根；藜分别降低小麦叶绿素 b 80%、70%、60%、50%、20%。除了狗牙根对 PBW-154，藜和狗牙根对 RR-21，狗牙根对 PBW-343、PBW-443、UP-2382之外，杂草提取物显著增加了小麦的脯氨酸含量。相比对照，所有杂草提取物降低了 10 个小麦品种的净光合速率（μmol/（m^2·s））、净蒸腾速率（mmol/（m^2·s））、气孔阻力（m^{2}s/mol）。研究结果表明 PBW-154、PBW-373、PBW-443、UP-1109为抗性品种，而其他的小麦品种为敏感型。这些杂草对小麦的化感作用的比较为银胶菊>白香草木犀>胜红蓟>龙葵>藜>小子虉草>狗牙根，推测杂草中的化感物质是酚酸类、生物碱、类萜。

Abu-Romman 等（2010）指出大戟（*Euphorbia pekinensis* Rupr.）可降低小麦种子 30%萌发率，同时小麦幼苗根长、苗长、蛋白质和叶绿素含量也受到抑制。Joshi 等（2009）发现四种杂草胜红蓟、藜、狗牙根、银胶菊提取物不仅抑制小麦萌发和幼苗生长，而且降低了小麦植株的叶绿素、脯氨酸和蛋白质含量。焦浩等（2014）指出问荆根茎水浸液对各品种小麦根冠比及叶片可溶性糖含量、过氧

化氢酶活性、过氧化物酶活性具有促进作用，对小麦叶面积、叶长、干物质积累具有抑制作用，且促进和抑制作用均随问荆水浸液浓度的增加呈增强趋势。Hagab和 Ghareib（2010）发现田旋花低浓度甲醇提取液（75ppm、150ppm、300ppm）对小麦根茎的长度和干重具有促进作用。此外，小麦受体的叶绿素、碳水化合物、蛋白质、酚酸含量也诱导提高。随着提取物浓度增大，脂质过氧化和 H_2O_2 含量降低，但抗氧化酶体系 CAT、SOD、POD、phenoloxidase 活性诱导增强。当甲醇提取物浓度为 600ppm 时，各项受体生理指标明显被抑制。从甲醇提取物中鉴定出主要化感物质 p-coumaric acid、p-hydroxybenzoic acid，还含少量的 resorcinol、cinnamic acid。

张冬雨等（2014）揭示加拿大一枝黄花水浸提液对小麦种子萌发的抑制作用与 α-淀粉酶活性的变化有关，对小麦幼苗生长的抑制作用与脂质过氧化作用和根系活力的变化有关。如在水浸提液质量浓度为 0.025g/mL、0.05g/mL 和 0.10g/mL 时，加拿大一枝黄花对小麦种子萌发和幼苗生长表现出很强的抑制作用，而且抑制强度随水浸提液质量浓度的增加而增强。水浸提液抑制小麦种子 α-淀粉酶的活性在 0.03g/mL 时达到显著水平。水浸提液处理小麦 7d 后，小麦叶片中 SOD、POD 和 CAT 活性均受到抑制，MDA 含量显著升高，作用强度随水浸提液质量浓度的增加而增强。处理 14d 后，SOD 与 CAT 活性呈现出不规律性波动，MDA 含量仍呈上升趋势，总体水平低于 7d 时的试验结果。POD 活性呈下降趋势，但与对照无显著差异，总体水平高于 7d 时的试验结果。水浸提液处理后，小麦根系活力升高，随着处理时间延长，根系活力有所下降。陈业兵等（2010）采用温室盆栽法研究了银胶菊花水浸提液对小麦化感作用及其生理生化机制，如银胶菊的花水浸提液抑制小麦叶片光合作用，提高了小麦叶片的 MDA 含量，并降低了小麦叶片 SOD、POD 和 CAT 的活性。花水浸提液抑制小麦种子萌发和幼苗生长，且抑制强度随浸提液浓度的升高而加强。随着花水浸提液浓度的增加，小麦叶片光合作用、光合色素含量和过氧化氢酶活性下降，磷和丙二醛含量升高，氮含量呈现先降低后趋于正常的变化趋势，硝酸还原酶活性先降低后升高，谷氨酰胺合成酶活性无显著变化，而过氧化物酶和超氧化物歧化酶活性则呈现先升高后降低的变化趋势。杨超和慕小倩（2006）指出播娘蒿中化感物质的作用位点可能是小麦细胞膜，对小麦的有丝分裂有抑制作用。王硕等（2006）发现杂草黄花蒿主要影响小麦的抗氧化性酶活性。如随着黄花蒿浸提液质量浓度的增加，小麦幼苗超氧化物歧化酶（SOD）和过氧化氢酶（CAT）活性均呈先升高后降低的趋势，而过氧化物酶（POD）活性总体呈上升趋势；黄花蒿浸提液还能使小麦幼苗丙二醛（MDA）含量升高，可溶性蛋白含量下降。张敏等（2010）发现经紫茎泽兰叶粉末处理后，小麦根系活力显著降低，丙二醛含量降低，超氧化物歧化酶活性和过氧化物酶活性显著增强，但叶绿素含量变化不大。

三、杂草的化感物质

杂草对小麦的化感干扰作用主要是通过化感物质实现的。因此，许多研究关注杂草的化感物质种类、含量、受体、分离检测方法等。如 Zhou 等（2013）发现野燕麦和马唐的精油对小麦具有化感作用，降低小麦干重，并诱导小麦产生防御物质 DIMBOA。这种化感作用可以通过空气、滤纸和土壤介质检测。利用气相色谱和气-质联用分析精油：单萜烯类、氧化性萜类、倍半萜烯类、氧化性倍半萜烯类等，具体为马唐含有 52 种成分，野燕麦含有 28 种组分。Shao 等（2013）发现沙漠植物骆驼蓬（*Peganum harmala*）对小麦有化感作用，可减小小麦幼苗的根长和芽长。其中的化感物质主要为两类生物碱 harmine 和 harmaline，总生物碱含量在骆驼蓬种子中含量最高，在根、茎、叶组织中均发现不同量的生物量。Kong 等（2007）指出三裂叶豚草（*Ambrosia trifida*）植株和根际土可化感干扰小麦的生长，并从中鉴定出两类化感物质 1α-angeloyloxy-carotol、1α-(2-methylbutyroyloxy)-carotol，浓度为 13.7~43.2μg/g，两者对小麦的抑制浓度阈值分别为 11.5μg/g、16.3μg/g。杂草中的典型化感物质如表 7-2 所示。

表 7-2　一些杂草的主要化感物质

杂草	部位	化感物质	受体	反应	文献
Ageratum conyzoides	挥发油	precocene Ⅰ、precocene Ⅱ、β-caryophyllene、3,3-dimethyle-5-tert-butylindone Fenchyl acetate γ-bisabolene	萝卜、绿豆、黑麦草	质膜透性	Xu et al., 1999; Kong et al., 1999
Anagallis arvensis	植株	oleanane Anagallosaponins Anagallosides Desgluco-anagalloside Apo- anagallo-saponins Flavonoid anthocyanins	鹰嘴豆	发芽 生长	Shoji et al., 1994; Kawasthy et al., 1998
Chenopodium album	种子根、叶、细胞培养液	Teracos-1-ene Octadec-1-ene Pentatria-contane Pentetriacont-1-ene Lupeol octahetracontane	豌豆	生长受阻	Bera et al., 1992; Corio-Costet et al., 1993
Desmodium oxyphyllum	叶 地上部	Coumaronochromones Isoflavones Desmodimine Desmodilactone Lupenone Lupeol、Tritriacontane Stearic acid、Eicosanoic acid Picosyl ester、β-sitosterol			Mizune et al., 1992; Yang et al., 1993

续表

杂草	部位	化感物质	受体	反应	文献
Lathyrus sativus	幼苗	3-*N*-oxalyl-L-2-3 Diaminopropanoic acid			Lambein et al., 1993
Melilotus alba	叶片	Pterocarpanoid medicarpin（3-hydroxy-9-methoxy-pterocarpan; 3,8-dihydroxy-9-methoxy-pterocarpan			Al-Hazimi 和 Al-Andis, 2000
Melilotus indica	提取物	Gallic vanillic *p*-hydroxybenzoic protocatechuic acids	小麦	发芽、幼苗生长、干重、营养吸收	Saxena et al., 2003
Peganum harmala	种子	harmine、harmaline	小麦、生菜苋、黑麦草	幼苗长度	Shao et al., 2013
Seven weeds	干草	Gallic, *p*-hydroxybenzoic, pprotocatechuic, caffeic, vanillic acids	小麦	种子发芽	Sharma et al., 2009
Amaranthus viridis	植株	*p*-hydroxybenzoic, ferulic, sinapic, salicylic, chlorogenic, gentisic, vanilic and synergic acids	小麦	发芽率, 苗长、根长	Ali et al., 2005
Centaurea diffusa, *Centaurea tweediei*	根际土 地上部	Cnicin, onopordopicrin	小麦	种子发芽和幼苗生长	Cabral et al., 2008
Ambrosia trifida	残株 根际土	1*α*-angeloyloxy-carotol、1*α*-(2-methylbutyroyloxy)-carotol	小麦	幼苗生长	Kong et al., 2007
Convolvulus arvensis	根、茎	Chlorogenic acid, rutin *p*-coumaric acid, *p*-hydroxybenzoic acid, resorcinol, cinnamic acid	小麦、番茄、玉米、油菜	萌发、幼苗	Kazinczi et al., 2007; Hagab et al., 2010

四、杂草对小麦化感作用的影响因素

一些生物影响因素，如品种和微生物等，在杂草对小麦化感作用中有一定的影响。如何红花等（2007）报道拉拉藤（*Galium oparine*）对不同小麦品种均存在一定程度的化感作用，但是化感作用的强度在不同小麦品种间存在显著差异，这种差异可能是由小麦品种的遗传特性决定的。以化感作用指数（RI）值为化感作用的评价指标，结合聚类分析的方法，将 15 个小麦品种分为 3 组，其中拉拉藤对小偃 22、远丰 175、西农 979、郑麦 9023 和西农 889 五个品种的化感作用较弱，这五个品种表现出较强的抗草潜力。王慧一等（2015）发现杂草问荆可导致小麦根际土壤性质、微生物数量及酶活性显著变化。在不同浓度问荆水浸液处理下，土壤碱解氮、速效磷、有机质含量随问荆水浸液浓度增加而减少；土壤细菌、真菌、放线菌数量随问荆水浸液浓度增加而减少；土壤过氧化氢酶活性随问荆水浸液浓度增加而升高，而磷酸酶、脲酶活性随问荆水浸液浓度增加而降低，转化酶活性未发生变化。Mishra 和 Nautiyal（2012）指出银胶菊对小麦具有化感作用，可分别降低根长、苗高和植株干重 43.76%、53.08%、78.65%。当小麦转接恶臭假单胞菌（*Pseudomonas putida* NBRIC19）后，小麦幼苗根长、苗高和植株干重在化感胁迫下抑制率降低、生理得到修复，而且穗长和总叶绿素含量提高。可能的机理是：恶臭假单胞菌可在小麦介质上生成生物膜，诱导小麦化感抗性基因表达。在银胶菊的化感生物胁迫下，转接恶臭假单胞菌的小麦抗氧化性酶 CAT、APX 的活性较低，表明小麦菌株受到更少的胁迫。同时，发现小麦菌株根际土壤具有更高的微生物多样性，改变了野生株的根际土壤微生物群落，可能这些有益的根际微生物参与了银胶菊化感物质的降解代谢，降低其毒性，有助于小麦的生长和对化感胁迫的抗性。

　　另外一些非生物的环境因子也影响杂草对小麦的化感作用，如外源化学物质、温度、土壤条件等。Deef（2012）指出外源水杨酸可以缓解杂草 *Launae sonchoids* 对小麦的化感抑制潜势，其缓冲机理是水杨酸可以帮助小麦合成甜菜碱物质，阻止叶绿素含量的降低，抵御外来的化感胁迫。如当 25% 的 *L. sonchoids* 茎水提液处理小麦幼苗时，浸泡水杨酸不但没抑制小麦生长反而使其受到促进，生物量诱导增加。当 75% 和 100% 的 *L. sonchoids* 水提液抑制小麦种子萌发时，若添加 0.5mmol/L 的水杨酸，可以减弱这种抑制潜力。杂草对小麦的化感胁迫可导致小麦植株内的抗氧化物质谷胱甘肽和氮含量降低。灰绿藜的叶片提取液对小麦种子萌发无显著影响，但降低了小麦幼苗的株高和生物量。若配合 0.2%~0.4%NaCl 溶液，则显著提高灰绿藜叶片提取液的化感作用。其中，小麦幼苗的根系比茎更敏感。生长介质中添加灰绿藜叶片提取液，小麦茎中的 Na 含量降低，但 K、Ca 含量升高。但 NaCl 溶液和灰绿藜叶片提取液结合处理，小麦茎中的 Na、K、Ca 含量均增加。Aziz 等（2008）指出成熟期拉拉藤具有化感作用，如其水提取物可分别降低小麦幼苗根长、苗长、生物量的 34%~67.9%、10.4%~61.6%、16.5%~38%。拉拉藤的果实对小麦幼苗根长、苗长、生物量具有最强的抑制效应。根际土壤的化感作用降低了小麦幼苗的苗长、干重和生物量，但增加了根系干重。而根系提取物增加了 32.4% 的茎干重和 11.4% 的幼苗生物量。温度显著影响拉拉藤化感作用表达，在 20℃，50% 受体发芽时间和发芽系数最大；在 15℃，受体发芽时间最长。Abbas 等（2010）指出蓼科植物南方三棘果（*Emex australis*）水提物和根际土可负面影响小麦种子萌发和早期幼苗生长。尤其在不同温度下，其对小麦化感作用不同。如在 15℃下，茎提取物抑制出苗率 15%，根干重降低 23.96%，幼苗植株下降 34.86%。在 20℃下，叶提取物抑制根长 42.96%，茎长降低 42.03%，茎干重下降 42.86%。在 15℃下，茎提取物对小麦种子发芽率抑制最大。在 15℃下，提取物导致小麦种子发芽延迟，时间加长。张凤娟等（2010）指出豚草（*Ambrosia artemisiifolia*）的残留物及其水浸提液均对小麦的早期生长有抑制作用，且残留物水浸提液对苗长的影响较残留物大，豚草残留物可通过改变土壤的理化性质来影响小麦幼苗的生长。豚草残留物对土壤理化性质有显著影响，且随着土壤中豚草残留物浓度的增加，土壤的 pH、电导率、有机碳含量及酚酸含量均有不同程度的升高，这些因素的综合作用抑制了小麦幼苗生长。燃烧及未燃烧的豚草残留物及其水浸提液均对小麦有化感作用，因此不能用燃烧的方法消除豚草残留物对本地植物的影响。

第三节　植物化感作用的非生物环境影响因素

植物化感作用的影响因素很多，主要分为两类，一类是生物因素，如杂草、害虫、病害、微生物、人为扰动、动物取食等；另一类是非生物环境因素，如土壤综合环境、气候因素、无机胁迫因子等。化感作用由多种化学成分同时作用，同时与环境条件密切相关。植物产生分泌物的数量及性质不仅取决于有机体的生理特性，而且会受到外界条件的影响。与生长在正常环境中的植物相比，化感作用在逆境中表现得更为强烈，生长在养分不足、温度或湿度极端环境中的植物对化感作用更敏感。所以，在评价化感作用时，除考虑受体和生物因素外，也应考虑环境中其他物理、化学条件。如臭氧层的损害和温室效应的发生、紫外线和大气中二氧化碳的增加都能导致植物次生物质如酚类、萜类的增加。本节综述了可能影响植物化感作用的非生物环境影响因素，以期对小麦化感作用与环境因素的相关性研究提供理论借鉴。

一、土壤环境

土壤理化性质和微生物会对化感物质的产生、释放、积累以及活性产生影响。在砂质土壤中水溶性的化感物质更容易被淋溶。当土壤养分缺乏时，植物产生和释放次生代谢物质的能力会发生相应变化，即释放次生代谢物质的含量增加或减少，但在大多数情况下次生代谢物质的含量增加。土壤无机离子与化感物质会在一定程度上相互作用，如酚类和萜类物质可以明显抑制土壤硝化过程，对植物群落的肥力供应产生影响。同时土壤酸碱度、无机物含量及其他微生物碳源也会对酚类物质的毒性产生影响。

1. 土壤水分

钟宇等（2009）指出不同土壤水分条件下生长的巨桉（*E. grandis*）均对紫花苜蓿表现出明显的化感作用。巨桉叶片水浸液显著降低了紫花苜蓿的发芽指数，且随着巨桉生长土壤水分的减少，降低作用增强。生长在低水分（40 ％和 30%FC）条件下的巨桉，其高浓度叶片水浸液显著抑制紫花苜蓿幼苗生长，但其低浓度叶片水浸液促进种子发芽。而生长在高水分（75%和 55%FC）条件下的巨桉，其低浓度叶片水浸液促进紫花苜蓿幼苗生长，高浓度叶片水浸液提高了种子发芽率。Dias 和 Dias（2000）报道曼陀罗（*Datura stramonium*）可以影响受体鹰嘴豆、稻、亚麻（*Linum usitatissimum*）、大麦、小麦萌发和幼苗生长，以及线虫和微生物生长发育。其中的化感物质是 hyoscyamine 和 scopolamine，这些物质的产生和累积主要受土壤 pH、矿物质和水分的影响。

2. 土壤肥力

胡飞等（2003）测定表明水稻化感品种华航 1 号在较高水肥条件下化感作用较强，而在较低水肥条件下化感作用下降。在较低水肥条件下华航 1 号化感物质没有显著变化，只是次生物质种类有所增加，尤其是一些具有抗病功能的次生物质的含量有所增加。张付斗等（2011）发现长雄野生稻化感作用在干旱与不施氮水平下最强，对稗草根长与干重的抑制率分别达到 69.3%和 74.6%，但随着施氮水平的提高与淹水时间的延长而降低；田间则以干湿交替条件下控制稗草效果最好，旱种管理后进行灌水能显著提高野生稻控制稗草的效果。水分与氮互作效应对长雄野生稻化感作用及其田间抑制杂草效果极显著，对 F_1 代化感作用及其田间抑制杂草效果也达显著水平。刘宝等（2010）指出杉木桩在不同 N 素水平下分解 6个月后，各处理浸提的化感物质对杉木种子发芽具有不同的化感作用。加 NH_4Cl处理的化感物质对杉木种子发芽的促进效应大于不加 N 处理的，也大于加 $NaNO_3$处理的。不同 N 素条件下，自毒物质的种类不同，化感作用也不同，或者是自毒物质的作用方式不同。Sun 等（2014）指出水稻对稗草的化感作用与土壤反馈有关，如土壤营养和微生物影响水稻的化感作用，反之，水稻的化感作用影响土壤的生物和理化性状。水稻不同生长期，水稻的化感性状（化感稻和非化感稻）、根际化感物质、单播或与稗草混播等模式与土壤的相互反馈显著不同。

3. 土壤质地

Belz 等（2009）报道外来入侵植物银胶菊主要通过释放化感物质银胶菊碱（parthenin）抑制本土植物，成功实施入侵。在土壤中研究降解反应，发现银胶菊碱的平均衰减期（DT_{50}）是 59h。当土壤环境为灭菌、低土壤水分、高浓度化感物质时，降解延迟。如果土壤温度、阳离子交换量（cation exchange capacity，CEC）增高时，降解速率提高。因此，土壤理化性质和生物环境将影响化感物质的形态、生物有效性、活性持久性、转化等。银胶菊碱在土壤中植物毒性较低，随时间累积性不高，但在土壤环境影响下，其毒性和持久性可能增强。Callaway 等

（2014）指出土壤质地影响外来种牧豆树（*Prosopis juliflora*）的有条件的化感作用。这个前提条件是牧豆树叶片产生酚类物质，在根系累积。根系土壤化感物质总酚和 L-tryptophan 和化感作用强于周边土壤，沙土比砂黏土化感作用强。Laosinwattana 等（2010）发现 *Suregada multiflorum* 化感除草效应与生长介质有关，如抑制潜力为滤纸=砂石>黏土。

4. 土壤理化性质

倪广艳和彭少麟（2007）认为土壤中除了 pH、有机质、化学元素等化学性质外，还有很多其他化学性质，甚至物理性质会一起影响化感物质，土壤理化性质还会与土壤生物，尤其是微生物相互影响，共同作用于化感物质。可见，土壤环境作为一个具有良好调节功能的完整体系，在外来植物入侵的"新式武器"中具有重要作用。肖辉林等（2006）综述了植物化感物质及化感作用与土壤养分的相互关系，指出土壤养分缺乏，影响许多植物化感物质的产生，从而影响植物的化感作用；反过来，植物化感物质也通过络合、吸附、酸溶解、竞争、抑制等方式影响土壤的养分形态和水平。土壤养分缺乏可使植物产生和释放次生物质的能力发生变化，包括次生物质含量的增加或减少，并且在大多数情况下有所增加。反之，许多化感物质不仅影响邻近植物的生长发育，也影响土壤的理化性质，改变其养分状况，进而影响植物的吸收和生长。

5. 土壤反馈

李秋玲和肖辉林（2012）综述的当前的研究进展显示：①土壤因子（土壤质地、有机无机物质和水分）影响土壤中化感物质的植物毒性。化感物质到达土壤后，通过微生物分解、表面吸附、聚合作用、pH 变化、离子交换、改变氧气浓度等各种机制，将发生许多变化，这些变化包括从降低植物毒性至提高惰性次生代谢物的毒性。土壤的吸附、解吸和降解控制了化感物质的潜在生物有效性。化感物质要达到对植物有化感作用，必须长期持续地存在土壤中，以至它们在溶液中累积到引起化感作用的较高水平。②土壤微生物活性决定了化感物质的活性，它们不仅钝化了植物毒素，而且还释放了新的有毒化合物。土壤微生物酶和菌根影响植物化感作用和土壤养分水平的相互关系，而化感物质也能改变土壤微生物区系的结构和活性。③植物次生代谢物由于它们对土壤硝化细菌的影响和以有机形态对氮的固定而影响氮循环。微生物和各种物理、化学的降解过程，影响从植物和土壤中释放的化感物质的去向。

二、植物生境

1. 土壤生境

植物生境如土壤养分、酸碱度、温度和水分等会对化感作用的表达产生显著影响。一些杂草在耕作地和非耕作地中表现出的化感能力不同。而且与非耕作土壤相比，耕作土壤存在更多的酚类化感物质。黄高宝等（2005）综述了土壤养分、酶、微生物、本底特性，根茬还田、水分、植物根系、种植体系和种植模式与化感作用的互作关系，表明这些因子可通过对土壤养分有效性、微生物种群结构、土壤酶活性和化感物质浓度的影响而对化感作用产生直接或间接影响，这些可为通过化感作用途径构建高效农田生态系统提供新的思路。Alamdari 和 Deokule（2009）指出稻田杂草根际土对水稻具有化感抑制作用，如稗草根区土壤降低水稻种子发芽率，胚根和胚轴伸长受到抑制，可能是杂草根际土中的 pH、电导率（electrical conductivity，EC）、总氮、磷、钾、锌、铜、镁、铁等共同参与影响其对水稻的化感干扰作用。反之，杂草的化感物质或化感表达也影响根区土壤性质，如稗草根区土壤相比于其他杂草和无草区，总氮、有机质和磷含量更低。杂草化感可能影响土壤化学性质并降低了土壤肥力。

沈荔花等（2008）指出外来入侵杂草加拿大一枝黄花具有较强的生物干扰能力，在不同氮素水平下，其资源竞争能力较强且表现稳定，但化感作用潜力则随供氮水平的下降而明显增强。同理，水稻 PI312777 具有较强的生物干扰能力，在不同 N 水平下，其资源竞争能力较强且表现稳定，但化感作用潜力则随供 N 水平的下降而明显增强（熊君等，2005）。戚春林等（2013）指出马缨丹在不同生境中其不同部位均能产生较强的化感作用物质，以抑制其他植物种子的萌发和生长，而且在温暖湿润的生境中其化感作用显著高于高温干旱的生境。Peng 等（2009）证实了外来入侵植物薇甘菊（*Mikania micrantha* H. B. K）通过根际化感作用改变了土壤营养环境和氮转化，提高了土壤营养利用率，如可抑制伴生杂草种子萌发和幼苗生长，C、N、NH_4^+、净硝化速率比空旷地更高。同理，其水提物也显示相同结果。这样有利于外来植物在新生境入侵和定植。

于兴军等（2004）发现不同生境条件下紫茎泽兰化感作用的变化与入侵力存在显著相关性。如不同生境的紫茎泽兰茎和根的化感作用存在差异，即公路边>落叶阔叶林下>常绿阔叶林下。对于不同样地的紫茎泽兰的入侵力，地上部分的化感作用比地下部分具有更大的贡献力。落叶阔叶林下和公路边的紫茎泽兰生长旺盛，现存单位面积生物量远远高于常绿阔叶林下，这将促使落叶阔叶林和公路边生境的单位面积上的紫茎泽兰种群的化感作用大于常绿阔叶林下的紫茎泽兰种群，使落叶阔叶林和公路边生境的本地植物群落比常绿阔叶林下的本地植物群落面临更大的竞争压力，加速落叶阔叶林下和公路边生境的本地植物群落的衰退。Liang 等（2004）比较了杂草胜红蓟挥发油在不同生长期和不同生境的化感作用，其中在开花前期、开放路边化感作用最强，果园冠层下（50%遮阴）生境化感作用最弱。同理，挥发油成分及其中的化感物质 precocenes、*β*-caryophyllene、*β*-bisabolene、*β*-farnesene 在不同生长期和不同生境均存在显著差异，挥发油化感作用是这些主要化感物质的协同效应。

2. 水体生境

Zuo 等（2012）发现不同生境生长的喜旱莲子草化感抑藻潜势不同。如在潜水中或岸边生长的喜旱莲子草生态适应性更强，抗氧化性物质含量更高。其中的机制可能是不同生境，其无机营养和复杂生物关系可能影响化感作用表达。Weberg 等（2008）评述水体富营养化会刺激优势藻类产生更多的化感物质和毒性物质，从而竞争抑制其他藻类的生长。Fistarol 等（2005）研究发现小定鞭藻在不同营养条件下对受体生物硅藻微氏海链藻（*Thalassiosira weissflogii*）化感作用显著不同。在氮磷处理下，硅藻化感抗性最强；无氮只有磷的条件下，硅藻化感敏感性最高；无磷只有氮的条件下居中。这三种营养条件下小定鞭藻均抑制硅藻的生长，在缺氮处理中化感作用最强，营养胁迫可以增强供体的化感作用。Antunes 等（2012）指出拟柱孢藻（*Cylindrospermopsis raciborskii*）株系 LEGE 99043 的化感作用受到生物和非生物因素的影响，其中高温、高光强、磷限制均可以显著提高蓝藻的化感作用。

3. 人工生境

Parepa 和 Bossdorf（2016）发现外来入侵的杂交植物 knotweed（*Fallopia xbohemica*）的化感作用与生境基质有关。如在人工基质中的化感现象比自然土壤明显，当添加肥料时，化感作用降低，入侵杂草优势下降。生境介质的低容积密度、高孔性、穿透性、氮含量有利于微生物生长和化感物质产生扩散。

三、气候与气象因子

1. 光照

气候条件如光、温度，特别是季节变化对化感作用的表达会产生重要影响。在缺水、高温等环境胁迫条件下，植物通过释放更多的化感物质以抑制周围植物生长，为更多地吸收养分和水分提供条件；另外，一些化感物质（如酚类、酸类物质）可以提高植物吸收 N、P 及金属离子等营养元素的能力，并提高其抗逆性，增强其在环境胁迫条件下的竞争能力，因而对其他植物产生间接的化感作用。胡飞等（2003）测定表明在弱光照条件下水稻化感品种华航 1 号的化感特征物质含量比在较强光照条件下要低，而且具有抗病功能的次生物质含量则保持较高水平。林文雄等（2003）指出在温度较低、光照较弱的田间环境条件下，水稻化感作用杂种优势较大，暗示着环境胁迫会增强化感作用的性状表现，解释了植物在不利环境下产生化感物质数量有所增加的遗传原因。Kato-Noguchi（1999）发现可见光可以增强玉米种子萌发期的化感作用，其机理是可见光诱导提高了化感物质 2,4-dihydroxy-1,4- benzoxazin-3-one（DIBOA）含量，即光培养的幼苗化感物质含量高于黑暗条件。当暗培养的玉米幼苗暴露于可见光照射下，DIBOA 含量激增。

2. 温度

曾任森等（2003）发现日本曲霉的化感作用很大程度上取决于营养和环境条件。日本曲霉在查氏和马丁氏等人工合成培养基上培养的发酵产物无化感作用，而在马铃薯复合培养基、玉米和燕麦培养基等含有天然植物营养的培养基上培养的发酵产物均能产生化感作用，抑制植物幼苗生长。当植物附近的营养增加时，日本曲霉化感作用显著增强。温度是影响日本曲霉化感作用的一个重要条件，在 20~25℃的条件下，日本曲霉的化感作用最强；30℃时，该菌生长最快，但对植物的化感作用大大减弱；15℃时，该菌生长非常缓慢，但比 30℃条件下产生的化感作用要强。

3. CO_2

张晓影等（2013）发现在高 CO_2 浓度下，冬小麦幼苗地上生物量与丁布含量在品种间存在显著差异，品种碧玛 1 号幼苗和根干质量比对照（CO_2 浓度为 370 $\mu L/L$，O_3 浓度为 40$\mu L/L$）增加了 36.8%和 24.7%，丁布含量增加为 5.7%~184.6%。除碧玛 1 号和陕 139 外，高浓度 O_3 导致冬小麦生物量降低，但所有品种丁布含量显著增加了 0.5~3 倍。CO_2 与 O_3 交互作用下所有品种根干质量降低，但长武 134 地上部质量、根质量和丁布含量分别降低为 8.2%、27.9%和 35.5%，而陕 139 丁布含量增加 84.6%。化感物质丁布可以作为气候变化条件下，尤其是 CO_2 和 O_3 变化下抗性育种的特定指标。

4. 复合因子

光的性质、强度和持续照射时间对毒素的合成有重要的调节作用，长日照可提高许多植物酚酸和萜的含量。Sliwinska-Wilczewska 等（2016）研究了两种蓝藻聚球藻（*Synechococcus* spp.）和泡沫节球藻（*Nodularia spumigen*）在不同光强下的化感互作效应及其生长、荧光参数（Fv/Fm）、光合作用（Pm）等，发现随光强增加，藻类化感物质量释放增加，化感作用变强。不同添加方式也影响化感作用，多次添加细胞滤液的化感作用高于一次添加。

Chen 等（2012）研究了不同光照强度下外来入侵种 *Centaurea stoebe* 对北美本地种 *Koeleria macrantha* 的化感作用。发现两种极端光照高光强和低光强下入侵种的化感作用均存在，且无显著差异。当在生长基质中添加活性炭时，这种高光强下的化感作用明显降低，但低光强下活性炭的消除效应较弱。因此，可假设在中等光强下，外来入侵种的化感作用或许不明显，对本土种的危害最弱。

Latala 等（2016）论证了光照、水温、盐度对小微蓝藻聚球藻（*Synechococcus* sp.）对伴生硅藻 *Navicula perminuta* 的化感作用影响，其中水温可以增强小微蓝藻的化感作用，在三者中影响最大。在 190mol 光子数/（$m^2 \cdot s$）、25℃、8（盐）度（practical salinity units，PSU）培养条件下，*Synechococcus* 滤液导致受体藻的生长、Fv/Fm、Pm 最大抑制。因此 *Synechococcus* 可能的化感机制是光合和叶绿素荧光抑制，这种抑制效应与环境显著相关。Lobón 等（2002）指出岩蔷薇（*Cistus ladanifer*）化感作用与光照和温度有关，如其中的化感物质的协同作用在高温和长光照下植物毒性效应更强。唐弘硕等（2016）指出不同密度比例的两种藻共培养组用 UV-B 辐射（$2.16J/m^2$）处理后，海洋卡盾藻对青岛大扁藻生长的化感作用有所减弱。Zhang 等（2013）指出环境因素，如温度、光照和通气影响质量浓度 0.001% 的化感物质 berberine 对铜绿微囊藻（FACHB 905）生长和藻毒素的化感抑制作用。白天高温、高光强和通气有利于蓝藻的生长，但化感物质的抑制活性也增强。晚上蓝藻密度无显著变化，化感物质未显示活性。因此抑制蓝藻的光合作用可能为其中机制。

四、胁迫性非生物环境因子

孔垂华等（2000）在对环境胁迫下植物化感作用的变化及环境胁迫因子对化感物质的诱导机制等方面进行了评述后，指出植物化感物质的产生和释放是植物在环境胁迫的选择压力下形成的，植物化感作用是植物在进化过程中产生的一种对环境的适应性机制。环境胁迫对植物化感物质的诱导机理主要有碳素/营养平衡假说、生长/分化平衡假说、最佳防御假说、资源获得假说。

1. 盐度

郑琨等（2009）发现盐胁迫下对芦苇的化感作用产生一定影响。如较高的盐浓度（10‰）下，芦苇水提物对互花米草的萌发、生长和互花米草益生菌的生长呈促进作用。当盐浓度降低至 5‰时，该促进作用消失。在较低的盐浓度（<5‰）下，芦苇腐解产物对互花米草萌发产生显著的抑制作用。Tajari 等（2008）发现盐度（即当电导率 EC=0.6~1S/m）明显影响油菜 Hyola 401 的化感作用，其可能的机理是盐度可以诱导油菜酚类物质的累积，导致对受体豌豆的萌发、胚根长降

低，CAT 和 POD 活性升高。

2. 重金属

高承芳等（2009）指出在不同浓度的铝离子和镁离子胁迫下，圆叶决明和羽叶决明对百喜草的影响存在显著差异。圆叶决明 CPI86134 在三个不同的铝离子和镁离子浓度下对百喜草的种子发芽及幼苗生长均有抑制作用。当铝离子浓度在0.7g/L 时对百喜草种子发芽及根长抑制作用最明显。羽叶决明在铝离子浓度为1.1g/L 和镁离子浓度为 0.060g/L 及 0.123g/L 时对百喜草种子发芽及幼苗生长有抑制作用。Kato-Noguchi（2009）研究发现水稻在胁迫环境，如重金属、斑蝥素（cantharidin）、茉莉酸，其水提物、分泌物对稗草的化感作用增强，且其化感物质 momilactone B 产生量和分泌量均增加，从而增强对杂草的竞争力和对害虫的防御力。

3. 酸雨

朱珣之等（2016）发现酸雨存在时，紫茎泽兰种子萌发和幼苗生长受到明显抑制，尤其在 pH2.5 的模拟酸雨下，紫茎泽兰已完全不能发芽。对于紫茎泽兰化感作用来说，当以旱稻和小麦为受体植物时，模拟酸雨未增强紫茎泽兰浸提液的抑制作用。但当以黑麦草和紫花苜蓿为受体植物时，模拟酸雨显著增强了紫茎泽兰浸提液的化感作用。Su 等（2012）指出模拟酸雨可以增强入侵杂草南美蟛蜞菊（*Wedelia trilobata*（L.）Hitchc.）的化感作用，从而促进其入侵性，且随着模拟酸雨 pH 的逐渐降低，入侵杂草的水浸提液和落叶化感毒性更强。Xiao 等（2016）指出酸沉降在 5 种模拟方式（sulfuric acid：nitric acid 分别是 1：0、5：1、1：1、1：5 和 0：1）下可以改变，甚至增强外来入侵植物加拿大一枝黄花对本土植物 *Lactuca sativa* 种子萌发、幼苗根长、生长的化感作用，这可能是酸沉降可以诱导化感物质释放。此外，酸沉降本身对受体生物也具有毒性效应，其中硫酸毒性强于硝酸。酸沉降下植物的化感作用实际是酸物质或低 pH 和化感物质协同作用的结果。

4. 营养胁迫

Weberg 等（2008）指出水体富营养化将改变水体氮磷合理比例，营养资源可获得性降低，造成营养亏缺的胁迫逆境，可能诱导藻类有机酸化感物质甚至毒素含量上升，这样导致资源利用率高的藻类变为优势种，以至于爆发。

陈珊等（2014）发现低氮胁迫条件下，强化感小麦抑草能力增强主要通过提高化感作用实现。弱化感小麦抑草能力增强主要通过提高资源竞争实现。不同化感作用小麦的抑草作用在低氮胁迫下表现出不同的生态策略。小麦抑草作用的化感作用均随氮水平降低而增大，其抑制率随氮水平的变化可用一元二次方程加以拟合。Lin 等（2010）研究了低氮胁迫下水稻化感的分子机理。如化感水稻 PI312777 在低氮胁迫下氮利用基因表达水平上调，氮吸收率和利用率均比非化感水稻 Lemont 高，表明化感水稻对低氮环境的适应性强。Lin 等（2008）指出在低氮环境下化感水稻 PI312777 对杂草的抑制作用增强，其中的分子机制是低氮诱导提高编码 PAL 和 cytochrome P450 的基因转录水平。Qiu 等（2010）发现低氮胁迫下可以诱导化感水稻 PI312777 的化感物质合成酶基因的表达，如叶片中基因表达增强 2.3~6.0 倍，而根系中增强 1.9~5.4 倍。因此，低氮诱导化感物质酚酸产生量更多，其机理是铵离子同化增加氮循环，弥补氮缺失。方长旬等（2011）发现苯丙氨酸解氨酶（PAL）调控酚酸类化感物质的合成代谢，在低氮胁迫条件下，强化感水稻 PI312777 和非化感水稻 Lemont 中的 PAL4 和 PAL10 均不表达，其余 9 个 PAL 基因成员发生了不同程度的表达变化。其中，PAL11 均上调表达，其在低氮胁迫下 PI312777 中上调 3.29 倍，而在相同处理下的 Lemont 中上调 3.92 倍。PAL3 和 PAL9 在低氮胁迫条件下的 PI312777 上调 1.83 倍和 2.66 倍，而这两个基因在相同处理下的 Lemont 中下调表达 1.05 倍和 1.24 倍。

何华勤等（2006）发现在低磷（0.5mg/L）营养胁迫下，化感水稻品种 PI312777 对受体稗草根干重的抑制能力明显提高，在处理后的 5d、10d、15d，其对稗草地下部干重的抑制率分别增加了 5.64%、3.89% 和 12.13%。与正常营养条件相比，用低磷营养下生长的化感水稻 PI312777 的根系分泌物处理稗草 5d、10d 和 15d，受体稗草叶片中 POD 活性的促进率分别提高了 20.19%、15.47%、6.68%，吲哚乙酸氧化酶活性的促进率分别提高了 18.08%、17.71%、12.50%，硝酸还原酶活性的抑制率分别增加了 13.89%、18.60%、2.10%。在低磷营养胁迫下，化感水稻通过抑制受体植物的硝酸还原酶活性，影响其对氮营养的吸收，同时显著提高了吲哚乙酸氧化酶活性，减缓了受体稗草的生长速度，提高了其抑草作用潜力。Lin 和 Shen（2007）指出在低磷（0.5mg /L）胁迫下，化感水稻 PI312777 可抑制稗草的生长，降低 SOD 和 CAT 活性，但增加了自由基含量和膜脂质过氧化。而且，根系活力和氮、磷、钾吸收下降，从而稗草干重减少。Ye 等（2009）发现低磷胁迫可以诱导化感水稻 PI1312777 的化感作用以及相关性状，如低磷水培中，化感水稻幼苗根系更长，可溶性糖和蛋白质含量升高，光合作用指标提高，N、P、K 营养吸收率上升，抑制稗草能力增强。但非化感水稻 Lemont 在低磷胁迫下上述指标却下降。

王海斌等（2008）综合分析认为低钾胁迫下，化感水稻 PI312777 根系分泌物中所检出的酚酸类物质总量是正常营养条件下的 2.30 倍，而非化感水稻 Lemont 则是正常营养条件下的 0.91 倍。因此，低钾胁迫下，化感水稻 PI312777 抑草能力增强主要是由于酚类代谢途径关键酶基因表达上调，导致酚类代谢途径旺盛，分泌出更多的酚类物质，进而破坏受体稗草保护酶系统，抑制了稗草的正常生长。

5. 其他胁迫因子

化学除草剂在目前的农田杂草管理中应用广泛，作为一种环境胁迫因子，会对植物的化感作用产生一定影响。Liu 等（2013）发现农药使用有助于一些物种的化感作用，如假臭草（*Eupatorium catarium*）水提取物在三种农药（Paraquat、Glyphosate、Fluazifop-butyl）的单独添加下，对受体白菜种子萌发的抑制率增强。同时，农药的胁迫时间也影响水提物的化感作用。农药剂量、胁迫时间和水提物浓度具有化感协同作用。Dam 等（2014）假设人工损伤可以诱导覆茬作物黑麦、苜蓿和油菜的化感物质产生，实际机械损害将降低三种作物的化感作用。尽管这些损伤可以短暂提高化感作用，但很微弱，并且作物的补偿效应可以超补充这些缺失的生物量。Rivoal 等（2016）研究了地中海松（*Pinus halepensis* Mill.）种内竞争对其化感作用的影响，在竞争较弱或中等情形下松针酚类和脂肪酸化感物质含量上升，但竞争较强下，化感物质含量降低。Rasher 和 Hay（2014）指出当生物受到竞争胁迫时，其化感物质含量急剧上升，化感作用增大，化学防御能力增强。

五、诱导信息物质

1. 茉莉酸类

孔垂华等（2004）发现在室内和田间条件下，外源茉莉酮酸甲酯均能显著地诱导水稻化感物质的合成，而且这种诱导效应与施用茉莉酮酸甲酯的浓度和诱导时间显著相关。0.4mmol/L 浓度和处理后 48h，茉莉酮酸甲酯对水稻化感物质的诱导效应最强。同样，不同的水稻品种对茉莉酮酸甲酯的诱导响应也有显著差异。水稻化感品种 PI312777 和丰华占在茉莉酮酸甲酯的诱导下能很快合成大量的化感物质，而水稻非化感品种华粳籼的化感物质的含量虽也有所增加，但达不到能显示化感作用的浓度。进一步实验证明：茉莉酮酸甲酯在处理 48h 后虽能诱导水稻品种合成大量的化感物质，但这一诱导效应并不能长期维持。Wang 等（2007）报道茉莉酸甲酯（methyl jasmonate，MeJA）可以诱导玉米叶片的化感作用、肟酸和酚酸的产生、DIMBOA 及其衍生物的累积，尤其与化感物质合成相关的基因 *AOC*、*PAL*、*BX9* 也被激发，其中调控 DIMBOA 合成的基因 *BX1* 转录水平最高。

2. 水杨酸

Qiu 等（2009）通过添加水杨酸，水稻 PI312777 的化感作用被诱导增强，对稗草的抑制率增大。水杨酸对水稻化感作用和防御反应的诱导效应与浓度和时间呈正相关性。其中化感水稻 PI312777 比非化感水稻 Lemont 的化感诱导反应更强，对水杨酸更敏感，17 个编码 kinase、ubiquitin carrier、phenylpropanoid 代谢等蛋白的有关基因被激活。Bi 等（2007）指出两种生物信息物质 methyl jasmonate（MeJA）和 methyl salicylate（MeSA）可以激发化感物质的产生和释放，诱导增强植物的化感作用和逆境抗性，如抗取食和病害抗性。如在化感水稻 IAC 165 叶片上外源施用 MeJA（5mmol/L）和 MeSA（0.05mmol/L），酚酸含量急剧升高，酶活性增强，phenylalanine ammonia-lyase（*PAL*）和 cinnamate 4-hydroxylase（*C4H*）基因转录水平上调，对稗草的抑制效应增强 18%~25%。在非化感水稻上也观察到上述指标的诱导增强表达。

3. 吲哚乙酸

Sunaina 和 Singh（2015）指出受体生物中的吲哚乙酸（indole -3-acetic acid，IAA）可以减缓化感物质苯甲酸（benzoic acid）的毒害效应，保护植株抵御过氧化胁迫。如番茄的自毒效应一般由苯甲酸引起，如果施用外源吲哚乙酸，番茄幼苗根长、苗高、鲜重、色素含量、蛋白质、糖类、硝酸盐还原酶活性在苯甲酸胁迫下反而得到促进，而脂质过氧化、电解质泄漏、脯氨酸却下降。

第八章　不同基因型小麦化感作用的应用潜力

第一节　不同基因型小麦化感作用的应用潜力

植物化感作用的研究主要集中在农业、林业和环境生物治理三大领域。化感作用在农业、林业、杂草控制与病虫害控制等方面的研究与应用较多，直到 20 世纪末期，才开始水生植物化感作用抑藻的研究。利用作物化感作用防治病虫草害与可持续农业的发展协同一致，作物化感作用的理论应用一般包括 5 个方面：培养强化感作用的品系、化感品系与其他作物科学耕作（如轮作、间作、套种等）、化感作物秸秆或残体覆盖混茬和绿肥使用、化感物质的农药研发、小麦组织提取物的施用（如叶面喷施、根区浇灌等）等。作物化感作用表达包括在生长阶段和收获后阶段。小麦等作物的化感作用应用可以作为除草、灭虫、抗病害的生态方法，也可开发除草剂、杀虫剂等农药。

一、抗草潜力

农田杂草是农业生产中的重要问题之一，给农业生产造成巨大损失，长期使用除草剂不仅污染环境，而且杂草易产生抗药性。具有化感作用的植物可以通过向环境中释放化感物质并与杂草竞争生存环境，进而对杂草种子的萌发和生长产生抑制作用。利用化感作用控制杂草不会带来诸如农药残留等环境问题，所以利用化感作用控制田间杂草是一种具有潜力的可持续发展农业的杂草控制措施。利用作物化感作用控制杂草的方法包括残株覆盖、轮作、利用伴生植物、提取化感物质合成新型除草剂、转基因化感抗草育种（刘迎等，2005）。化感抑草意义有三方面：①改变杂草群落组成；②减轻杂草危害，间接改善作物生长和提高产量；③影响作物与杂草的种间关系（Aldrich，2011）。

1. 活体抗草潜力

利用小麦对杂草的化感相克作用，通过间作、连作、轮作、作物覆盖等措施，可以有效抑制农田杂草的危害，种植人工选育的抗杀杂草强的化感品种又具有良好综合性状的品种，效果更好。冬小麦抑制白茅的生长，连续种植 2~3 年的冬小麦，除草效果理想（白朴和杨捷，2009）。Zheng 等（2007）发现小麦粗提物和分泌物 DIMBOA 对杂草具有抑制作用，如小麦根系和茎组织提取液对杂草马唐、早熟禾、反枝苋、稗草、野燕麦幼苗的半数抑制浓度 $IC_{50}<1.5mg/mL$、$3.0mg/mL$。小麦幼苗密度与杂草发芽率呈现为显著的负相关性，DIMBOA 抑制潜力大于提取物，且与杂草种类有关，对杂草植株和发芽率的半数抑制浓度分别为：$IC_{50}<1.5mg/mL$、$3.5mg/mL$。Wu 等（2003）评价了 39 个小麦品系对一年生农药抗性的硬直黑麦草的抑制潜力，发现发芽抑制率为 3%~100%，根系抑制率为 12%~100%，其中的抗草化感物质，或可能的除草物质是 *p*-coumaric acid、propionic acid。这些物质当浓度大于 5mmol/L 时，可完全抑制硬直黑麦草根系的生长。Wu 等（2002）指出 58 个小麦品系可分泌抗草物质 *p*-hydroxybenzoic、vanillic、*trans*-ferulic acids 抑制一年生硬直黑麦草，对后者根系抑制率为 10%~91%。Saeed 等（2011）发现小麦化感与其生长密度显著正相关，如随密度逐渐增大，对一年生硬直黑麦草的竞争增强，同时化感抑制能力也增强，导致硬直黑麦草根系长度变小，根系表面积减小。这可能与中高密度小麦产生更多的化感物质有关。Cheema 等（2016）报道小麦品系 Sehar-06 可产生更多的酚酸，对杂草小子虉草的抑制较强，且随着小麦种子播种密度增大，酚酸增多，抑草潜力更大，从而 Sehar-06 竞争强，生长好，产量性状更优。Arshad 等（2013）指出小麦也可以抑制野燕麦的生长，35 个当地品种对野燕麦种子萌发抑制率为 10%~84%，对杂草幼苗生物量降低 70%以上。

陶俊杰等（2015）报道青藏高原干旱地区 8 种主栽小麦品种对旱雀麦（*Bromus tectorum*）的发芽率、发芽势抑制强度为 2.78%~69.44%，其中高原 448 抑制作用最强，乐麦 5 号抑制作用最弱。李琦等（2016）发现黄淮海地区不同小麦品种对雀麦（*Bromus japonicus*）具有化感抑制作用，其中泰农 19、郑麦 379、郑麦 9023、周麦 22、汶农 17、郯麦 98 为化感抑制雀麦较强的品种。

2. 残体抗草潜力

Li 等（2005）指出玉米地覆盖 $0.75kg/m^2$ 麦茬，可以显著降低杂草升马唐（*Digitaria ciliaris*）密度 87.3%~96.4%，生物量降低 77.7%~81%。Moyer 和 Huang（1999）报道作物小扁豆、燕麦、油菜和大麦秸秆对杂草播娘蒿、败酱草（*Thlaspi arvense*）、旱雀麦具化感抑制作用，如导致其萌发率下降、幼苗生长受阻等。Nakano（2007）发现小麦的麦糠可以抑制杂草鸡冠花（*Celosia cristata*）生长，其可能的抑制物质是 L-tryptophan。Ferreira 和 Reinhardt（2010）发现多个作物秸秆具有抗草潜力，如大麦、小麦、羽扇豆、紫苜蓿、苜蓿、黑麦草等。Blum 等（2002）指出麦茬对双子叶杂草牵牛花、藜、黄花稔出苗具有抑制潜力，其中茎叶部强于根系，且除草潜力与土壤环境、麦盖方式、耕作模式有关。El-Khatib 和 Hegazy（1999）指出小麦茎提取液可以降低野燕麦的总生物量、色素、碳水化合物和蛋白质含量。Mahmood 等（2013）指出小麦以麦茬提取物、表面覆盖和混土处理，均能抑制野燕麦的生长，杂草发芽率抑制达 10%~84%，幼苗抑制率达 70%以上。Dadkhah（2015）指出大豆地里的杂草可以采用小麦化感作用来防除，如小麦秸秆混入土壤可以降低杂草密度和盖度分别为 62.2%~75.6%和 63%；或者大豆出苗后浇灌小麦秸秆提取物，可以降低杂草生长密度和盖度分别为 36.6%~52.7%和 40.4%。小麦可以降低杂草覆盖度、生物量和株高，但增加大豆产量 29.8%~69.5%。其中混茬效应强于提取物施用。Mogensen 等（2006）指出小麦残茬混于土壤中，其秸秆释放的化感物质 DIMBOA、BOA、MBOA 等可明显抑制后茬作物大田中杂草种子萌发和生长，这些物质有可能开发为除草剂。刘小民等（2013）发现小麦秸秆对玉米田恶性杂草牛筋草具有化感抑制作用，如小麦秸秆根、茎、穗部水浸液对牛筋草种子的萌发均具有抑制作用，随着浓度的升高，牛筋草发芽率逐渐降低，发芽指数逐渐减少。

二、抗害虫取食

植物的各个分类单元（科、属、种）均存在特有的次生代谢物。这些次生代谢物对昆虫及其他生物起着化学防御作用。植物为免遭昆虫等危害，常借助植物毒素来保护自身。植物毒素主要有非蛋白氨基酸、萜类、生物碱和酚类等。如百合科铃兰体内含有游离的铃兰氨酸，能使动物组织坏死。亚麻植株中的亚麻苦苷，高粱、玉米幼苗的高粱苦苷等被家畜大量食入后能引起中毒死亡。常见的生物碱有烟碱、茄碱等，主要存在于被子植物中，能使动物神经高度兴奋，直至麻痹死亡。木本植物产生的次生代谢物单宁，很难被消化酶分解，植株体内分泌的单宁具有特殊的苦味、涩味、酸味，能降低害虫的适口性，成为抵制害虫的天然武器（巩相景和吕福堂，2006）。许多化感物质对害虫具有毒杀、拒食、引诱或抑制效果，能抑制害虫的生长发育或杀死害虫，利用这些化感资源，可以开发出新型杀虫剂。除虫菊中提取的除虫菊酯对昆虫有触杀和麻痹作用。白朴和杨捷（2009）综述了万寿菊（*Tagetes erecta*）、蓖麻（*Ricinus communis*）、木麻黄（*Casuarina equisetifolia*）等产生的化感物质均能有效抑制线虫生长；某些化感水稻品种体内生物合成的苯甲酸、水杨酸能抑制二化螟（*Chilo suppressalis*）幼虫的生长与发育；木本植物分泌的单宁，具有特殊的苦味、涩味和酸味，许多害虫拒食；玉米、大豆、瓜类等植物化感物质对小菜蛾（*Plutella xylostella*）、菜粉蝶（*Pieris rapae*）等十字花科蔬菜害虫具有忌避作用和拒食作用。

Pizarro 等（2006）检测了 14 个黑麦（*Secale cereale*）品系叶片和根组织中 benzoxazinoids 类 DIBOA、DIMBOA 含量，发现这些物质存在累积现象，发芽后 48~54h、54~72h 分别在叶片和根系中达到最高含量，且 DIBOA 可驱避蚜虫禾谷缢管蚜（*Rhopalosiphum padi*）对黑麦的叶片取食，当遇到胁迫时含量和毒性效应诱导增加。Castellano 等（2004）也发现禾本科、爵床科、毛茛科、玄参科等植物可合成释放 DIMBOA、MBOA，这些物质具有抗真菌性、抗虫性和化感作用。Ravibabu 和 Rani（2011）发现蓖麻（*Ricinus communis*）中的酚酸可增强其抗虫性，避免其被 *Achaea janata*、斜纹夜蛾（*Spodoptera litura*）、桃蛀螟（*Dichocrosis punctiferalis*）取食叶片。害虫取食的叶片可产生更多的防御物质酚酸，如 vanillic、coumaric、ferulic、syringic acids。这些酚酸对专食性和广食性害虫的驱避作用显著不同。Okada 等（2014）指出禾本科植物产生的类萜物质，既可产生 labdane 类和 casbane 类双萜，也可释放 *β*-macrocarpene 衍生物倍半萜，为一种植保素，可以抗虫杀菌，如水稻和玉米等单子叶作物。Lynch 和 Zobel（2002）发现蔬菜羽衣甘蓝（Kale）与甘蓝间作，可降低后者的虫害，提高甘蓝产量。其机制是羽衣甘蓝叶片表面累积了酚酸类物质，同时产生一些挥发性物质，可以驱赶害虫。

Wang 等（2014）报道入侵植物野茼蒿（*Crassocephalum crepidioides*）精油中含有化感物质 *β*-myrcene（27.4%）、*α*-pinene（26.2%）、germacrene D（5.81%）、1,6,10-pentadecatriene（5.54%）、*α*-caryophyllene（4.68%），不仅对本土植物反枝苋、稗草、马唐具有化感抑制潜势，而且对斜夜蛾三龄幼虫具有驱避作用。Cedergreen 等（2014）综述了黄花蒿（*Artemisia annua*）含有丰富的化感物质 artemisinin，不仅具有抗疟虫作用，也具有杀菌灭虫作用。Zeng 等（2015）指出瑞香科多年生植物瑞香狼毒（*Stellera chamaejasme*）含有大量的类黄酮，这种物质不仅可以化感抗性病害和化感竞争其他植物种，还可以保护植物免受害虫和动物取食。Santana 等（2008）发现紫草科（如野蓝蓟（*Echium wildpretti*））、菊科（如 *Canariothamnus palmensis* 等）植物产生的吡咯联啶生物碱物质具有抗虫性和植物毒性，即化感作用，其机制是对害虫的 Sf 9 和 CHO 细胞株系具有细胞毒性。Szumny 等（2011）通过喂食八角大茴香（*Illicum verum*）果实提取物，发现暗黑菌虫（*Alphitobius diaperinus* Panzer）幼虫全部死亡，高浓度提取物（12.5~25mg/mL）对多龄幼虫有毒性，成体抗性强，但体重下降。Dhar 和 Sonowal（2007）发现菖蒲和柴桂（*Cinnamomum tamala*）叶片丙酮提取液可以杀死二龄期尘污灯蛾（*Spilarctia obliqua*）幼虫，菖蒲具胃毒杀效应，影响害虫的变态发育，菖蒲具击倒效果。Marngar 和 Kharbuli（2004）发现胜红蓟 50~200mg/mL 叶片提取物可以杀死大部分拟澳洲赤眼蜂（*Metanastria lattipennis*）昆虫幼虫，几乎很少的幼虫可以存活化蛹。叶片提取物导致成体发生畸变，虫茧无法包裹，虫卵死亡，且容易受天敌寄生蜂寄生而被杀死。Razavi（2011）综述了伞形科、芸香科、菊科、豆科植物重要化感物质香豆素（coumarin）具有化感活性、抗真菌性、杀虫性、抗菌性、杀线虫特性。

三、抗病害

化感物质对微生物抑制方面的机制主要有两类：一类是直接作用于微生物，

对其菌丝或菌体生长、产孢及孢子萌发的抑制作用；另一类是间接作用，植物的化感物质能改变土壤的理化性质（如酸碱性）、营养状况等，从而间接影响土壤微生物的数量和分布变化。一些化感物质还对引起植物病害的真菌、细菌和病毒有抑制效果，人类可以利用这类资源防治作物的病害（白朴和杨捷，2009）。Qi 等（2015）指出冬小麦-夏玉米轮作体系中玉米秸秆可以抑制麦地的病原菌，如 0.48g/mL 提取液可消除土壤病害禾谷丝核菌（*Rhizoctonia cerealis*）、麦根腐平脐蠕孢（*Bipolaris sorokiniana*）、全蚀病菌等，但夏玉米对小麦无显著影响，其可能的抑菌化感物质是 p-hydroxybenzoic acid、dibutyl phthalate、3-phenyl-2-acrylic、4-hydroxy-3,5-dimetho xybenzoic acid、4-hydroxy-3-methoxy-benzoic acid、salicylic acid。Pan 等（2013）发现小麦根系分泌物可以抑制真菌尖孢镰刀菌菌丝生长和孢子发芽，这种抑制潜力与品系显著有关，其中的化感物质是 hexadecanoic acid，抑菌浓度阈值是 1mmol/L。

Wang 等（2010）发现小麦和大豆残茬 50%、100%提取物可以抑制真菌尖孢镰刀菌菌丝生长。Xu 等（2013）通过小麦和西瓜共生盆栽实验，发现小麦伴生可以促进西瓜的生长，如叶绿素含量、净光合速率、气孔导度、土壤酶活性等均提高，且降低了西瓜苗粉状霉菌的发病率。Summers 等（2010）发现禾本科植物小麦、大麦、燕麦等对土壤具有杀菌灭虫效应，如在混茬处理中，植物病原菌齐整小核菌（*Sclerotium rolfsii*）、终极腐霉菌（*Pythium ultimum*）可 100%被杀死。而南方根结线虫（*Meloidogyne incognita*）被 49%~97%杀死，线虫也能被杀死 98%~100%。这种效应与温度显著相关，土壤温度或太阳照射温度越高，杀菌灭虫效果越好。因此，利用禾本科的化感，不仅可以抑制杂草滋生，还可以杀菌灭虫。Zheng 等（2005）发现小麦水培液、茎、根系、植株均含有 DIMBOA，其中茎、根系、植株的含量分别为 4.19~141.42μg/g、4.19~116.18μg/g、8.36~257.6μg/g 鲜重。DIMBOA 含量与病害抗性呈显著正相关，尤其 DIMBOA 对病害小麦白粉病菌（*Erysiphe graminis* DC）、小麦条锈病（*Puccinia striiformis*）呈显著抗性。Huang 等（2007）报道一些作物，如大麦、小麦、油菜、燕麦、黑麦、草木犀等对大豆病原菌核盘菌（*Sclerotinia sclerotiorum*）具有抑制作用，这种效应与作物种类、提取物浓度、病菌形态等有关。

四、环境效应

利用小麦化感作用减少环境污染。由于土壤微生物的作用，经过硝化和反硝化过程产生的 N_2O 占大气 N_2O 的 90%。小麦秸秆腐解产生的化感物质如阿魏酸、对羟基苯甲酸、异羟肟酸等可作用于土壤中的微生物，从而抑制土壤硝化作用，减少 N_2O 的排放量，提高氮肥利用率。因此，可通过人工合成这类硝化抑制剂来控制氮素损失，减少环境污染（卫新菊，2005）。

作物秸秆可以用来消除有害藻类。Zwain 等（1999）报道土壤中拌入 20~80g/kg 土的小麦秸秆，可以抑制土壤蓝绿藻（柱胞鱼腥藻（*Anabaena cylindrica*）、藓类念珠藻（*Nostoc musicorum*））的固氮作用，降低藻类干重和乙烯产率。1994 年，美国水生植物管理中心将浓度约 50g/m^3 的大麦秸秆直接投入富营养化水体抑制藻类，并取得了成功。利用大麦秸秆控制蓝藻水华，既是陆生植物应用于抑藻的重要实例，也是到目前为止最成功的利用化感作用控制藻类水华的应用实例。该方法廉价且环境亲和性强，还未有实验发现有副作用。倪利晓等（2011）认为大麦秸秆的抑藻机理较为复杂，可能是以下几种机理共同作用的结果：大麦秸秆自身所释放的化感物质，可能是单宁酸、酚类物质、聚酚类物质等；木质素被水体微生物降解所产生的氧化类多酚；降解微生物与藻类之间存在化感作用，通过自身释放化感物质来抑制藻类生长；在阳光作用下，腐殖质与溶解氧作用产生的过氧化氢，也可能是杀灭藻类的原因之一。肖溪（2012）利用植物天然产物化学分析手段，分离得到大麦秸秆中的抑藻关键化感物质，并对其进行结构鉴定，发现大麦秸秆主要的抑藻成分为一对旋光异构体：Salcolin A 和 Salcolin B，其分子式为 $C_{27}H_{26}O_{11}$，并在单细胞水平上，对 Salcolin A 和 Salcolin B 的抑藻机理进行了初步研究。发现两化合物抑藻的机理有所不同：Salcolin A 主要通过抑制藻细胞内酯酶的活性并导致细胞膜去极化来抑制藻类的生长；而 Salcolin B 的主要作用机理则是直接作用于藻细胞的细胞膜，使其破裂而丧失功能。

五、化感型农药

1. 除草剂

化感资源还可以用于除草剂生产。人们可以直接从化感植株中提取具有除草活性的有效成分制成除草剂用于生产。但是，通常植物体内化感物质含量很低，所以提取比较困难，且提取的量很少，难以满足大面积生产的需要。生产上，可以通过人工合成与植物化感物质类似的模拟物或对化感物质进行人工结构修饰提高除草效果（白朴和杨捷，2009）。从植物中寻找天然抗病毒活性物质，通过模拟这类化感物质的结构合成类似物用于防虫治病，如溴（氯）氰菊酯等人工合成的除虫菊酯类似物，生产应用效果良好。用化感农药替代普通化学农药可以大幅度降低农作物生产过程中对环境带来的面源污染，有利于生态环境的保护和农业的可持续发展。但国内外植物源除草剂的发展较为缓慢，主要有以下几个原因：①植物资源有限；②因植物源除草剂活性物质的特性，较难人工合成；③植物源除草剂有效成分含量很低，造成生产成本较高，其高价格也给市场推广带来一定的困难；④植物源除草剂一般是缓释型的，它的防效难以与化学除草剂相比，农民难以接受，农药生产公司也不看好其市场前景；⑤植物源除草剂的使用受环境影响较大；⑥植物源除草剂种类单一等（高承芳等，2012）。

2. 杀虫剂和灭菌剂

开发、利用植物源和灭菌剂是当前植保工作的热点之一，植物在生物或非生物逆境下其次生代谢物增加，这是重要的防御机制，如向日葵在胁迫下比对照释放出更多的酚类化合物，很多次生代谢物具有多种功能，如作为拒食剂、引诱剂、生长调控剂、种子萌发促进剂、协同促进剂以及具有抗病害，杀死有害菌等活性。随着合成化学农药对环境危害日益引起人们的关注，发展中国家和发达国家可持续发展农业的重要性均日趋显著。利用化感物质（多为次生代谢物）控制害虫（包括昆虫类和线虫）以及疾病发生，已有不少报道，某些化感物质具有杀虫、灭菌效果，除直接使用外，其结构经过鉴定后可以人工合成，进行大量生产，或经过化学修饰后进一步提高其效力（邵华和彭少麟，2002）。

第二节 农林系统中乔木对不同基因型小麦的化感作用

农林复合系统是农业生产中的一种重要形式，它是指在同一土地单元将农作物与林业等结合起来，使土地总生产力得以提高的可持续性土地经营系统。它是以生态学和经济学理论为依据，把林业和农业（农、牧、副、渔等）有机地结合在一起，形成一个人工生态系统。该系统能更充分地利用环境中的资源和能量。面对资源短缺和环境恶化的严峻现实，采取农林复合系统的模式将能产生较高的生态与经济收益。它的优点在于可以有效地控制水土流失，防止土壤退化，提高自然资源的综合利用率，增强抗灾害能力，改善生态环境，并极大地提高经济效益。由于农林复合系统具有这些重要的经济和生态学意义，就非常需要正确地分析农作物、林木及牧草等植物间的各种相互关系，制订出合理的轮作制度、栽培选择及种植结构计划。如在林下种植小麦，必须论证乔木与小麦之间的化感作用，如小麦对乔木、乔木对小麦等。人们在农林生产区，要注意小麦和乔木种植的密度，不仅可以降低竞争，还可以消除两者之间的化感抑制潜势。

多年以来，生态学家们对复合系统中的生理生态（包括水分、阳光等）、植物间的营养关系等方面进行了大量研究，其中，植物间的化感作用是一个重要的研究内容。颜桂军（2006）综述了农林复合系统中的化感作用。早在两千年前人们就已发现，黑核（或胡）桃木（*Juglans nigra*）附近许多其他的植物难以正常生长。1925 年，Massey 用试验证明了化感物质的存在。他发现黑胡桃树下 16m 以内的番茄（*Lycopersicon esculentum*）和苜蓿全部死亡，而死亡线和黑胡桃根的分布线一致。凡和黑胡桃根系接触的植株全部枯萎死亡。将黑胡桃根皮埋入种植番茄的土壤中，番茄生长也立即受到抑制。后来研究发现黑胡桃的枝叶也能分泌毒素，经淋溶到土壤中后具有相同的作用。1958 年，Bode 分离并鉴定了黑胡桃树中含有的化感化合物——胡桃醌（juglone）。它的浓度在 0.002%时，就能抑制其他植物的种子发芽。将它注入番茄和苜蓿的茎中，能杀死这些植物。这几乎是有关农林植物间生化他感的最早的报道。用桉属树种营造的防护林对农作物有抑制和毒害作用。细叶桉（*Eucalyptus tereticornis*）防护林带内的小麦和马铃薯（*Solanum tuberosum*）产量随靠近桉树而减产，同时细叶桉也抑制高粱和向日葵的生长。林带内的土壤理化性质基本一致，造成产量差异的主要原因是桉树产生的化感物质的作用。银荆（*Acacia dealbata*）的叶、果和树下表土的浸出液抑制某些牧草种子的发芽和生长，已从其提取液中分离出羟基苯甲酸、原儿茶酸、香豆酸和阿魏酸等。化感物质在化感中的相互促进作用在农林系统中发现较少，值得进一步研究，以使化感在这一重要经营方式中得到更充分的利用。目前，农林系统中小麦对乔木的化感几乎未见报道，大部分研究集中在乔木对小麦的化感作用。

一、典型地区乔木对小麦的化感作用

树木枯落叶对作物的化感作用是建设林（果）粮间作复合体系所要考虑的重要问题之一。田楠等（2013）采用陕西关中地区常见的 12 种树木枯落叶经室内混土分解培养后的不同浓度水浸提液作为培养基质，进行室内小麦种子萌发和生长试验，探讨了林（果）粮间作树种枯落叶对小麦的化感作用。杜仲和元宝枫处理促进了小麦幼苗苗高生长，提高了 CAT 活性，却降低了根系活力。泡桐和杨树处理促进了小麦种子萌发和幼苗生长。花椒处理抑制了小麦幼苗根长、生物量、CAT 活性和根系活力。核桃处理在高浓度时明显抑制了小麦发芽速度指数、根长、CAT 活性和叶绿素含量。梨树处理对小麦发芽速度指数、根长和叶绿素含量表现为低促高抑。苹果处理提高了小麦发芽速度指数、幼苗苗高、生物量和叶绿素含量。柿树处理和枣树处理抑制了小麦幼苗根长和生物量。桃树处理和杏树处理对小麦种子萌发表现为低促高抑。总体上对小麦起明显促进作用的树种是泡桐、苹果和杨树，其次是杏树和元宝枫。对小麦起明显抑制作用的树种是柿树、核桃和枣树，其次是花椒和桃树。印度 Sikkim Himalaya 地区是农林混合种植区，Uniyal 和 Chhetri（2010）研究了三种当地典型乔木对一些作物的化感作用，*Ficus nemoralisa* 对除穆子外小麦等受体种子萌发、幼苗胚根和胚芽具有促进作用，但 *Macaranga pustulata* 对除黑吉豆（*Vigna mungo*）外小麦等受体显著抑制。乔木旱冬瓜（*Alnus nepalensis*）叶片提取物对除玉米和黑吉豆外小麦等受体有毒害作用，而乔木旱冬瓜树皮提取物效应较弱。玉米对这三种乔木化感作用抗性最强，而黑芥（*Brassica nigra*）最敏感。这三个乔木种化感作用顺序为：乔木 *F. nemoralisa*>*M. pustulata*>旱冬瓜。受体化感抗性顺序为玉米>黑吉豆>小麦>豌豆>黑芥>穆子。

同理，Singh 等（2008）研究了印度 Garhwal Himalaya 地区不同海拔的树种林下根际土对作物的化感作用，乔木榕刺梨（*Ficus roxburghii*）根际土对小麦作物的发芽毒性最强，乔木 *Boehmeria rugulosa* 发芽毒性弱，但对胚芽抑制潜力强。受体稗子（*Echinochloa frumantacea*）、大豆（*Glycine max*）在乔木根际土处理下，生物量显著降低。总体上，稗子、大豆、小麦为敏感种，而油菜为抗性种。

Kaushal 等（2006）测定了两种典型乔木桑树（*Morus alba*）和毛红椿（*Toona ciliata*）对 5 种作物受体：小麦、玉米、大豆、豌豆、鹰嘴豆（*Cicer arietinum*）的化感作用，发现 1%~5%的叶片提取物将显著抑制受体作物的发芽率，但对受体幼苗的影响与受体种类、乔木供体种类、叶片提取物浓度有关。如桑树叶片 2%~4%水提取物可以促进鹰嘴豆胚芽和胚根的生长，1%的桑树叶片也促进了豌豆幼苗的生长，其他三个受体包括小麦、玉米和大豆在各个浓度幼苗均受到抑制潜势。毛红椿对 5 种作物受体幼苗的生长均表现为抑制作用。桑树的化感活性弱于毛红椿。Hassan 等（2008）研究了巴基斯坦 Peshawar 地区三种典型乔木牧豆树（*Prosopis juliflora*（Sw.）DC.）、赤桉（*Eucalyptus camaldulensis* Dehnh.）、金合欢（*Acacia arabica*（Lam.）Willd.）叶片和树皮水提物（0、50g/L、100g/L、150g/L）对作物小麦和杂草野燕麦、野生红花（*Carthamus oxyacantha*）的化感作用。发芽最受抑制，其中野生红花最敏感，150g/L 桉树提取物处理下只有 20%的发芽率，牧豆树和赤桉完全抑制野生红花的发芽和幼苗长度及生物量。小麦受体抗性最强。金合欢的化感活性最弱。Khan 和 Chaturvedi（2005）报道了三种乔木细叶桉、印度苦楝树（*Azadirachta indica*）、黄豆树（*Albizia procera*）对三种作物受体小麦、水稻、大麦的化感作用。5%~15%的叶片提取液对小麦和大麦存在抑制作用，但促进了水稻生长。一般受体幼苗的根长、苗高和干物质均受到供体的影响，其中大麦受抑制最强，水稻受抑制最弱。三种乔木总体化感作用比较为印度苦楝树>细叶桉>黄豆树。Dhanai 等（2013）研究了阿拉伯金合欢（*Acacia nilotica*），也为babul、kikar、Indian gum arabic tree，其新鲜叶片、树皮、豆荚等水提取物，浓度为 5%、10%、15%、20%（g/mL）对小麦的化感作用。小麦种子发芽和幼苗伸长受抑制程度与提取物浓度呈显著正相关，其中小麦的茎伸长比根长更受抑制，化感抑制潜势最强的部位为豆荚。Thapaliyal 等（2007）报道乔木柯子树（*Terminalia chebula*）和油榄仁（*Terminalia bellirica*）为化感作用最强的树种，其中，叶片的化感作用高于树皮。受体生物：尾穗苋、稗子为敏感种，而小扁豆（*Lens culinaris*）为化感中等抗性，小麦为最强化感抗性种。根据化感作用强弱大小，适宜在农林区推广顺序为无患子（*Sapindus mukorossi*）<印度枸桔（*Aegle marmelos*）<柯子树<油榄仁。

万开元等（2005）综述了水杉和杨树对作物生长的化感作用。如水杉通过淋洗、根系分泌物、挥发作用等途径释放化感物质，对小麦、青菜种子的萌发和小麦幼苗、幼根的生长产生不同的影响。化感物质浓度高时显著抑制植物的生长发育，随着浓度的降低，这种抑制作用会逐渐减弱、消失甚至转变为促进作用。将741杨树与花生、大豆间作有较好的效果，对玉米和几种田间杂草具有不同程度的抑制作用，随着栽植距离的接近，抑制作用将会增强。中林-46杨树根浸提液对大豆幼苗生长有极显著的促进作用，浸提液浓度>10mg/mL 时对小麦、玉米的生长表现出极显著的抑制作用，高浓度的浸提液对反枝苋、马唐、狗尾草等有明显的抑制作用。近年以杨树-农作物为主的农林复合系统在长江中下游发展十分迅猛，选择与杨树有促生作用、对杂草有抑制作用的作物非常重要。赵勇等（2010）通过测定种子萌发率，研究树叶水提取物对小麦、玉米、大豆种子萌发的化感作用。杨树和泡桐叶水提取物浓度达到50mg/mL 时对大豆的发芽率、发芽速率有明显抑制作用；杨树叶水提取物质量浓度达到10mg/mL 时和泡桐叶水提取物质量浓度高于20mg/mL 时对小麦、玉米有显著的抑制作用。杨树叶大于泡桐叶，对三种作物种子的化感抑制作用强度依次为小麦>玉米>大豆。印度也存在泡桐和杨树与作物混作的农林系统，如 Singh 等（2012）通过三年实验，发现泡桐和杨树叶片2%以上浓度提取液可导致受体作物小麦和玉米发芽率降低21%，其中杨树含有更多的单宁、蜡质、黄酮和酚酸，比泡桐化感作用更强。

Sharma 等（2000）报道印度生长的美洲黑杨（*Populus deltoides*）落叶和林下 0~15cm 表层土对小麦种子萌发和幼苗生长具有化感作用，如 0.45~1.40g/L 叶片提取物显著抑制小麦的生长，提取物浓度越高，抑制潜势越强。三年生的黑杨周边 3m 范围内的表层土壤对小麦具有化感抑制潜势，四年生的黑杨抑制潜势更强，6m 范围内都将抑制小麦的生长，可能表明化感物质随黑杨生长期逐渐累积。Ahalavat 和 Vimala（2008）指出印度北部山区农地上经常种植美国黑杨，成本低、收益高，但忽视了对林下作物的影响。通过实验发现美国黑杨叶片 2%~10%浓度提取液对小麦抑制最大，其次是黑吉豆和高粱，主要影响受体作物的种子活力、发芽速度等。Singh 等（2001）报道了美国黑杨对含小麦的多种冬季作物具有化感作用，黑杨存在的土壤比林下土壤和远离的土壤含有更多的酚酸，化感作用更强，受体发芽率、株高和生物量降低了 10%~30%，但燕麦和小麦未受到显著影响。黑杨叶片和枝丫枯落物混入土壤，则小麦幼苗长度和干重显著降低。Sharma 等（2000）指出美国黑杨可以抑制小麦地里的杂草小子虉草，在树基 3m 以内，分解落叶或林下土壤均可抑制杂草种子萌发和幼苗生长。落叶分解初期或离树基越近，树龄越大，其化感作用越强。如三年生的美国黑杨化感范围为 3m，而四年生的植株化感范围为 6m。这些表明美国黑杨可以和小麦混播，不仅促进小麦生长，而且可以抑制杂草滋生，且有利于防治农作水土流失。

二、典型乔木对小麦的化感作用

张权等（2015）发现薄壳山核桃叶片及青皮水浸液处理对小麦、油菜、绿豆三种受体植物的种子萌发和幼苗的苗高基本上表现为"低促高抑"的双重浓度效应，即随着浓度的增加也表现为促进作用降低或抑制作用增强的现象；对三种受体植物根长的抑制作用大于对苗高，而对幼苗鲜重、干重的影响与受体种类有关。薄壳山核桃叶、青皮对三种受体植物的综合化感作用分别为油菜＞小麦＞绿豆和小麦＞油菜＞绿豆。在相同浓度下，薄壳山核桃叶表现为促进作用，而青皮表现为抑制作用。晏婷等（2012）以小麦、白菜和绿豆为受体，发现核桃根系不同萃取相对三种植物受体根长的抑制作用大于苗高，其中乙酸乙酯萃取相的化感综合效应最强，对小麦、白菜根长和苗高的抑制率均达到60%以上，白菜种子最敏感。不同浓度乙酸乙酯萃取物对三种受体的化感作用强度不同，随萃取物质量浓度增加，小麦根长、苗高和相对含水量与对照相比均显著降低。核桃根系95%乙醇提取物对三种受体的抑制作用最强。各指标表现为在低质量浓度时促进生长而高质量浓度时抑制生长的作用效果。陈向明和马云飞（2010）测定在山核桃外果皮黄酮提取液（0.02~0.14mg/L）实验浓度范围内，各处理对小麦和绿豆生长具有促进作用，0.06~0.08mg/L黄酮提取液对小麦苗高和根长的影响极显著，0.06mg/L时对小麦苗高和根长的化感作用指数（RI）分别为0.120、0.136。0.12mg/L黄酮提取液对绿豆胚根和胚轴具有极显著促进作用，对胚根和下胚轴的化感作用指数分别为0.123、0.147。适宜浓度黄酮提取液能显著提高小麦和绿豆幼苗叶片SOD、POD的活性，同时显著降低其O_2^{2-}·产生速率、MDA含量和相对电导率，提高了其叶片保护酶活性并增强了细胞膜结构稳定性，促进了小麦和绿豆幼苗生长。别智鑫等（2007）利用核桃青皮水提液对小麦和白车轴草的生物活性进行测定，发现核桃青皮水提液中含有植物生长抑制物质，抑制率随水提液浓度的增大而升高。不同水提方式直接影响提取液的生物活性，如在相同浓度条件下，对受体生长的抑制率次序为鲜样热提液＞鲜样冷提液＞干样热提液＞干样冷提液。鲜样热提液和干样冷提液的生物活性差异显著，采用鲜样热水提取的方式较适宜。核桃青皮化感物质对不同受体的抑制作用不同，对白车轴草的抑制率高于小麦。

桉树会释放某些化学物质以抑制林内其他植物的生长，从而导致林内群落结构简单，林下灌木和草本植物稀少，进而引起较为严重的水土流失。田雪晨和陈贤兴（2014a，2014b）通过培养皿法和盆栽法发现大叶桉（*Eucalyptus robusta*）、巨桉、邓恩桉（*E. dunnii*）对玉米、小麦、萝卜、绿豆四种农作物的发芽指数和发芽率都有不同程度的抑制作用，但对幼苗生长的抑制作用不明显。同时，还对土壤种子库中杂草种子的萌发有明显的抑制作用，大叶桉树林下很少有其他植物，易造成水土流失，化感作用是其中原因之一。Patil（2002）测定了多个桉树树种蓝桉（*Eucalyptus globulus*）、细叶桉、柠檬桉（*E. citriodora*）、赤桉、巨桉对三种作物小麦、玉米和高粱的化感作用，在种子袋装上桉树根际土或周边一定距离的表层土，同时覆盖上桉树落叶，播种受体作物种子，土壤水分保持饱和含水量，发现受体种子萌发和幼苗长度干重显著受到抑制，其中小麦最敏感，玉米抗性最强。随着与桉树距离的增大，其化感作用逐渐减弱，距离、化感作用分别与枯落物量呈显著负、正相关。

孙天旭等（2010）发现外来树种火炬树（*Rhus typhina*）破碎鲜叶水浸提液极显著影响小麦发芽率，分别比对照的发芽率和发芽势降低 11.0%和 83.5%，干叶水浸提液则不影响小麦的发芽率，为 95.0%，但发芽势比对照降低 23.0%。火炬树破碎鲜叶水浸提液对小麦幼茎及胚根生长的抑制作用最强，但火炬树林下表层土壤水浸提液对小麦幼苗的生长无抑制作用。白丽荣等（2010）也指出火炬树叶内存在化感物质，且对小麦、绿豆、谷子种子的发芽率、发芽指数、活力指数、根长、苗高、鲜重有不同程度的抑制作用，随浸提液浓度的升高，对四种植物的抑制作用增强。农作物中火炬树浸提液对谷子的化感作用最大，小麦和绿豆最不敏感。闫兴富等（2009）报道火炬树果穗水浸提液对小麦种子的萌发具有强烈的抑制作用。1.7%~10%水浸提液处理的小麦种子萌发率从对照（蒸馏水处理）的98.9%降到 26.7%，萌发率、萌发指数和幼苗活力指数均显著低于对照，而且萌发进程延迟。火炬树果穗水浸提液对萌发指数的化感作用最强，对幼苗活力指数的化感作用次之，对萌发速率系数的化感作用最弱。杨小录等（2010）以蒸馏水处理小麦种子为对照，研究不同浓度银杏叶水提液对小麦生长影响的变化规律。随着银杏水提液处理浓度的增加，小麦种子萌发率、幼苗根长和苗高以及小麦鲜重均明显受到抑制，其中对小麦根长的影响强度最大。 幼苗干重表现为增加趋势，但趋势不太明显。对各指标影响的强度依次为根长>苗高>鲜重>干重。银杏叶水提液对小麦生长的化感作用总体表现为抑制作用，且在较高浓度下抑制作用更强。

Muralikrishna 等（2016）研究了麻疯树（*Jatropha curcas*）原位和异位对小麦生长和产量的影响。异位实验包含叶片提取物室内培养皿实验、残体混入处理的盆栽实验。室内实验发现叶片提取物，尤其高浓度下抑制了小麦种子发芽和幼苗生长。盆栽实验发现，麻疯树不同组织混入土壤处理，将提高小麦生物量和作物产量，其中果实的促进作用大于茎叶部。原位实验为小麦直接播种在树下，为了去除林木的遮阴效应，把麻疯树修剪到 0.5m 左右的树高，小麦生物量和产量降低，但随树木密度降低，小麦受影响程度减小。总之，麻疯树落叶有利于作物的生长。特别在印度西北部干旱地区，在麻疯树种植密度低的情况下，小麦是一个农林系统中的优良冬季作物。Venkatesh 等（2011）报道了不同麻疯树品种叶提取物对小麦具有化感作用。

三、其他乔木对小麦的化感作用

Bhatt 和 Chauhan（2000）报道了两种栎树青冈栎（*Quercus glauca* Thunb.）、*Q. leucotri chophora* 对三种作物小麦、芥菜和小扁豆的化感作用。发现这两种栎树的新鲜叶片、落叶和掉皮水提物均抑制三种受体的种子萌发、幼苗长度和干重。盆栽实验中，落叶混土或者掉皮混土处理也出现类似抑制作用。这两种栎树根际土也将影响受体的色素含量和干物质。Dudai 等（2009）报道白薄荷槐（white micromeria, *Micromeria fruticosa*）新鲜叶片或叶片残体添加在土壤中可抑制小麦种子萌发和幼苗生长。其中叶片在砂土介质中的化感作用强于黏土。土壤灭菌抑制了叶片挥发性物质的降解，其中的精油挥发物中的物质胡薄荷酮（pulegone）和异薄荷醇（isomenthol）为其可能的化感物质。Zahed 等（2010）通过 GC-FID、GC-MS 分析了景观树种漆树科秘鲁乳香树（*Schinus molle*）果实和叶片精油成分，发现精油中主要含有 35.9%~65.4%的 *β*-phellendrene 和 limonene、24.3%~20.1%的 *α*-phellendrene、12.8%~7.7%的 myrcene、5.9%~1.7%的 *α*-pinene。对小麦受体发芽和胚根伸长具有化感作用，与浓度呈正相关，且叶片精油化感作用强于果实。

Prasad 等（1999）指出乔木帚枝鼠李（*Rhamnus virgata*）对农林系统中四种作物受体具有化感作用。在大田和盆栽实验中，均证实 2.5%~10%茎叶部和根系组织的水提物或有机提取物对小麦、小扁豆、穇子（*Eleusine coracana*）、黑豆种子萌发和幼苗生长具有植物毒性。小麦、穇子比小扁豆和黑豆更敏感。500ppm浓度的提取物抑制潜势最强，丁醇提取物抑制潜力强于氯仿和轻石油。其中组织混入土壤中，则不仅影响受体种子萌发、幼苗生长，而且影响受体植株蛋白质、氨基酸、碳水化合物、色素、NPK 营养含量。其中地上部组分可能含有的化感物质是：physcion、chryosophanol、7-*O*-methylkaempferol、7-*O*-methylkaempferol-3-*O*-*β*-rhamnioside、kaempferol-3-*O*-*β*-rhamnioside、entepiafzelechin-(4*α*→8′, 2*α*→O→7′)-kaempferol。其中 40ppm 的 entepiafzelechin-(4*α*→8′, 2*α*→O→7′)- kaempferol化感抑制潜力最强。

Awasthi 等（2005）在培养皿和塑料盆栽中研究了余甘果（*Emblica officinalis*）叶片提取物对小麦、黑吉豆、芥菜和乌头叶菜豆（*Phaseolus acontifolius*）的化感作用，其中芥菜种子发芽被抑制 94%，而小麦和乌头叶菜豆被抑制较弱，为 10%。余甘果叶片提取物对受体幼苗茎组织的化感作用强于根系组织。芥菜茎组织生长被降低 50%以上，黑吉豆被降低 32.43%。Haq 等（2010）调查了桑树（*Morus alba* L.）叶片提取物对小麦和杂草狗牙根（*Cynodon dactylon*）的化感作用，发现可 100%抑制两受体的种子萌发。当两受体发芽出苗后，叶片喷施桑树提取物，发现杂草狗牙根生长受抑制，但小麦生长得到促进，这表明作物出苗后喷施桑树提取物，可以当做农药使用，一方面消除杂草，另一方面还可促进小麦生长和提高最后产量。邓鹜远等（2009）采用生物测定法研究了宜宾油樟（*Cinnamomum longepaniculatum*（Gamble）N. Chao ex H. W. Li）根、茎、叶水浸提液对小麦种子萌发及幼苗生长的化感作用。油樟对小麦的化感作用与供体的不同器官、浸提液浓度以及受体的不同发育阶段有密切关系。油樟浸提液主要延迟小麦种子的萌发。随浸提液浓度的增大，小麦种子的最终发芽率、发芽速率、幼苗叶绿素含量呈"降-升-降"的变化趋势，而幼苗高度、根长呈"升-降"的变化趋势。化感强度综合效应是叶>根>茎。

Pande 等（1998）测定了扁桃树（*Prunus amygdalus* Batsch.）对小麦的化感作用，并鉴定了其中的化感物质。扁桃树有 8.0 m 高，有很多变种，如 *P. jacquemontii*、*P. serotina*、*P. pumila* 等，分布在印度 760~2400m 海拔区，可生产果实、木材和薪材。在 Garhwal Himalay 地区，经常将作物与树木混播，进行水土保持，但扁桃树对小麦发芽有化感作用。Todaria 等（2008）研究了三种榕树 *Ficus palmata*、*F. auriculata*、*F. cunia* 对大田作物小麦、大麦、芸薹、小扁豆（*Lens culinaris*）种子萌发、生长和干物质生产的化感作用。不同榕树物种的化感作用不同，如 *F. auriculata* 只影响受体发芽，而 *F. palmata* 抑制受体幼苗的生长。榕树根际土相比于对照和表层土，显著抑制了受体植物发芽和幼苗生长，其中叶片化感作用强于树皮。

第三节　不同基因型小麦的化学生态学

化学生态学是属于化学和生态学的交叉学科，主要研究生物间的化学联系及其机理。小麦的化学生态学是以小麦产生的功能次生代谢物质为媒介，研究小麦与害虫、小麦与天敌、小麦与异种植物等的互作关系、协同演化与进化、诱导抗性等。

一、小麦与昆虫的化学关系

在生态系统中，各生物种间形成以营养为基础的食物网（链），小麦-害虫-天敌三者构成一条典型的食物链。害虫对小麦的危害，以及天敌对害虫的寄生或捕食均必须经过寻找和识别的选择过程。害虫是如何识别小麦的，天敌又是怎样寻找到害虫的，其选择机制除了物理学因子（如视觉、触觉、味觉）外，小麦、害虫、天敌之间可能存在以挥发性物质作为传递载体的信息流。小麦与小麦、小麦与害虫、小麦与天敌、害虫与天敌等生物之间进行化学信息通信是一种普遍的现象。

杜家纬（2001）综述了植物-昆虫间的化学通信，把植物释放的化学信息分为两类：第一类是植物本身在生长发育过程中所释放的挥发性气味物质，这些气味物质诱导着昆虫产生寄主定向行为、逃避行为、产卵场所选择行为，刺激雌雄交配、取食、聚集和传粉行为等；第二类化学信息则是植物受到昆虫攻击后才产生和释放的，这些化学信息招引捕食性天敌来抗御外来害虫的攻击，起着互利素的作用，或是释放一些气味物质作为同种植物个体间的告警化学信号，有的甚至释放能抑制植食性昆虫幼虫取食的化学物质。

在我国危害麦类作物的害虫超过 110 种，隶属于 8 目 40 科以上。潘殿新（2009）统计了小麦的主要害虫有：麦蚜、小麦吸浆虫、黏虫、麦叶蜂、麦秆蝇、麦蜘蛛、地下害虫沟金针虫、蝼蛄、蛴螬等。其中以麦蚜发生危害最为严重，所有麦区都有发生，且需要年年防治；其次为地下害虫，种类多，发生普遍，为害较重。此外，小麦储存和面粉制作中也存在一些害虫。王亚南和刘孟元（2000）对散储小麦害虫种群年际变化规律进行了研究。玉米象、书虱、螨类为散储小麦的主要害虫。在散储小麦一年四季中，午夜到凌晨时段均为害虫多发期。秋季（1992 年 9 月）是害虫高发期。散储小麦春、冬季仓门对面害虫密度较大；夏、秋季仓门及仓门对面处害虫密度较大。姚渭（1992）报道了小麦散装粮堆昆虫群落的组成和结构，发现当年入库小麦散装粮堆仓库昆虫计有 13 种，优势种群为玉米象，占捕获总虫量的 87.5%；次要种类有麦蛾、书虱、腐食酪螨、麦蛾萝蜂。Khanna 和 Ashamo（2007）指出小麦种子在储存时，麦蛾（*Sitotroga cerealella*（Olivier））将危害种子安全。一般小麦品系不同，对麦蛾的抗性不同。小麦种子的大小、硬度与其抗性无显著相关性，只是种子内含化学物影响其抗性。

化学农药的长期单一使用，既杀伤了天敌，又使麦蚜抗药性增加，而且严重破坏了麦田生态平衡，污染生态环境。因此，应探寻以生态调控为基础的可持续控制新技术，如利用天敌防治小麦害虫。董慈祥（1996）指出小麦害虫蛛形纲天敌种类有 58 种，隶属 2 个目、15 个科、38 个属。许荣钦等（2011）报道了 2009 年湖北省植物保护总站在江汉平原调查小麦条锈病时，发现大量取食小麦条锈病夏孢子堆的橘红色天敌昆虫，经鉴定初步确定为双翅目瘿蚊科的一种幼虫。陈金安（2002）指出麦蚜天敌对小麦蚜虫的田间控制作用比较明显，其中七星瓢虫和草间小黑蛛为优势种，控制效果分别为 28.5%和 23.2%。采取充分发挥自然天敌的控制作用、高峰期辅以化学防治的综合治理策略，可有效地压低蚜虫基数，把蚜虫控制在穗前，以减轻蚜虫对小麦的危害。

麦茎蜂（*Cephus cinctus* Norton（Hymenoptera: Cephidae））从 19 世纪晚期开始成为小麦主要害虫。Yang 等（2011）指出春小麦播种密度和品种选择可以降低害虫的危害，如空心茎和实心茎小麦品系在 150~450 粒/m^2 播种密度比较下，空心茎 AC Avonlea 品系感染率最低，播种密度越大，感染率越低；而实心茎品系 Lillian 在中低播种密度下，害虫抗性增强。Tucker 等（2000）指出麦红吸浆虫（*Sitodiplosis mosellana* Gehin）和普通小麦、硬质小麦（*Triticum durum* L.）种子存在营养化学关系，即侵害的小麦植株生物量降低，补偿效应弱。一般一粒小麦可寄生 1~3 个幼虫，但其生物量可以支撑至少 11 个幼虫的生长成熟。一个幼虫增加 1mg 的生物量，小麦种子消耗 4.1~8.5mg 生物量，但是幼虫取食完成后，种子质量却增加了 1/3，随更多幼虫取食完，种子质量增加效应逐渐减弱。幼虫可诱导种子质量增加率为 100mg/mg，而侵害的种子发芽率和早期生长均很低。

不同的耕作模式也影响小麦害虫和天敌动态。Krooss 和 Schaefer（1998）指出农耕制度影响小麦与害虫隐翅虫的关系，如作物轮作、肥料与农药施用、土壤耕翻等。不同的农耕制度下，优势害虫种类（*Tachyporus hypnorum*、*Oxytelus inustus*、*Lesteva longelytrata*、*Philonthus fuscipennis*）不变，但种群数量和结构有显著不同。在少耕和农药少施制度下，昆虫丰度和多样性最大，可能原因是杂草密度增大，微环境改善，有助于昆虫繁殖。耕翻将降低昆虫数量，因此免耕土地、农药少施不施，昆虫丰度和生物量提高。但肥料不施可能导致小麦生长不利，即使不施农药，昆虫数量也将降低。Scott 等（1997）指出氮肥可以影响冬小麦蚜虫麦长管蚜（*Sitobion avenae*）、麦无网长管蚜（*Metopolophium dirhodum*）的种群动态。传统的氮处理（190 kg/hm²）以及高氮处理（130~210 kg/hm²）均可提高麦无网长管蚜蚜虫数量，但麦长管蚜种群存在年际变化。如有利环境，氮促进蚜虫生长，而降雨多的年份，无氮处理利于蚜虫繁殖。在施氮肥的小麦处理中，抽穗期前蚜虫数量达到最大。

李川等（2011）指出小麦与油菜邻作可以有效保护和利用天敌，增强田间自然天敌对害虫的控制能力，如两片农地田间昆虫群落的组成相似，主要田间害虫为蚜虫，其捕食性天敌包括瓢虫类、草蛉类、蜘蛛类和食蚜蝇，寄生性天敌为蚜茧蜂。两年间田间昆虫群落的组成有一定的变化，但均表现为邻近油菜的麦田蚜虫丰富度最低，捕食性天敌和寄生性天敌的丰富度最高；邻近油菜的麦田昆虫群落、麦蚜亚群落、捕食性天敌亚群落的稳定性高，远离油菜的稳定性低。李素娟等（2007）指出小麦与不同作物间作模式影响捕食性天敌的丰度和昆虫群落的稳定性。麦套荷兰豆最高，其次为麦套油菜田，单作麦田最低；麦套荷兰豆田麦蚜群落稳定性较好，单作麦田捕食性天敌亚群落的稳定性较好。麦蚜亚群落主要特征值分析表明，多样性指数和均匀度为麦套荷兰豆>单作麦田>麦套油菜，优势度和优势集中性指数为麦套油菜>单作麦田>麦套荷兰豆；主要捕食性天敌亚群落的多样性指数和均匀度为单作麦田>麦套油菜>麦套荷兰豆，优势度和优势集中性指数为麦套荷兰豆>麦套油菜田>单作麦田。

Gallo 和 Pekar（2001）指出耕作方式和前茬作物影响小麦害虫和天敌动态。如深耕有助于小麦害虫滋生，而浅翻提高了天敌种群数量。前茬作物青贮料玉米、豌豆对小麦害虫和天敌组成与丰度无显著影响。有机农业模式比综合模式更有利于小麦生产可持续。Pujade-Villar 等（2016）指出小麦农地中植物物种（禾本科、阔叶植物、豆科）组成和多样性影响小麦害虫和天敌等节肢动物（咀嚼类植食者、刺吸式植食者、花粉消费者、杂食者、食腐者、拟寄生物、捕食者）结构。小麦地植物多样性越大，植食者丰度越大。而植食者和食腐者丰度越大，这些害虫的天敌数量也越大。这证明了小麦-害虫-天敌的等级营养结构假说。禾本科植物促进了刺吸式植食者、食腐者及天敌繁殖。而豆科植物，有利于天敌等益生节肢动物的生长，如拟寄生物、捕食者，从而有利于害虫的控制。Ge 等（2013）指出农业景观的空间结构显著影响小麦麦蚜虫及其天敌的分布和多样性，如土地边界、土地中心、邻作作物种类（苜蓿、玉米）等。小麦与苜蓿间作可以增加地块边的天敌（叶片捕食者和寄生生物）丰度和多样性，地块中间的天敌数量较低，苜蓿对根际土捕食者无显著影响。但小麦-玉米间作结果相反，昆虫数量很低，地块边和中间地带昆虫种群无显著差异。这些种群较大的昆虫是：燕麦蚜茧蜂（*Aphidius avenae*（Haliday））、烟蚜茧蜂（*A. gifuensis*（Ashmead））、多异瓢虫（*Hippodamia variegata*（Goeze））、中华草蛉（*Chrysopa sinica*（Tjeder））。Holland 和 Thomas（1997）研究了综合耕作和传统农作体系中多食性的无脊椎动物，如步行虫科、隐翅虫科、蜘蛛目等，对麦长管蚜、麦无网长管蚜等麦蚜的影响以及对小麦产量和质量的影响。当捕食性动物移除时，麦蚜数量达到高峰，麦蚜最大增长率为31%，大约为每天增加 130 只蚜虫，但未降低小麦的蚜虫感染率。蚜虫的物候学可能导致多食性的无脊椎动物的捕食效率，如晚播小麦对夏末蚜虫侵染更敏感。蚜虫数量对小麦产量影响弱，但显著影响小麦质量，而捕食性昆虫的减少对小麦产量和质量无直接影响。多食性捕食者与麦蚜存在显著负相关，不同耕作体系影响天敌组成和丰度，从而影响蚜虫侵染率。

植物化学通信在植物-昆虫关系中意义重大。黄安平（2014）综述了虫害诱导植物挥发物介导的虫害植物和健康植物之间的化学信息通信，即植物种内化学通信，挥发物可能是茉莉酸甲酯、萜类化合物等，其中绿叶挥发物是绿色植物在受到损伤或在生物和非生物胁迫下释放的 6-碳原子的醇、醛及其酯类衍生物。孔垂华和胡飞（2003）指出许多陆生植物种可以合成并释放特定的次生物质，这些次生物质可以通过空气和土壤两种载体进行信息传递，尤其是在植物受到侵袭和寄生条件下。茉莉酮酸甲酯、水杨酸甲酯和乙烯等挥发性次生物质被确证为以空气为媒介进行植物种间和种内通信的化学信号分子。植物根分泌的黄酮和氢醌等分子也可以经土壤媒介传递信息。吴鹏飞等（2006）综述了逆境中植物化学通信机制，指出植物体内不同细胞组织间会发生剧烈的化学通信，植物与其他有机体（包括同种）间也会有信息交流。其中植物的次生代谢物质如植物激素（脱落酸、生长素和乙烯等）、植物生长活性物质（多胺类化合物、茉莉酸和水杨酸等）和 Ca^{2+} 等担任信息的传递功能，可保证信息传递的迅速、准确、保密及稳定，使植物有效地抵抗并适应各种逆境。

20 世纪 80 年代以来，作物-害虫-天敌三个营养层的相互关系，已成为国际上公认的重要研究领域。90 年代后，发现植食性昆虫取食植物可诱导植物释放特异性挥发物，如互益素吸引寄生性和捕食性天敌。赵春青等（2005）指出麦蚜侵害小麦时，小麦可产生挥发性物质：2-茨烯、6-甲基-5-庚烯-2-酮、6-甲基-5-庚烯-2-醇，寄生蜂和捕食者利用这些挥发物来寄生和取食小麦害虫麦蚜。Cai 等（2009）指出小麦内生抗性不仅降低了蚜虫的种群数量，而且对害虫天敌种群动态产生显著影响。不同的小麦品系，抗性不同，蚜虫麦长管蚜和寄生天敌烟蚜（*Aphidius* spp.）数量不同。寄生天敌种群数量高峰期一般出现蚜虫高峰期后的 9~12d，两昆虫在敏感性小麦上的密度大于抗性小麦品系。总体，抗性小麦品系有利于寄生天敌的寄生，从而增强对害虫的控制。Elek 等（2009）指出小麦叶片中可合成大量的蚜虫禾谷缢管蚜（*Rhopalosiphum padi*）抗性物质，如肟酸（DIMBOA）及糖苷，这些物质随小麦从二倍体（*T. boeoticum* 和 *T. monococcum*）→四倍体（*T. durum*）→六倍体（*Triticum aestivum*）进化含量逐渐降低。因此，六倍体的小麦对蚜虫抗性较弱，拒食性差。Goussain 等（2004）指出叶面后土壤施用硅肥影响小麦-害虫麦二叉蚜（*Schizaphis graminum*（Rondani））-天敌 *Chrysoperla externa*（Hagen）、*Aphidius colemani* Viereck 的三者营养关系。硅肥增加了小麦的抗性，同时降低了绿麦蚜数量，其机制是硅容易沉积在小麦细胞壁中，增加细胞壁的物理阻隔性，蚜虫刺吸管不易穿透，同时硅有助于小麦抗性物质的合成和累积。但硅对小麦害虫的捕食者和寄生者无显著影响。Smits 等（2012）指出农林系统中乔木和伴生植被可诱导农地生物异质性，从而影响小麦害虫和捕食者的动态。一般，农林系统中植被多样性因为除草而下降，或者通过播种开花植物吸引成体天敌来诱导提高植被多样性。在农林生态系统和单播地块之间或除草区和开花区之间，蚜虫和捕食者无显著差异，其原因可能是生物异质性较弱，无法改变昆虫动态，或者景观多样性有可能影响了乔木的昆虫效应。Lang（2003）指出小麦地可以维持杂食无脊椎动物的生长，尤其是活动在地表的捕食者，如步甲（Carabidae）、蜘蛛（Lycosidae, Linyphndae）等，但这些捕食者之间的种间关系将影响小麦和害虫的生长。当步甲消除后，蚜虫数量达到最大，小麦蛋白质含量升高，但分蘖数和谷粒生物量未发生变化。一般步甲的除虫效在开始最高，而后慢慢降低。在生长季中期，需要步甲和蜘蛛联合作用，清除中等密度的蚜虫，这可能归结于两种捕食者的生物量效应，而不是协同作用。当蜘蛛迁出后，缨尾目数量降低，大叶蝉科和飞虱科未受到显著影响。步甲和蜘蛛的种间关系，尽管可以降低蚜虫数量，但也将影响小麦质量和产量性状。

Haubruge 等（2009）发现四种不同的生境，即四种作物地：绿豆、小麦、荨麻、林地等，影响蚜虫和天敌的相对发生率和季节性动态。其中三种作物生境地主要的蚜虫分别为豌豆长管蚜（*Acyrthosiphon pisum* Harris）、麦长管蚜、

Microlophium carnosum Buckton。这些蚜虫的天敌为七星瓢虫（*Coccinella septempunctata*）、黑带食蚜蝇（*Episyrphus balteatus*）、阿尔蚜茧蜂（*Aphidius ervi*）。尤其荨麻可引入外来天敌异色瓢虫（*Harmonia axyridis* Pallas）。因此，荨麻显著改变了天敌和蚜虫的种群数量，可以用作间作作物来控制害虫。Hesler 等（2000）发现小麦和紫花苜蓿套种以及耕作强度（crop management intensity）显著影响蚜虫禾谷缢管蚜、麦长管蚜、麦二叉蚜和食蚜天敌的数量。耕作强度包括氮肥、农药施用以及耕作程度等。耕作强度大将促进捕食者七星瓢虫繁殖。

　　刘勇（2001）的博士论文综述了小麦-麦蚜-天敌三者互作关系的信息化学物质的来源及其机制。植食性昆虫取食危害诱导的挥发物主要由其取食造成的机械损伤及其口腔分泌物的诱导产生。机械损伤产生的挥发物主要来源于三部分：一是绿叶气味，当植物细胞受到机械损伤时，由质膜上游离到细胞质中的脂肪酸、亚油酸和 α-亚麻酸经脂氧合酶、过氧化物裂解酶等一系列酶促反应形成；二是原积累于植物细胞、组织或器官中的挥发物，当植物组织受到损伤时，可以直接释放；三是积累于植物细胞、组织或器官中的挥发物前体（如糖苷），当植物受到机械损伤时，与一些水解酶等的接触导致挥发物的释放，如生氰糖苷释放 HCN。植食性昆虫口腔分泌物的诱导涉及诱导因子对植物次生代谢途径的调控，以及植物体内复杂的信号传导途径。其可能的释放机制是植食性昆虫取食植物并释放诱导物，诱发植物产生系统信号物，且与细胞质膜上的跨膜受体结合，激活 G 蛋白→通过胞内信号传导途径，G 蛋白激活脂酶→亚麻酸从膜上游离至细胞质内→类十八烷信号传导途径产生茉莉酸→茉莉酸与大分子受体结合，促使植物挥发物的系统释放→通过植物个体间的化学信使，导致植物挥发物整体释放。

二、典型的信息化学物质

1. 乔木类信息化学物质

　　森林生态系统多种复杂的信息化学物质（semiochemical）影响和决定森林生态系统内生物的时空结构与分布。小蠹虫对寄主树木的选择和入侵及危害的整个过程（包括扩散、选择、定居和繁殖）是在森林生态系统内树木次生代谢物质和小蠹虫化学信息素的综合调控下完成的。孙守慧等（2008）指出松树的信息化学物质可能是 α-蒎烯（α-pinene）、壬醛（nonanal）、反式马鞭草烯醇（*trans*-verbernol）和桃金娘烯醇（myrtenol）。如两份 α-蒎烯对黄色梢小蠹（*Cryphalus fulvus*）的诱集量（17.5 头）显著高于对照和其他处理，诱集效果最好，为对照的 25 倍。两份 α-蒎烯+壬醛+反式马鞭草烯醇对松纵坑切梢小蠹（*Tomicus piniperda*）、松横坑切梢小蠹（*T. minor*）的诱集量均最高，诱集效果分别是对照的 612 和 1085 倍。两份 α-蒎烯+壬醛+反式马鞭草烯醇+桃金娘烯醇对红松根小蠹（*Hylastes plumbeus*）

引诱效果最好，是对照的 136 倍。谢寿安和丁彦（2010）发现在室温状态（25℃）下，华山松大小蠹（*Dendroctonus armandi* Tsaiet Li）雌虫后肠挥发物中含有 23 种物质，主要为萜酸类、萜烯类、雌雄甾类、醇类和醛类等；雄虫后肠中有 25 种，以有机酸（树脂型萜酸居多）、酯类化合物和萜烯类化合物为其主要成分；粪便中有 33 种，树脂型的萜酸最多。华山松大小蠹的化学活性物质以萜类化合物为主。

刘增辉等（2014）综述了松树和大小蠹的信息化学物质。如松树等寄主挥发物有两类：一类是寄主树脂的挥发性组分，主要是挥发性单萜类物质；另一类是衰弱、腐朽寄主中微生物代谢产生的乙醇等物质。针叶树挥发性单萜类物质主要有 8 种：α-蒎烯、莰烯（camphene）、β-蒎烯（β-pinene）、3-蒈烯（3-carene）、萜品油烯（terpinolene）、月桂烯（myrcene）、β-水芹烯（β-phellandrene）和柠檬烯（limonene）。世界上已确定大小蠹信息素的化学成分有 12 种，如 α-蒎烯、月桂烯、3-蒈烯等。松果梢斑螟（*Dioryctria pryeri*）是一种重要的针叶树蛀食类害虫，其分布与针叶树寄主植物分布相一致。杜秀娟（2009）发现红松球果挥发性物质单组分为 α-蒎烯、柠檬烯、β-蒎烯。幼虫对引诱源选择强弱顺序为 α-蒎烯、柠檬烯、α-蒎烯+β-蒎烯乙醇溶液。

2. 昆虫信息化学物质

昆虫化学信息物质以其微量、高效、无污染、与农药兼容等特点而成为当前世界各国昆虫学家研究的热点问题。在自然生态系统，昆虫与昆虫、昆虫与植物之间的联系有物理、化学方式传递信息。但昆虫求偶、取食、召唤、交尾、产卵、聚集、追踪、告警、防御、定向栖息场所、搜索寄主、中间识别等主要为化学联系。Law 和 Regnier（1971）将那些支配生物之间相互作用的化学物质用"信息化学物质"（semiochemicals）表示，又称为信息物质。迟克强等（2004）综合诸多文献和以往的研究成果，对来源于昆虫的化学信息物质的种类有：①昆虫内激素（hormone）是由昆虫内分泌系统分泌，在昆虫体内运转，调节昆虫的代谢，分为脑激素（brain hormone）、蜕皮激素（ecdysone）、保幼激素（juvenile hormone）；②信息素常指昆虫外激素（pheromone），即从昆虫体内散发到体外引起昆虫产生行为反应的化学物质，又包括种内信息素和它感化合物（allelochemicals）两类。种内信息素，包含性信息素（sex pheromone）、聚集信息素（aggregation pheromone）、踪迹信息素（trail pheromone）、警戒信息素（alarm pheromone）、疏散信息素（epideictic pheromone）和标记信息素（mark pheromone）等；对于种间信息物质或它感化合物（allelochemicals），Whittaker（1970）所定义的它感化合物分为四类：利己素（allomone）、利它素（kairomone）、协同素（synomone）以及非气信息素（apneumones），另外抗生素（antimone）也属于它感化合物。如石旺鹏（2005）指出化学通信是蝗虫种内和种间通信联系的普遍方式。田厚军等（2009）综述来源于植物的信息化学物质作用是驱避、毒杀、拒食、引诱（含非诱导性挥发物、诱导性挥发物）。而戴建青等（2010）从另外一个角度总结了与昆虫相关的植物挥发性信息化学物质的种类，如①按植物种类特异性分：特异性植物挥发物、一般性植物挥发物；②按有无虫害诱导分：完整植物挥发物、虫害诱导植物挥发物；③按生物合成途径和释放部位分：花果实合成释放挥发物、营养组织茎叶等释放挥发物。虫害诱导植物挥发物是植物受到昆虫攻击（取食等）后才产生和释放的，主要包括萜类化合物（单萜、倍半萜及其衍生物）、绿叶气味物质（主要是挥发物中含 6 个碳的醛、醇及其酯类，由植物体内脂肪酸、亚油酸和 α-亚麻酸经脂肪酸氧化酶、过氧化物裂解酶等一系列酶促反应形成）、含氮化合物（主要有腈类和肟类化合物）、其他化学物质（主要是除了绿叶气味物质以外的醛、醇、酯和一些呋喃衍生物等）。

3. 小麦信息化学物质

Piesik 等（2008）报道成体麦茎蜂不仅寄生在野生禾本科杂草上，也可转移侵害小麦，在伸长的多肉质的小麦茎上寄生产卵。当小麦受到麦茎蜂侵害时，小麦可诱导释放挥发性物质。其中有 7 种物质为可能的信息化学物质：(Z)-3-hexenyl acetate、(Z)-3-hexen-1-ol、(E)-2-hexenal、(E)-2-hexenyl acetate、(E)-β-ocimene、(Z)-β-ocimene、6-methyl-5-hepten-2-one 等。(Z)-3-hexenyl acetate、β-ocimene、(Z)-3-hexen-1-ol 可引诱大量的雌蜂，6-methyl-5-hepten-2-one 可拒避雌蜂，(E)-2-hexenal、(E)-2-hexenyl acetate 对雌蜂无显著影响，但 (Z)-3-hexenyl acetate 在最高测试浓度是从引诱效应变为拒避，这些效应与浓度呈正相关。但雄蜂对这些物质无任何行为反应。这些结果表明信息化学物质不仅有助于评价小麦的抗性，而且可以调控管理控制害虫。Weaver 等（2009）进一步指出，两个小麦品种 Conan 和 Reeder 株高和发育史无显著差异，都容易感染 Cephus cinctus，但后者含有更多的信息化学物质 (Z)-3-hexenyl acetate，因此麦茎雌蜂更喜好在 Reeder 寄生产卵，Reeder 可以作为麦茎雌蜂的捕捉作物。Howard 等（2005）发现小麦-麦茎蜂（C. cinctus）-寄生蜂（小茧蜂（Bracon cephi）和 Bracon lissogaster（Hymenoptera: Braconidae））之间的信息化学物质可能是 C12-C20 醇的乙酸酯类物质，如 hexadecanyl acetate、octadecanyl acetate、octadecenyl acetate 等。其他物质也参与了化学通信，如 C23:1-C35:1 单烯、C31:2-C35:2 双烯、C33:3-C35:3 三烯、C19-C31 正烷烃等。Molck 等（2000）比较了寄生蜂 Aphidius rhopalosiphi（hymenoptera: aphidiidae）在两个体系的生长情况：燕麦-麦长管蚜（Avena sativa-Sitobion avenae）、小麦-麦长管蚜（Triticum aestivum-S. avenae）。雌蜂能寄生在燕麦-蚜虫体系，可能与燕麦产生特殊的气味信息化学物质有关。方宇凌等（2004）测定了棉铃虫

（*Helicoverpa armigera*）处女雌蛾和交配雌蛾对小麦花中单一或多个挥发性物质的触角电位反应。在单组分或多组分的测定中，棉铃虫处女蛾和交配蛾在 P =0.05 水平上并不存在显著性差异，但在混合的绿叶气味物质中加入含量为 1×10^{-5}~ 5×10^{-5}（体积比）的正庚醛时，交配蛾对混合物的触角电位反应显著高于处女蛾的反应。绿叶气味是植物所散发的较具共性的信息化学物质，多种植食性昆虫均对顺-3-己烯醇、反-2-己烯醛等绿叶气味有较强的电生理反应。高勇（2008）指出可利用小麦次生物质对田间害虫及其天敌的种群进行生态管理，如通过使用小麦次生物质：水杨酸甲酯和 6-甲基-5-庚烯-2-酮两种化合物调节麦长管蚜及其主要天敌——异色瓢虫和燕麦蚜茧蜂的种群动态和天敌群落结构。

　　Piesik 等（2006）指出植物受到虫害、动物取食和机械损害等时，叶片可释放大量的挥发性物质。小麦植株受到侵害时，可产生大量的次生代谢物芳樟醇（linalool: 3,7-dimethyl-1,6-octadien-3-ol）、氧化芳樟醇（linalool oxide: 5-ethenyltetrahydro-2-furanmethanol）。这些防御物质的含量与侵害种类和侵害时间有关。Weaver 等（2007）报道镰刀菌冠腐病（*Fusarium* spp.）感染小麦时，小麦植株可产生挥发性物质，如 linalool、linalool oxide、β-farnesene。不同的病原菌诱导小麦产生防御物质的含量显著不同。Bruce 等（2003）指出顺式茉莉酮 *cis*-jasmone 是一种挥发性信息化学物质，当在小麦中喷施 24h 后，可增强其防御能力，则被蚜虫麦长管蚜侵害率显著降低，蚜虫种群繁殖率也显著降低。周斌和孔垂华（2013）认为杂草马唐和野燕麦与小麦之间存在复杂的种间化学互作关系，一方面马唐和野燕麦通过分泌多种化学物质抑制小麦生长而获得竞争优势，另一方面小麦也能通过识别杂草释放的信息物质来调控化感物质的合成与释放，对伴生杂草竞争进行响应。马唐和野燕麦精油分别含有 52 种和 28 种化合物，其中马唐精油中发现含有激发植物化学防御的信号分子茉莉酸甲酯，两种杂草精油均可通过空气、水和土壤载体抑制小麦幼苗生长，降低小麦地上生物量分配，还能诱导小麦化感物质 DIMBOA 的合成。张月玲（2012）发现小麦茉莉酸含量随着施钾量的增加而显著增加，小麦 α-蒎烯释放速率先显著增加后极显著降低，小麦 β-蒎烯、萜品油烯、柠檬烯、长叶烯、石竹烯、壬醛、癸醛释放速率均先极显著增加后极显著降低。李永华（2015）指出小麦能够识别异种植物的存在，并通过化感物质 DIMBOA 的合成及含量变化对伴生植物做出可塑性化学响应。而且这一行为是通过根系分泌的化学信号物质在土壤中的传递进行的，伴生植物对小麦组织 DIMBOA 的诱导率取决于伴生植物的种类和密度。DIMBOA 不仅是小麦的信息化学物质，也是一种抑制病原菌、蚜虫和杂草生长的抗性物质。

三、植物与昆虫或动物的协同进化和演化

　　生物在生存竞争中，产生具有抑制或驱避、毒害作用的抗性物质进行化学防

御，这是促进生物协同进化的一个重要因素。协同进化理论是由 Ehilrhc 和 Raven 于 1964 年提出的，是进化生态学领域研究的焦点。该理论的核心内容是种子植物通过偶然的遗传改变，产生一系列次生物质，使植物不为昆虫所嗜食，因此进入新的适应域；相应地，昆虫种群通过遗传改变，产生新的适应性而进入新的适应域，并在种系中辐射开来；植物与昆虫之间交互作用，反复循环，其结果造成昆虫食性的专化，形成动植物生态关系多样性（王琛柱，2009）。

1. 植物与草食动物的协同进化

植物与植食性动物在长期协同进化（coevolution）过程中，植物形成一系列的防卫机制，植食性动物则进化形成相应的适应对策。大量研究表明，以植物次生化合物为媒介，探讨植物与植食性哺乳动物的协同进化模式为进化生态学及化学生态学极为活跃的研究领域。赵钢和李德新（2008）认为在自然放牧生态系统中，植物与动物的关系是复杂的，草地植物与草食动物存在协同进化。植物为动物提供了食物和栖息场所，动物对植物有采食和践踏的不良影响。家畜的选择性采食促进了植物抗牧性的发展，而植物抗牧性的发展又进一步强化了家畜的选择性采食习性。在天然草地放牧系统中，草地植物与草食动物是同时进化的。草食动物的选择性采食作用保证其采食日粮具有较高的营养价值，植物对食草作用的适应所形成的抗牧性反应又使植物减少了来自动物采食的危害。草地植物与草食动物的协同进化关系成为维持草地生态系统稳定的基础。李婷婷等（2010）综述了草食动物与植物之间的协同进化关系。在环境选择压力下，一方面植物为了逃避各类草食动物采食而形成防御性的形态结构以及生理生态适应机制；另一方面，动物为了尽可能多地获得食物和满足营养需求，通过优化采食以提高其适合度。草食动物与植物之间的协同进化实际上也是自然界适者生存的"军备竞赛"，因而对物种进化产生重要影响。李俊年和刘季科（2002）从动物-植物协同进化模式、植物对动物采食反应及动物对植物防卫的适应对策等方面综述了以植物次生化合物为媒介的植食性哺乳动物-植物协同进化的研究进展。动物与植物的协同进化模式包括成对协同进化、扩散协同进化、躲避-辐射协同进化、多样性的协同进化、平行分枝进化、互惠进化等模式。植物不仅以超补偿反应、物理防卫作为对植食性动物采食的应答，延长植食性动物的觅食时间，降低植食性动物的觅食效率，更能以其派生的次生化合物抑制动物的摄食，进而影响其消化、代谢及生长等生理生态特征。动物通过改变觅食行为，调整对各食物项目的相对摄入量，减少次生化合物的摄入量。动物还通过氧化、还原、络合、改变消化道内环境、形成相应的降解酶、改变代谢率等途径降低次生化合物对其的负作用。

2. 植物与昆虫的协同进化

昆虫和植物是地球上起源很早的生物类群，是陆地生物群落中最为重要的组成部分。它们从远古就因营养、繁殖、保护、防卫、扩散等需要而发生了密切的关系，双方在所建立的关系中相互作用、相互选择、相互适应，经亿万年的演化而形成了各种类型的关系。竞争和协同作用是普遍存在于生物个体或种群之间的两种表现行为。王德利和高莹（2005）比较了竞争进化和协同进化。竞争主导的生物进化是存在的，在一定范围和水平上竞争的结果有利于植物形态、生理适应特征及生活史适应策略的进化。协同能够使生物以最小的代价或成本实现自身在自然界的存在与繁殖（最大适合度）；基于生态系统的稳定性和生物多样性的角度考虑，与竞争相辅相成、在一定条件下可以相互转化的协同作用更有利于生态系统各组分之间能量转化效率的提高，有利于加强系统自身的自组织能力，有利于维持生态系统的有序性和多样性。因此，协同作用的结果应该是更有利于生物进化，而且比竞争更普遍、更有意义。张泽彬等（2010）综述了昆虫与植物协同进化的研究进展，如昆虫对植物的选择和适应，即昆虫从植物体上获得营养物质的方式主要是采食或寄生。大多数植物在遭受植食性昆虫的危害后，其次生性代谢物会发生变化，以防御害虫的攻击，其中最明显的变化是酚类等有毒化合物的含量明显增加，这就是植物对昆虫的防御与适应。昆虫与植物协同进化方式包括生理进化和形态进化。赵卓等（2004）指出昆虫与植物有物候、形态和化学适应三个方面的协调进化。王琛柱和钦俊德（2007）根据当今三营养级相互作用领域的研究新进展，提出一个新的假说，即多营养级协同进化假说。该假说肯定植物次生物质在植物防御和昆虫识别寄主植物中的重要作用，同时把其他营养级并列放入交互作用的系统，特别强调第三营养级在昆虫与植物关系演化过程中的参与和寄主转移与昆虫食性专化和广化的联系。

3. 小麦与病原菌和害虫的协同进化

Banke 等（2007）指出作物品种从野生型转化为栽培型时，其寄生的微生物，如真菌禾生球腔菌（*Mycosphaerella graminicola*）也发生基因交流和协同进化，即来自伊朗、中东、欧洲、北美的真菌株系均存在一定的亲缘关系。Bosch 等（2006）探讨了作物上的病原菌与作物在协同进化中共生策略将发生改变，如冬小麦壳针孢叶斑病原菌孢叶枯病菌（*Septoria tritici*）、*Stagonospora nodorum*、禾生球腔菌、*Phaeosphaeria nodorum* 等，生物学、流行病学等发生变异而引起生态位分化，使得它们在空间、时间和资源利用上隔离，保证在同一寄主上共存。自然环境（如温度变化）和人类扰动（农业活动、污染等）将影响这些病原菌的共存策略。Croll 等（2013）指出半活体寄生真菌 *Zymoseptoria tritici*、*Z. pseudotritici*、*Z. ardabiliae*

与小麦和野生禾本科杂草在协同进化中，真菌中的植物细胞壁降解酶（plant cell wall degrading enzymes）及其遗传标记、6 个相关基因发生改变，如差异化转录水平高、功能冗余变弱。

Botha（2013）发现麦双尾蚜（*Diuraphis noxia*（Kurdjumov））和专性寄主小麦之间存在协同进化现象。如双尾蚜在长期进化中可以和内生菌共生，在小麦的防御反应下仍然可以竞争性寄生在小麦上。Reber 等（2011）发现小麦瘿蝇（Hessian fly, *Mayetiola destructor*（Say）（Diptera: Cecidomyiidae））面对小麦的 *H* 基因抗性，导致繁殖率低的适应性代价损失。小麦瘿蝇幼虫通过入侵小麦防御体系，可在 *H* 基因抗性株上寄生繁殖，但也在非抗性植株上生长，存在一个种群动态平衡。雌蝇在两个抗性小麦株系 H9、H13 上，翅膀分别缩短 9%、3%，产卵数分别降低 32%、12%。Anderson 等（2011）测定 *H* 基因调控的小麦抗性品种可以防御外来的生物胁迫，这种抗性效应对小麦无任何适应性代价。如在小麦瘿蝇的侵害下，这个抗性品种获益大，生存力和最终产量更高，品质更好。瘿蝇诱导了抗性品种的防御能力，刺激了小麦的补偿效应，杀死了害虫幼虫，从而改善了小麦的产量性状。

四、小麦的化学诱导抗性

目前，我国多采用化学药剂防治小麦病虫草害，但易造成环境污染，且对人畜不安全。利用植物本身的抗性机制来防治病害是一种经济有效且对环境安全的防病措施。植物的主动抗病性包括基因对基因介导抗性和诱导抗性，诱导抗性包括局部获得抗性（local acquired resistance, LAR）、系统获得抗性（systemic acquired resistance, SAR）、诱导的系统抗性（induced systemic resistance, ISR）。

1. 化学物质诱导剂

黄雪玲等（2005）用化学诱抗剂 BTH（benzothiadiazole）分别处理幼苗期和成株期小麦后，再接种小麦白粉病菌，以研究 BTH 诱发小麦对白粉病产生系统性抗性的能力。发现用 BTH 处理幼苗期小麦后，小麦白粉病的病情指数较对照显著降低，BTH 诱发小麦幼苗对白粉病产生抗性的最佳浓度为 0.20~0.25mmol/L，最佳时间间隔应大于 6d。对于成株期小麦，在分蘖中期和后期以 0.20mmol/L BTH 喷雾，对小麦白粉病的防效为 60.82%，较对照增产 16%。陈鹏和李振歧（2007）指出 BTH 可以诱导小麦对白粉病产生系统获得抗性，并可用于田间白粉病防治，主要是因为系统性地增强几丁质酶和 β-1,3-葡聚糖酶活性的活性。韩青梅等（2012）指出 BTH 可以诱导小麦产生抗锈性，对小麦条锈病防治起到积极作用。温室苗期试验结果表明，与对照相比，不同浓度 BTH 处理后，小麦抗锈性明显提高，病情指数降低 29.69~49.77，防治效果可高达 90% 左右，不同浓度处理之间有一定差异，但与对照相比差异极显著；BTH 诱导的最佳浓度为 0.3mmol/L，BTH 喷雾处理后 6~7d 小麦诱导抗锈性表达最强，诱导抗性的持久期在 15d 以上。田间成株期试验结果表明，不同浓度处理诱导的小麦抗锈性无明显差异，浓度为 0.3mmol/L 的 BTH 诱导处理小区小麦的产量最高，千粒重最重，为 42.21g，增产最高达 19.3%。小麦在分蘖期、拔节前期和分蘖期+拔节前期喷施 BTH，都能诱导小麦条锈病抗性增强，病情指数显著降低，防治效果分别为 43.07%、47.43%、50.01%，增产 13.4%~16.9%。郭萍等（2002）指出寡糖素可以诱导小麦品种辉县红对条锈菌毒性小种 CY29-1 的系统抗性，此系统抗性与内源 NO 信号启动的时间及强度有关。Domnina 等（2016）发现基于壳聚糖和香草醛的免疫调节剂可以诱导提高小麦对暗褐斑病原菌的抗性，如提高过氧化酶的活性，降低病原菌对叶片的危害，滞后病原菌的发育时间。

Dong 等（2008）指出 DIMBOA 与小麦抗性有关，而一些化学物质可诱导提高茎组织 DIMBOA 浓度。以三个小麦品系（Zhongfu 9507、Jing 411、Zhongbeizhong 39）为例，5 种化学物质的诱导效应强弱为 methyl jasmonate > methyl salicylate > 三唑酮 tri-adimefon（农药）> KH_2PO_4（肥料）> $CuCl_2$（重金属）。当 $CuCl_2$ 剂量过高时，不但抑制小麦 Zhongfu 9507 的生长，而且无诱导效应。当 methyl jasmonate 为 561.0 μmg/mL 时，诱导效果最好。Das 等（2004）报道健康小麦种子先暴露在 50 mmol/L $CdCl_2$ 中 48h 后，冲掉 Cd^{2+}，可以诱导增强小麦对尖孢镰刀菌（Fusarium oxysporum）的抗性。如 7d 的小麦幼苗，在其两片叶片上接种尖孢镰刀菌孢子，提前暴露 Cd^{2+} 处理的幼苗可以生长下来，但未暴露的幼苗枯萎和死亡了。Belanger 等（2005）指出硅可以增强小麦对白粉菌（Blumeria graminis f.sp. tritici（Bgt））的抗性。通过超显微分析和仪器分析，发现硅可以诱导白粉菌感染的小麦植株体内，产生酚类物质等植保素，这些物质具有杀真菌活性，且存在具抗菌活性的苷元。

2. 信息化学诱导剂

牛吉山等（2007）指出茉莉酸处理显著激活了 *PR-1*、*PR-2*、*PR-5* 和 *Ta-JA2* 的转录。茉莉酸诱导的抗病性提高与抗病标志基因 *PR-1*、*PR-2*、*PR-5* 及 *Ta-JA2* 的表达增强呈正相关。植物激素茉莉酸是小麦抗白粉病反应的信号分子。以感白粉病的小麦品种中国春、濮麦 9 号和周麦 18 为材料，用茉莉酸甲酯（methyl jasmonate, MeJA）喷洒小麦幼苗叶片进行诱导，通过离体叶段培养法接种白粉菌进行抗性鉴定；用实时定量 PCR 技术检测小麦叶片中 *PR-1*、*PR-2*、*PR-5* 和 *Ta-JA2* 基因的表达变化。结果表明 MeJA 处理可以显著提高中国春、濮麦 9 号和周麦 18 对白粉菌的抗病水平。牛吉山等（2010）发现茉莉酸甲酯处理可以提高中国春和濮麦 9 号对白粉菌的抗性水平，抗性提高与诱导的茉莉酸甲酯浓度和诱导时间有关。浓度在 250μmol/L 以下时诱导抗性不明显，500μmol/L 时有明显的诱导抗性，1.0mmol/L 以上时具有显著的诱导效果。茉莉酸甲酯处理后 12~96h 均可检测到诱导抗性，而以诱导后 24h 诱导抗性最高。植物激素茉莉酸在小麦抗白粉病反应中起作用的是抗白粉病信号分子。Volkmar 等（2010）指出茉莉酸（jasmonic acid）可以诱导小麦的化学防御，增强小麦对虫害的抗性，这种诱导抗性与小麦品种和虫害类型有关。如两个小麦品种：Cubus、Tommi，叶面或大田喷施合成的茉莉酸，喷施两次后，则诱导抗性被激活。牧草虫（thrips）和麦红吸浆虫单株数量均下降，茉莉酸处理的 Tommi 比 Cubus 感染更多的牧草虫，后者比前者侵染更多的麦红吸浆虫幼虫。两个品种感染病害的谷粒数与麦红吸浆虫呈显著正相关。因此，茉莉酸的使用可以提高小麦在虫害背景下的产量。Pandey 等（2011）指出茉莉酸及其衍生物如茉莉酸酯等可以作为小麦防御的一个激活因子，诱导半胱氨酸蛋白酶抑制剂基因上调表达，提高小麦对黑穗病（Karnal bunt, *Tilletia indica*）的抗性，其中茉莉酸的诱导反应在抗性小麦品种比敏感品种更强。齐付国等（2006）指出冠菌素和茉莉酸甲酯（MeJA）处理可以显著提高低温胁迫下小麦幼苗细胞内 SOD、POD 和 CAT 等抗氧化酶的活性，增加可溶性蛋白的含量，降低相对电导率和 MDA 含量，从而维持细胞质膜的完整性，增强小麦植株抵抗低温胁迫的能力。冠菌素和 MeJA 在抗低温胁迫上具有相似的作用，1μmol/L 的冠菌素和 100 μmol/L 的 MeJA 诱导效果较好。

赵离飞等（2001）以 0.05~0.1mmol/L 水杨酸处理小麦，可使小麦离体穗在小麦赤霉素胁迫下延迟衰老，离体穗的百粒重比对照提高 9%以上，幼胚培养的绿苗率显著下降，愈伤组织出愈率显著上升。低浓度水杨酸对离体小麦抗赤霉毒素诱导无显著影响，高浓度水杨酸对离体穗产生损伤。Mohase 和 Westhuizen（2002）发现麦双尾蚜侵害小麦时，小麦体内的水杨酸和过氧化物酶（EC 1.11.1.7）活性被选择性激活，而过氧化氢酶（EC 1.11.1.6）活性被抑制。这表明水杨酸参与了小麦的防御反应和抗性机制。Ebrahimzadeh 等（2016）指出水杨酸激活了抗氧化反应，参与了半活体寄生禾谷镰刀菌（*Fusarium graminearum*）导致的穗疫病 Head blight 抗性反应，诱导了系统性获得性抗性。一般 *F. graminearum* 可导致小麦和大麦产量和质量下降。当抗性小麦（Sumai 3）和敏感小麦（Falat）被禾谷镰刀菌接种后，4d 后麦穗出现感染症状。相比于敏感品种，感染的抗性小麦品种水杨酸、餅胝质、酚类、过氧化物酶、苯丙氨酸氨裂解酶、多酚氧化酶等含量或活性明显下降。但在小麦大田试验中，提前 24h 麦穗浇灌水杨酸，接种禾谷镰刀菌后，穗疫病症状明显减弱。水杨酸处理的植株体内 H_2O_2 产生量、水杨酸、脂质过氧化、餅胝质含量等显著升高。水杨酸诱导的 H_2O_2 相对于过氧化物歧化酶活性增强，而过氧化氢酶活性降低。实时定量 PCR 分析表明水杨酸预处理诱导了苯丙氨酸氨裂解酶基因表达。Dong 等（2012）指出水杨酸是小麦赤霉病的最基础防御方式，如禾谷镰刀菌侵害小麦麦穗，其体内水杨酸含量升高，编码水杨酸的基因 *AtNPR1* 被激活表达，还有水杨酸诱导的发病机理有关的基因 *PR1* 和防御基因也被高效表达，从而减轻病菌的危害。水杨酸处理的小麦植株可以降低毒枝菌素累积，降低小麦赤霉病危害。在水杨酸羟化酶过度表达的小麦植株中，禾谷镰刀菌导致的危害更大，其原因是水杨酸羟化酶可代谢水杨酸，导致水杨酸含量降低，其防御能力减弱，但这种减弱效应可以通过添加 benzo-（1, 2, 3）-thiadiazole-7-carbothioic acid *S*-methyl ester 克服。

3. 生物诱导剂

艾力·吐热克等（2006）用稀释 1000 倍的草酸青霉菌（P-O-41）发酵代谢物处理及 0.0038%的 BTH 处理与清水处理对照相比，枯斑抑制率（%）分别达到 84.05%和 79.96%；对小麦白粉病的诱抗效果分别达到 60.88%和 69.43%；对小麦普通根腐病的抑制率在 $P_{0.01}$ 水平上达到显著差异，而平板圆盘测定结果表明，草酸青霉菌（P-O-41）发酵液对小麦根腐病菌无抑制作用。郭桢等（2005）发现弱小种诱导接种弱毒菌株尤II可以降低挑战接种菌系的孢子萌发率、孢子堆数量、产孢量。诱导接种和挑战接种间隔 12h 发病率最低，但不同品种间略有差别。朱建祥（1998）得出先接小麦白粉菌无毒菌株诱导的抗性最强；后接无毒菌株或无毒、有毒菌株同时接，当诱导菌（inducer）的密度很高时，也可以诱导出抗性，但较微弱；诱导的抗性随诱导菌的密度增高而增强；一经诱导，抗性可在被诱导部位维持到第 6 天。

Etebarian 等（2007）指出小麦根际土中存在一种短小芽孢杆菌（*Bacillus pumilus*）可以诱导小麦的抗性，抑制全蚀病菌（*Gaeumannomyces graminis* var. tritici）的生长。可能的机理是 *B. pumilus* 可以促进小麦的生长，株高、植株鲜重、可溶性过氧化物酶（soluble peroxidase, SPOX）、细胞壁结合的过氧化物酶（cell wall-bound peroxidase, CWPOX）、*o*-1,3-glucanase、*o*-1,4-glucanase、总酚含量等提高，从而减弱小麦全蚀病的危害。小麦接种 *B. pumilus* 4d 后，SPOX、*o*-1,3-glucanase、*o*-1,4-glucanase 达到最大值，6d 总酚含量最大，8d 后 CWPOX 活性最大。Kawahigashi 等（2011）指出苯并噻二唑（benzothiadiazole，BTH）和小麦赤霉病（fusarium head blight，FHB）可以激发小麦中转录因子 TaWRKY45 的上调表达，从而增强对禾谷镰刀菌的抗性。此外，这个转录因子还可促进小麦对两种真菌：白粉菌（*Bhumeria graminis*）和叶锈病菌（*Puccinia triticina*）的抗性。小麦体内的两种抗性基因 *Pm3*、*Lr34* 在 TaWRKY45 过分表达的植株内未受到真菌的诱导，因此 TaWRKY45 参与了小麦的多真菌抗性，其抗性机理与抗性基因 *Pm3*、*Lr34* 显著不同。Hei 等（2015）指出禾柄锈菌（*Puccinia graminis* f.sp tritici）可以诱导小麦对小麦杆锈病产生抗性。

秦佳琪等（2013）指出舞毒蛾（*Lymantria dispar*）幼虫取食能够诱导小麦和玉米在生理生化方面的抗虫性。如舞毒蛾取食后的小麦和玉米叶片 CAT、PPO、POD 活性较取食前显著升高；受害小麦叶片的 *PAL* 活性较取食前显著升高，玉米无显著变化。曹贺贺（2014）从小麦自身对蚜虫的抗性和使用植物关键防御信号物质全面研究小麦对蚜虫抗性的机制，指出麦长管蚜可以诱导小麦的抗性。发现小麦可以通过限制蚜虫取食韧皮部汁液，从而降低蚜虫对营养物质的获取实现对蚜虫的抗性。而蚜虫取食减少，移除的光合产物相应减少，植物具有更高的生长耐害性。茉莉酸和水杨酸是植物中的关键防御信号，二者相互拮抗，但二者对蚜虫行为都有显著影响。首次证实 β-氨基丁酸对蚜虫有直接的毒害作用。祝传书（2005）指出蚜虫取食可以诱导小麦抗性。不同小麦品种对麦二叉蚜的诱导抗性在分子水平上存在差异，蚜虫取食诱导的诱导抗虫性在分子水平上还存在时空表达的差异；不同诱导物诱导的抗性不同于蚜虫诱导的抗性，其产生抗性的机理可能存在部分重叠且对蚜虫的生长发育和取食行为有着不同的影响。因此，在研究植物与昆虫互作、选育抗虫品种和进行害虫综合治理等时，虽部分诱导抗虫性机制存在普遍性，但更多的应注意其特异性。

参 考 文 献

艾力·吐热克, 唐文华, 赵震宇. 2006. 草酸青霉菌(P-O-41)发酵液对小麦病害的诱导抗性作用. 新疆农业科学, 43(5): 386-390.

安雨, 税军峰, 马永清. 2011. 引种牧草柳枝稷对生菜化感作用初探. 西北农业学报, 20(2): 143-149.

安蓁. 2008. 大型海藻及纳米材料对赤潮中肋骨条藻的抑制作用研究. 青岛: 中国海洋大学硕士学位论文.

白户昭一, 米仓贤一. 2014. 引入苕子的水稻有机免耕栽培. 沈晓昆译. 农业装备技术, 40(4): 64.

白丽荣, 时丽冉, 徐振华, 等. 2010. 火炬树浸提液对几种农作物的化感作用. 种子, 29(6): 91-93.

白朴, 杨捷. 2009. 化感资源在农作物生产中的合理利用研究. 自然资源学报, 24(9): 1676-1684.

边归国. 2012. 浮水植物化感作用抑制藻类的机理与应用. 水生生物学报, 36(5): 978-982.

边归国, 郑洪萍. 2013. 挺水植物化感作用抑制藻类生长的机理与应用. 环境监测与预警, 5(2): 15-19.

别聪聪, 李锋民, 李媛媛, 等. 2011. 六种大型藻浸提液对中肋骨条藻的抑制及活性成分分离. 中国海洋大学学报, 41(7): 107-112.

别智鑫, 翟梅枝, 贺立虎, 等. 2007. 核桃青皮水提液对小麦和三叶草的化感作用研究. 西北林学院学报, 22(6): 108-110.

曹光球. 2006. 杉木自毒作用及其与主要混交树种化感作用的研究. 福州: 福建农林大学博士学位论文.

曹贺贺. 2014. 小麦对麦长管蚜的组成抗性和诱导抗性研究. 杨凌: 西北农林科技大学博士学位论文.

曹利军, 王华东. 1998. 可持续发展评价指标体系建立原理与方法研究. 环境科学学报, 18: 526-532.

曾任森, 李蓬为. 1997. 窿缘桉和尾叶桉的化感作用研究. 华南农业大学学报, 18(1): 6-10.

曾任森, 骆世明, 石木标. 2003. 营养和环境条件对日本曲霉化感作用的影响. 华南农业大学学报(自然科学版), 24(1): 42-46.

柴强. 2007. 间甲酚对盆栽小麦间作蚕豆生产力及根重的影响. 中国生态农业学报, 15(4): 109-112.

柴强, 冯福学. 2007. 玉米根系分泌物的分离鉴定及典型分泌物的化感效应. 甘肃农业大学学报, 42(5): 43-48.

陈建中, 李利芳, 张海洋, 等. 2011. 芦竹和睡莲对铜绿微囊藻的生长抑制效应. 环境科学与技术, 34(7): 35-38.

陈金安. 2002. 自然天敌控制小麦蚜虫的效果观察. 安徽农业科学, 30(2): 246-247.

陈鹏, 李振歧. 2007. BTH 诱导小麦对白粉病的抗性与几丁质酶和 β-1, 3-葡聚糖酶活性诱导的关系. 西北农林科技大学学报(自然科学版), 35(7): 137-140.

陈珊, 谢惠玲, 李圆萍, 等. 2014. 低氮胁迫下小麦抑草作用的化感效应与资源竞争分析. 中国生态农业学报, 22(9): 1069-1073.

陈素英, 马永清. 1993. 五种作物之间的生化它感作用研究初报. 耕作与栽培, 5: 1-4.

陈祥旭. 2005. 大麦化感种质资源综合评价及其遗传多样性研究. 福州: 福建农林大学硕士学位论文.

陈向明, 马云飞. 2010. 山核桃外果皮黄酮提取液对小麦和绿豆幼苗的化感效应. 西北植物学报, 30(4): 645-651.

陈欣, 王兆骞. 2000. 农业生态系统杂草多样性保持的生态学功能. 生态学杂志, 19(4): 50-52.

陈雄辉, 孔垂华, 胡飞. 2007. 化感水稻新品种的选育. 中国第三届植物化感作用学术研讨会、第八届全国杂草科学大会、联合国粮农组织-中国"水稻化感作用论坛", 137.

陈业兵, 王金信, 吴小虎, 等. 2010. 银胶菊的花对小麦的化感作用机制. 植物保护学报, 37(6): 552-556.

成瑞娜, 支金虎, 杨利娟, 等. 2010. 棉花化感自毒作用初步研究. 塔里木大学学报, 22(4): 22-25.

迟克强, 孙亚飞, 孙守慧, 等. 2004. 昆虫化学信息物质概述. 吉林林业科技, 33(5): 27-30.

戴建青, 韩诗畴, 杜家纬. 2010. 植物挥发性信息化学物质在昆虫寄主选择行为中的作用. 环境昆虫学报, 32(3): 407-414.

邓聚龙. 1992. 灰色理论与方法. 北京: 石油工业出版社.

邓鸷远, 罗通, 彭砾钧. 2009. 宜宾油樟对小麦的化感作用研究. 四川大学学报(自然科学版), 46(6): 1850-1854.

董慈祥. 1996. 山东省小麦害虫蛛形纲天敌种类初步调查. 华东昆虫学报, 5(2): 104-105.

董芳慧, 刘影, 蒋梦娇, 等. 2014. 入侵植物刺苍耳对小麦和苜蓿种子的化感作用. 干旱区研究, 31(3): 530-535.

董淑琦. 2009. 冬小麦诱导小列当种子发芽的研究. 杨凌: 西北农林科技大学硕士学位论文.

董淑琦. 2013. 不同基因型冬小麦刺激根寄生杂草列当种子萌发的研究. 杨凌: 西北农林科技大学博士学位论文.

董淑琦, 马永清, 税军峰, 等. 2009. 不同年代冬小麦品种根际土浸提液诱导小列当种子发芽的化感作用研究. 中国农业大学学报, 14(2): 59-63.

杜家纬. 2001. 植物-昆虫间的化学通讯及其行为控制. 植物生理学报, 27(3): 193-200.

杜秀娟. 2009. 松果梢斑螟信息化学物质的研究. 哈尔滨: 东北林业大学博士学位论文.

樊翠芹, 王江浩, 李秉华, 等. 2014. 免耕玉米田杂草群落消长初探. 中国农学通报, 30(27): 119-126.

方长旬, 王清水, 余彦, 等. 2011. 不同胁迫条件下化感与非化感水稻 PAL 多基因家族的差异表达. 生态学报, 31(16): 4760-4767.

方宇凌, 杨新玲, 肖春, 等. 2004. 棉铃虫雌蛾对小麦花挥发性气味的触角电位反应. 昆虫学报, 47(2): 269-272.

高承芳, 林仕欣, 刘远, 等. 2012. 牧草化感作用抑草方式及新型除草剂研究进展. 热带作物学报, 33(3): 578-582.

高承芳, 任丽花, 徐国忠, 等. 2007. 山地果园套种牧草化感作用研究进展与若干启示. 福建果树, 143: 43-47.

高承芳, 翁伯琦, 王义祥, 等. 2009. 铝、镁离子胁迫下决明对百喜草的化感作用. 草业学报, 18(5): 40-45.

高勇. 2008. 小麦次生物质的生态管理功能在还差个生态治理项目中的应用. 青岛: 中国海洋大学硕士学位论文.

葛婷婷, 黄益洪, 何晓兰, 等. 2015. 高粱不同组织浸提液对小麦幼苗的化感作用. 麦类作物学报, 35(5): 722-728.

耿广东, 程智慧, 张素勤, 等. 2005. 番茄种质资源的化感作用. 中国农学通报, 21(9): 314-316.

巩相景, 吕福堂. 2006. 化感作用及其在农业生产中的应用. 生物技术通报, (s1): 116-119.

关松荫. 1986. 土壤酶及其研究方法. 北京: 农业出版社.

郭萍, 李落叶, 曹远林, 等. 2002. 一氧化氮在寡糖素诱导的小麦对条锈菌系统获得抗性中的时序性. 生物化学与生物物理进展, 29 (5): 786-789.

郭书奎, 赵可夫. 2001. NaCl 胁迫抑制玉米幼苗光合作用的可能机理. 植物生理学报, 27(6) : 461-466.

郭晓霞. 2006. 豆科牧草水浸提液对几种杂草的化感效应. 南京: 南京农业大学硕士学位论文.

郭怡卿, 张付斗, 陶大云, 等. 2004. 野生稻化感抗(耐)稗草种质资源的初步研究. 西南农业学报, 17(3): 295-298.

郭桢, 胡小平, 杨之为, 等. 2005. 弱毒菌株尤Ⅱ对小麦条锈病的诱导抗性Ⅰ. 诱导抗性的初步观察. 西北农林科技大学学报(自然科学版), 33(s1): 22-26.

韩丽梅, 王树起, 鞠会艳, 等. 2000. 大豆根茬腐解产物的鉴定及化感作用的初步研究. 生态学报, 20(5): 771-778.

韩青梅, 刘巍, 魏国荣, 等. 2012. 苯并噻二唑(BTH)诱导小麦对条锈病抗性的研究. 中国生态农业学报, 20(9): 1230-1235.

何红花, 慕小倩, 董志刚. 2007. 杂草猪殃殃对小麦的化感作用. 西北农业学报, 16(5): 250-255.

何华勤, 贾小丽, 梁义元, 等. 2004. RAPD 和 ISSR 标记对水稻化感种质资源遗传多态性的分析. 遗传学报, 31(9): 888-894.

何华勤, 梁义元, 陈露洁, 等. 2006. 低磷营养胁迫下水稻化感抑草潜力的变化特性及其作用机理. 应用生态学报, 17(11): 2070-2074.

何军, 王三根, 丁伟. 2004. 青蒿浸提物对小麦化感作用的初步研究. 西南农业大学学报(自然科学版), 26(3): 281-285.

贺仲雄. 1983. 模糊数学及其应用. 天津: 天津科学技术出版社.

胡飞, 孔垂华, 陈雄辉, 等. 2003. 不同水肥和光照条件对水稻化感特性的影响. 应用生态学报, 14(12): 2265-2268.

胡飞, 孔垂华, 徐效华, 等. 2002. 胜红蓟黄酮类物质对柑橘园主要病原菌的抑制作用. 应用生态学报, 13(9): 1166-1168.

胡飞, 孔垂华, 徐效华, 等. 2004. 水稻化感材料的抑草作用及其机制. 中国农业科学, 37(8):

1160-1165.

胡帅珂, 高岩, 王莘. 2012. 水稻残茬自毒作用研究. 现代农业科技, (5): 51-52.

皇甫晶晶. 2012. 不同轮作模式消减太子参连作障碍的机制研究. 福州: 福建农林大学硕士学位论文.

黄安平. 2014. 虫害诱导植物挥发物介导的植物种内化学通讯研究. 湖南农业科学, 15: 6-7.

黄发该. 2002. 马铃薯覆膜栽培中出现的问题及解决途径. 福建农业, (1): 6.

黄高宝, 柴强, 黄鹏. 2005. 植物化感作用影响因素的再认识. 草业学报, 14(2): 16-22.

黄雪玲, 黄丽丽, 康振生, 等. 2005. BTH 对小麦产生白粉病抗性的诱导作用. 西北农林科技大学学报(自然科学版), 33(8): 78-80.

贾春虹. 2005. 小麦秸秆覆盖对玉米幼苗和马唐等杂草的化感效应研究. 北京: 中国农业大学硕士学位论文.

贾春虹, 王璞, 戴明宏. 2005. 农艺措施对消除麦秸生化互作不良影响的作用. 华北农学报, 20(5): 57-60.

贾春虹, 王璞, 赵秀琴. 2004. 免耕覆盖麦秸土壤中酚酸浓度的变化及酚酸对夏玉米早期生长的影响. 华北农学报, 19 (4): 84-87.

贾微, 孙占祥, 白伟, 等. 2013. 农林间作复合生态系统研究进展. 辽宁农业科学, (4) : 41-46.

江贵波, 林理强, 吴伟珊, 等. 2014. 入侵植物红花酢浆草对 3 种杂草的化感作用. 广东农业科学, 2014, 23: 74-77.

焦浩, 岳中辉, 隋海霞, 等. 2014. 问荆(*Equisetum arvense*)水浸液对盆栽小麦的化感效应. 植物保护, 40(6): 47-52.

金文林. 2000. 作物区试中品种稳定性评价的秩次分析模型. 作物学报, 26(6): 925-930.

金文林, 白琼岩. 1999. 作物区试中品种产量性状评价的秩次分析法. 作物学报, 25(5): 632-638.

巨颖琳, 李小明. 2011. 南四湖 3 种沉水植物对铜绿微囊藻化感作用研究. 山东大学学报(理学版), 46(3): 1-8.

孔垂华, 胡飞. 2001. 植物化感(相生相克)作用及其应用. 北京: 中国农业出版社.

孔垂华, 胡飞. 2003. 植物化学通讯研究进展. 植物生态学报, 27(4): 561-566.

孔垂华, 胡飞, 陈雄辉, 等. 2002. 作物化感品种资源的评价利用. 中国农业科学, 35(9): 1159-1164.

孔垂华, 胡飞, 王朋. 2016. 植物化感(相生相克)作用. 北京: 高等教育出版社.

孔垂华, 胡飞, 张朝贤, 等. 2004. 茉莉酮酸甲酯对水稻化感物质的诱导效应. 生态学报, 24(2): 177-180.

孔垂华, 徐涛, 胡飞, 等. 2000. 环境胁迫下植物的化感作用及其诱导机制. 生态学报, 20(5): 849-854.

孔垂华, 徐效华, 胡飞, 等. 2002. 以特征次生物质为标记评价水稻品种及单植株的化感潜力. 科学通报, 47: 203-206.

李朝阳, 王湘, 吴娆. 2013. 槲蕨水提物对 3 种杂草的化感效应研究. 种子, 32(8): 90-92.

李川, 武文卿, 朱亮, 等. 2011. 小麦-油菜邻作对麦田主要害虫和天敌的影响. 应用生态学报, 22(12) : 3371-3376.

李翠萍. 2014. 玉米、大豆根系分泌物对马铃薯块茎萌发和萌芽生长的化感效应. 河南农业科学,

43(9): 31-34.

李迪. 2004. 中国部分稻种资源化感作用潜力和作用机理研究. 北京: 中国农业科学院硕士学位论文.

李发林, 黄炎和, 张汉荣, 等. 2000. 套种牧草果园土壤浸提液对萝卜种子发芽和幼苗生长的化感效应. 热带作物学报, 31(2): 291-296.

李贵, 张弘玥, 王晓琳. 2014. 水稻秸秆浸提液对小麦及其伴生杂草生长的影响. 杂草科学, 32(1): 34-38.

李江, 刘云国, 曾光明, 等. 2015. 荸荠对铜绿微囊藻的化感抑制作用研究. 中国环境科学, 35(5): 1474-1479.

李俊年, 刘季科. 2002. 植食性哺乳动物与植物协同进化研究进展. 生态学报, 22(12): 2186-2193.

李琦, 赵宁, 张乐乐, 等. 2016. 黄淮海地区不同小麦品种对雀麦的化感作用. 麦类作物学报, 36(8): 1106-1112.

李秋玲, 肖辉林. 2012. 土壤性质及生物化学因素与植物化感作用的相互影响. 生态环境学报, 21(12): 2031-2036.

李善林, 王南金. 1997. 小麦化感作用物的提取、分离及其对白茅的杀除效果. 植物保护学报, 24(1): 81-84.

李寿田, 周健民, 王火焰, 等. 2002. 植物化感育种研究进展. 安徽农业科学, 30(3): 339-341.

李素娟, 刘爱芝, 茹桃勤, 等. 2007. 小麦与不同作物间作模式对麦蚜及主要捕食性天敌群落的影响. 华北农学报, 22(1): 141-144.

李婷婷, 周立山, 刘丙万. 2010. 草食动物与植物之间协同进化研究. 野生动物学报, 31(3): 157-160.

李香菊. 2003. 玉米及杂粮田杂草化学防除. 北京: 化学工业出版社.

李彦斌, 刘建国, 谷冬艳. 2007. 植物化感自毒作用及其在农业中的应用. 农业环境科学学报, 26(s1): 347-350.

李秧秧, 张岁歧, 邵明安. 2003. 小麦进化材料水分利用效率与氮利用效率间相互关系. 应用生态学报, 14(9): 1478-1480.

李永华. 2015. 异种植物对小麦化感物质的诱导机制. 北京: 中国农业大学博士学位论文.

梁春启, 甄文超, 张承胤, 等. 2009. 玉米秸秆腐解液中酚酸的检测及对小麦土传病原菌的化感作用. 中国农学通报, 25(2): 210-213.

林文雄, 董章杭, 何华勤, 等. 2003. 不同环境下水稻化感作用的动态杂种优势分析. 中国农业科学, 36(9): 985-990.

林雁冰, 薛泉宏, 颜霞. 2010. 覆膜条件下小麦和玉米根系化感作用对土壤微生物的影响. 西北农业学报, 19(1): 92-95.

刘爱群, 刘伟婷, 张敬涛, 等. 2013. 生物除草剂新发展及其在大豆田除草上的应用. 大豆科学, 32(5): 703-707.

刘宝, 王凌霄, 林思祖, 等. 2010. 不同氮处理杉木桩腐解 6 个月后化感物质对杉木种子的化感效应. 西南林学院学报, 30(2): 11-15.

刘成. 2014. 芦苇化感作用及其化感物质分离与鉴定. 重庆: 西南大学硕士学位论文.

刘方明, 李玉占, 王俊庭. 2004. 苜蓿对免耕玉米田杂草萌发和生长影响的研究. 农业系统科学
　　与综合研究, 20(4): 297-299.

刘娟, 张俊, 臧秀旺, 等. 2015. 花生连作障碍与根系分泌物自毒作用的研究进展. 中国农学通
　　报, 31(30): 101-105.

刘录祥, 孙其信, 王士芸. 1989. 灰色系统理论应用于作物新品种综合评估初探. 中国农业科学,
　　3: 22-27.

刘鹏, 郭敬丽, 王辉. 2012. 林木自毒作用研究进展. 安徽农业科学, 40(25): 12487-12488, 12491.

刘奇志, 李贺勤, 李星月, 等. 2013. 草莓连作障碍-化感自毒作用研究进展. 中国果树, (3):
　　76-79.

刘探, 彭海峰, 覃凤玲, 等. 2014a. 化感稻新品系抑制稗草能力的田间表现. 广东农业科学, (6):
　　19-22.

刘探, 彭海峰, 覃凤玲, 等. 2014b. 化感杂交稻田间抑制稗草能力及其杂种优势表现. 杂交水稻,
　　29(4): 56-62.

刘小军, 朱艳, 姚霞, 等. 2005. 基于 WebGIS 的农田生产环境质量评价系统研究. 中国农业科
　　学, 38: 551-557.

刘小民, 边全乐, 李秉华, 等. 2013. 小麦秸秆不同部位水浸液对牛筋草的化感作用研究. 中国
　　农学通报, 29(27): 58-63.

刘迎, 王金信, 李浙江, 等. 2005. 植物化感作用在农田杂草防除中的应用. 杂草科学, (4): 6-9.

刘勇. 2001. 小麦-麦蚜-天敌互作关系研究. 杭州: 浙江大学博士学位论文.

刘增辉, 曹逸霞, 周培, 等. 2014. 大小蠹信息化学物质研究与应用概述. 中国森林病虫, 33(1):
　　35-39.

卢慧明. 2011. 大型海藻龙须菜化学成分及其对中肋骨条藻化感作用研究. 广州: 暨南大学博士
　　学位论文.

芦站根, 周文杰. 2011. 黄顶菊对小麦种子和幼苗的化感效应. 麦类作物学报, 31(6): 1173-1176.

罗俊, 张木清, 林彦铨, 等. 2004. 甘蔗苗期叶绿素荧光参数与抗旱性关系研究. 中国农业科学,
　　37(11): 1718-1721.

罗永藩. 1991. 我国少耕与免耕技术推广应用情况与发展前景. 耕作与栽培, (2): 1-7.

马洪英, 张晓磊, 朱鑫. 2014. 不同芳香植物与番茄间作、套种对作物生长的影响. 北方园艺, (7):
　　35-38.

马瑞霞, 刘秀芬, 袁光林, 等. 1996. 小麦根区微生物分解小麦残体产生的化感物质及其生物活
　　性的研究. 生态学报, 16(6): 632-639.

马瑞霞, 刘秀芬, 袁光林, 等. 1997. 小麦根区的化感物质及其生物活性的研究. 生态学报,
　　17(4): 449-451.

马祥庆, 刘爱琴, 黄宝龙. 2000. 杉木人工林自毒作用研究. 南京林业大学学报, 24(1): 12-16.

Aldrich R J. 马晓渊译. 2011. 化感作用与杂草治理. 杂草科学, 39(4): 63-66.

马永清. 1993. 不同降雨年型麦茬覆盖对夏玉米中矿质营养元素含量的影响. 植物生理学报, (6):
　　472-473.

马永清, 陈素英, 钟冠昌, 等. 1995. 不同品种麦茬杂草生长差异性初步研究. 农业现代化研究,
　　16(1): 54-56.

马永清, 韩庆华. 1993. 不同玉米品种对麦秸覆盖引起的生化他感作用的差异性分析. 生态农业研究, 1(4): 65-69.

马永清, 韩庆华. 1995. 麦秸覆盖对夏玉米生长发育及产量的影响. 华北农学报, 10(1): 106-110.

马永清. 毛仁钊. 刘孟雨, 等. 1993. 小麦秸秆的生化他感效应. 生态学杂志, (5): 36-38.

毛瑞洪. 1993. 夏闲地麦糠覆盖增产效果分析. 中国农业气象, 14(4): 36-38.

苗淑杰, 乔云发, 韩晓增. 2007. 大豆连作障碍的研究进展. 中国生态农业学报, 15(3): 203-206.

牟子平, 雷红梅. 1999. 作物间套种中的化感作用研究进展. 湖南农业大学学报, 25(3): 262-266.

倪广艳, 彭少麟. 2007. 外来入侵植物化感作用与土壤相互关系研究进展. 生态环境, 16(2): 644-648.

倪利晓, 陈世金, 任高翔, 等. 2011. 陆生植物化感作用的抑藻研究进展. 生态环境学报, 20(6-7): 1176-1182.

聂呈荣, 骆世明, 曾任森, 等. 2004. 玉米化感物质异羟肟酸的研究进展. 应用生态学报, 15(6): 1079-1082.

牛吉山, 刘靖, 倪永静, 等. 2011. 茉莉酸对 *PR-1*、*PR-2*、*PR-5* 和 *Ta-JA2* 基因表达以及小麦白粉病抗性的诱导. 植物病理学报, 41(3): 270-277.

牛吉山, 倪永静, 刘靖, 等. 2010. 茉莉酸甲酯对小麦白粉病抗性的诱导作用. 中国农学通报, 26(4): 254-257.

潘殿新. 2009. 8 种小麦主要害虫的识别与防治. 农技服务, 26(8): 71-72.

潘远健, 金刚, 代建国, 等. 2015. 杜氏盐藻与 4 种海洋微藻间的化感作用. 深圳职业技术学院学报, 3(11): 47-53.

庞成庆, 秦江涛, 李辉信, 等. 2013. 秸秆还田和休耕对赣东北稻田土壤养分的影响. 土壤, 45(4): 604-609.

彭晓邦, 程飞, 张硕新. 2011. 玉米叶水浸液对不同产地桔梗种子的化感效应. 西北林学院学报, 26(6): 129-134.

彭晓邦, 张硕新. 2012. 玉米叶水浸提液对不同产地黄芩种子的化感效应. 草业科学, 29(2): 255-262.

蒲光兰, 周兰英, 胡学华, 等. 2005. 干旱胁迫对金太阳杏叶绿素荧光动力学参数的影响. 干旱地区农业研究, 23 (3): 44-48.

戚春林, 谢贵水, 李剑碧. 2013. 不同生境中马缨丹不同部位水提液的化感效应研究. 中国农学通报, 29(9): 184-189.

齐付国, 李建民, 段留生, 等. 2006. 冠菌素和茉莉酸甲酯诱导小麦幼苗低温抗性的研究. 西北植物学报, 26(9): 1776-1780.

齐永志, 王宁, 甄文超. 2011. 玉米秸秆腐解液对小麦三种根部病害的化感效应. 第六届植物化感作用学术研讨会, 天津.

秦佳琪, 托娅, 邢志平, 等. 2013. 小麦和玉米对舞毒蛾幼虫取食的诱导抗性研究. 内蒙古农业大学学报, 34(5): 173-176.

秦俊豪, 贺鸿志, 黎华寿, 等. 2012. 芝麻、花生和田菁秸秆还田的化感效应研究. 农业环境科学学报, 31(10): 1941-1947.

邱立友, 戚元成, 王明道, 等. 2010. 植物次生代谢物的自毒作用及其与连作障碍的关系. 土壤,

42(1): 1-7.

邱龙, 熊君, 王海斌, 等. 2008. 不同化感潜力水稻苗期的氮素养分效率及相关基因的表达. 生态学报, 28(2) : 677-684.

曲哲, 张朝贤, 魏守辉. 2005. 不同玉米品种浸提液对马唐、反枝苋的化感作用. 第二届植物化感作用学术研讨会, 杭州.

任元丁, 尚占环, 龙瑞军. 2014. 中国草地生态系统中的化感作用研究进展. 草业科学, 31(5): 993-1002.

阮仁超, 韩龙植, 曹桂兰, 等. 2005. 化感水稻种质资源鉴定及基因定位研究进展与展望. 植物遗传资源学报, 6(1): 108-113.

萨如拉. 2008. 马铃薯品种退化与防治方法. 西藏农业科技, 30(3): 32-33.

邵东华, 任琴, 宁心哲, 等. 2011. 油松和虎榛子不同林型根系分泌物组分及化感效应. 浙江农林大学学报, 28(2): 333-338.

邵华, 彭少麟. 2002. 农业生态系统中的化感作用. 中国生态农业学报, 10(3): 102-104.

沈荔花, 郭琼霞, 熊君, 等. 2008. 不同供氮水平下加拿大一枝黄花的化感作用与资源竞争分析. 中国生态农业学报, 16(4): 900-904.

沈雪峰, 方越, 董朝霞, 等. 2015. 甘蔗花生间作对甘蔗地土壤杂草种子萌发特性的影响. 生态学杂志, 34(3) : 656-660.

石旺鹏. 2005. 蝗虫化学信息物质研究进展. 昆虫知识, 42(3): 244-249.

舒阳. 2006. 凤眼莲浸出液对赤潮藻的抑制效应的研究. 广州: 暨南大学硕士学位论文.

孙守慧, 原忠林, 王中钰, 等. 2008. 不同信息化学物质对 4 种松树小蠹虫的野外诱集效果研究. 沈阳农业大学学报, 39(6): 740-743.

孙天旭, 鲁法典, 郑勇奇, 等. 2010. 外来树种火炬树化感作用的研究. 林业科学研究, 23(2): 195-201.

孙颖颖, 阎斌伦, 王长海. 2009. 球等鞭金藻与 4 种海洋微藻间的化感作用. 海洋通报, 28(5): 79-84.

孙跃春, 林淑芳, 黄璐琦, 等. 2011. 药用植物自毒作用及调控措施. 中国中药杂志, 36(4): 387-390.

汤莉, 汤晖, Kwak S S, 等. 2008. 转铜/锌超氧化物歧化酶和抗坏血酸过氧化物酶基因马铃薯的耐氧化和耐盐性研究. 中国生物工程杂志, 28(3): 25-31.

汤陵华, 孙加祥. 2002. 水稻种质资源的化感作用. 江苏农业科学, (1): 13-14.

唐弘硕, 袁梦琪, 杨雷, 等. 2016. 海洋卡盾藻对青岛大扁藻的化感作用及其对 UV-B 辐射的响应. 海洋与湖沼, 47(4): 730-738.

唐萍, 周荣丽. 2008. 马铃薯生产中存在的问题及解决对策. 农村科技, (5): 6-7.

唐世凯, 刘丽芳, 李永梅. 2009. 烤烟间作草木樨对土壤养分的影响. 中国烟草科学, 30(5): 14-18.

陶俊杰, 李玮, 魏有海, 等. 2015. 青藏高原干旱地区 8 种主栽小麦品种对旱雀麦的化感作用评价. 干旱地区农业研究, 33(1): 258-262.

田厚军, 王前梁, 杨广, 等. 2009. 昆虫化学信息物质及其在害虫综合治理上的应用. 华东昆虫学报, 18(2): 139-147.

田丽丽, 马淼. 2013. 引种新疆的加拿大一枝黄花对番茄的化感影响. 西北农业学报, 22(11): 125-129.

田楠, 刘增文, 李俊, 等. 2013. 林(果)粮间作中树木枯落叶对小麦发芽期和苗期的化感效应. 中国生态农业学报, 21(6): 707-714.

田雪晨, 陈贤兴. 2014a. 桉树对几种农作物和杂草的化感作用研究. 河南科学, 32(1): 33-36.

田雪晨, 陈贤兴. 2014b. 大叶桉树对几种农作物和杂草的化感作用. 浙江农业科学, (4): 530-532, 534.

田志佳. 2009. 大型海藻化感物质对短裸甲藻的抑制作用. 青岛: 中国海洋大学硕士学位论文.

万开元, 陈防, 余常兵, 等. 2005. 杨树-农作物复合系统中的化感作用. 生态科学, 24(1): 57-60.

汪秀芳, 邢伟, 萧葳, 等. 2011. 湿地植物普通野生稻和慈姑之间的化感作用. 植物科学学报, 29(3): 307-311.

王琛柱. 2009. 协同进化: 铃夜蛾属昆虫与寄主植物的交互作用. 粮食安全与植保科技创新, 1052.

王琛柱, 钦俊德. 2007. 昆虫与植物的协同进化: 寄主植物-铃夜蛾-寄生蜂相互作用. 昆虫知识, 44(3): 311-319.

王大力, 马瑞霞, 刘秀芬. 2000. 水稻化感抗草种质资源的初步研究. 中国农业科学, 33(3): 94-96.

王德利, 高莹. 2005. 竞争进化与协同进化. 生态学杂志, 24(10): 1182-1186.

王德胜, 马永清, 左胜鹏, 等. 2008. 黄土高原旱作小麦化感表达在根际土中的时空异质性研究. 中国生态农业学报, 16(3): 537-542.

王海斌, 何海斌, 熊君, 等. 2008. 低钾胁迫对水稻(*Oryza sativa* L.) 化感潜力变化的影响. 生态学报, 28(12) : 6219-6227.

王红强, 成水平, 张胜花, 等. 2010. 伊乐藻生物碱的 GC-MS 分析及其对铜绿微囊藻的化感作用. 水生生物学报, 34(2): 361-366.

王红强, 刘建华, 张列宇, 等. 2011. 香蒲中挥发油对铜绿微囊藻的化感抑制作用. 环境污染与防治, 33(7): 19-22.

王辉, 谢永生, 杨亚利, 等. 2011. 云雾山铁杆蒿茎叶浸提液对封育草地四种优势植物的化感效应. 生态学报, 31(20): 6013-6021.

王慧一, 岳中辉, 隋海霞, 等. 2015. 问荆(*Equisetum arvense* L.) 根茎水浸液对小麦根际土壤性质、微生物及酶活性的化感效应. 哈尔滨师范大学(自然科学学报), 31(3): 107-111.

王健, 樊永强, 杨海棠, 等. 1996. 麦套花生根茬覆盖应用研究简报. 花生科技, (3): 27-29.

王仁君, 唐学玺, 孙俊华. 2008. 小珊瑚藻对赤潮异弯藻的化感效应. 应用生态学报, 19 (10): 2322-2326.

王仁君, 唐学玺, 孙俊华. 2011. 鼠尾藻提取物对亚历山大藻的化感效应. 应用与环境生物学报, 17(5): 694-699.

王硕, 慕小倩, 杨超, 等. 2006. 黄花蒿浸提液对小麦幼苗的化感作用及其机理研究. 西北农林科技大学学报(自然科学版), 34(6): 106-110.

王亚南, 刘孟元. 2000. 散储小麦昆虫种群年变化规律研究. 粮油仓储科技通讯, (1): 41-44.

王怡, 王志强. 2011. 蔬菜根结线虫病发生特点及控制措施. 现代农业, (8): 27.

卫新菊. 2005. 小麦化感作用及其应用. 小麦研究, 26(2): 25-29.

闻兆令, 严庆德, 孙克明, 等. 1991. 花生田覆盖麦糠试验简报. 花生科技, (3): 30-31.

邬彩霞, 刘苏娇, 赵国琦, 等. 2015. 黄花草木樨对杂草的化感作用研究. 草地学报, 23(1): 82-88.

吴会芹, 董林林, 王倩. 2009. 玉米、小麦秸秆水浸提液对蔬菜种子的化感作用. 华北农学报, 24(s2): 140-143.

吴蕾, 马凤鸣, 刘成, 等. 2009. 大豆与玉米、小麦、高粱根系分泌物的比较分析. 大豆科学, 28(6): 1021-1026.

吴鹏飞, 臧国长, 马祥庆. 2006. 逆境中植物化学通讯机制的研究进展. 亚热带农业研究, 2(4): 271-277.

吴琼, 杨维, 邵昌余, 等. 2008. 植物化感作用与害虫综合治理. 贵州农业科学, 36(3): 67-70.

吴小燕, 刘文波, 杨廷雅, 等. 2013. 香蕉枯萎病危害程度与土壤病菌种群密度的相关性分析. 热带作物学报, 34(9): 1761-1769.

吴振斌等. 2016. 大型水生植物对藻类的化感作用. 北京: 科学出版社.

夏钰妹. 2012. 大型绿藻浒苔对赤潮藻的抑制作用及其机理研究. 宁波: 宁波大学硕士学位论文.

鲜啟鸣, 陈海东, 邹惠仙, 等. 2006. 沉水植物中挥发性物质对铜绿微囊藻的化感作用. 生态学报, 26(11): 3549-3554.

项俊, 栗茂腾, 吴耿, 等. 2008. 黄淮海湿地系统典型挺水植物对水华藻类的化感效应. 生态环境, 17(2): 506-510.

肖辉林, 彭少麟, 郑煜基, 等. 2006. 植物化感物质及化感潜力与土壤养分的相互影响. 应用生态学报, 17(9): 1747-1750.

肖溪. 2012. 大麦秸秆对蓝藻化感抑制作用与机理的研究. 杭州: 浙江大学博士学位论文.

谢寿安, 丁彦. 2010. 华山松大小蠹化学信息物质. 东北林业大学学报, 38(1): 91-94.

熊君, 林文雄, 周军建, 等. 2005. 不同供氮条件下水稻的化感抑草作用与资源竞争分析. 应用生态学报, 16(5): 885-889.

熊勇, 李天艳, 马金林. 2012. 药用植物灯盏花与玉米轮作效应的初步研究. 中国农学通报, 28(24): 27-30.

许荣钦, 谢远珍, 王家栋. 2011. 湖北省首次发现小麦条锈病天敌昆虫. 湖北植保, (1): 33.

闫兴富, 方苏, 杜茜, 等. 2009. 火炬树果穗水浸提液对小麦种子萌发的化感效应. 作物杂志, 6: 38-41.

闫志强, 宋本如, 刘鼋, 等. 2015. 5 种沉水植物对斜生栅藻的化感作用. 应用与环境生物学报, 21(1): 75-79.

阎飞, 杨振明, 韩丽梅. 2001. 论农业持续发展中的化感作用. 应用生态学报, 12(4): 633-635.

颜桂军. 2006. 海南几种热带植物化感作用的研究. 儋州: 华南热带农业大学硕士学位论文.

晏婷, 翟梅枝, 王元, 等. 2012. 核桃根系提取物对 3 种植物种子萌发和幼苗生长的化感作用. 华中农业大学学报, 31(6): 713-719.

杨超, 慕小倩. 2006. 伴生杂草播娘蒿对小麦的化感效应. 应用生态学报, 17(12): 2389-2393.

杨维东, 李丽璇, 刘洁生, 等. 2008. 海洋底栖甲藻-利玛原甲藻(*Prorocentrum lima*)对三种赤潮藻的化感作用. 环境科学学报, 28(8): 1631-1637.

杨小录, 王瀚, 何九军, 等. 2010. 银杏叶水提物对小麦的化感作用研究. 安徽农业科学, 38(23): 12885-12887.

姚渭. 1992. 小麦散装粮堆昆虫群落组成及结构分析. 中国粮油学报, 7(3): 6-13.

尹文书, 郑满江, 翁振健. 2006. 马铃薯稻田免耕不同覆盖物对产量的影响初报. 耕作与栽培, (6): 34.

于瑞峰, 齐二石, 毕星. 1998. 区域可持续发展状况的评估方法研究及应用. 系统工程理论与实践, (5): 1-6.

于兴军, 于丹, 马克平. 2004. 不同生境条件下紫茎泽兰化感作用的变化与入侵力关系的研究. 植物生态学报, 28(6): 773-780.

郁继华, 张韵, 牛彩霞, 等. 2006. 两种化感物质对茄子幼苗光合作用及叶绿素荧光参数的影响. 应用生态学报, 17(9): 1629-1632.

袁嘉祖. 1991. 灰色系统理论及其应用. 北京: 科学出版社.

袁娜, 刘增文, 祝振华, 等. 2012. 黄土高原主要人工林树种对几种豆科牧草的化感作用. 西北农林科技大学学报(自然科学版), 40(1): 87-92.

翟治芬, 赵元忠, 王霞. 2009. 河西地区不同覆盖条件对春玉米生长影响的初步研究. 水资源与水工程学报, 20(1): 49-53.

张承胤, 代丽, 甄文超. 2007. 玉米秸秆还田对小麦根部病害化感作用的模拟研究. 中国农学通报, 23(5): 298-301.

张冬雨, 金燕, 吕波, 等. 2014. 加拿大一枝黄花(*Solidago canadensis* L.) 水浸提液对小麦的化感作用及机制. 南京农业大学学报, 37(5) : 87-92.

张风娟, 郭建英, 龙茹, 等. 2010. 不同处理的豚草残留物对小麦的化感作用. 生态学杂志, 29(4): 669-673.

张付斗, 徐高峰, 李天林, 等. 2011. 水氮互作下长雄野生稻化感作用与田间抑草效果. 作物学报, 37(1): 170-176.

张改生, 曹海录. 1988. 小麦非整倍体及其在育种中的应用. 陕西农业科学: 1-5.

张剑峰, 郝文胜, 于嘉林, 等. 2008. 转二价核酶基因马铃薯及抗病性研究. 植物病理学报, 38(5): 501-508.

张敏, 付冬梅, 陈华保, 等. 2010. 紫茎泽兰叶片对小麦、油菜幼苗的化感作用及化感机制的初步研究. 浙江大学学报(农业与生命科学版), 36(5): 547-553.

张娉杨. 2014. 两种挺水植物对铜绿微囊藻抑制作用的研究. 长沙: 湖南大学硕士学位论文.

张权, 傅松玲, 姚小华, 等. 2015. 薄壳山核桃叶及青皮水浸液对 3 种植物的化感作用. 林业科学研究, 28(5) : 674-680.

张岁歧, 山仑, 邓西平. 2002. 小麦进化中水分利用效率的变化及其与根系生长的关系. 科学通报, 47(17): 1327-1331.

张文明, 邱慧珍, 张春红, 等. 2015. 连作马铃薯不同生育期根系分泌物的成分检测及其自毒效应. 中国生态农业学报, 23(2): 215-224.

张翔, 毛家伟, 郭中义, 等. 2013. 麦茬处理方式对夏花生播种质量与前期生长及产量的影响. 花生学报, 42(4): 33-36.

张晓珂, 姜勇, 梁文举, 等. 2004. 小麦化感作用研究进展. 应用生态学报, 15(10): 1967-1972.

张晓玲, 潘振刚, 周晓锋, 等. 2007. 自毒作用与连作障碍. 土壤通报, 38(4): 781-784.

张晓影, 王朋, 周斌. 2013. 冬小麦幼苗生长和化感物质对 CO_2 和 O_3 浓度升高的响应. 应用生态学报, 24(10) : 2843-2849.

张玉铭, 马永清. 1994. 麦茬覆盖夏玉米对其苗期生长发育的生化他感作用研究初报. 生态学杂志, 13(3): 70-72.

张月玲. 2012. 钾对蚜虫取食诱导的小麦抗蚜反应的影响. 郑州: 河南农业大学硕士学位论文.

张泽彬, 马青, 黄金才, 等. 2010. 昆虫与植物协同进化的研究进展. 湖南林业科技, 37(5): 60-63.

张振业. 2013. 凤眼莲根系提取物对铜绿微囊藻的化感抑制作用研究. 扬州: 扬州大学硕士学位论文.

张正斌. 1990. 旱地小麦生态型及品种演变规律研究. 杨凌: 中国科学院水利部西北水土保持研究所硕士学位论文.

张正斌. 2000. 植物对环境胁迫整体抗逆性研究若干问题. 西北农业学报, 9 (3): 112-116.

赵春青, 于月芹, 刘勇. 2005. 小麦挥发物在小麦-麦蚜-天敌三营养层关系中的作用. 昆虫学研究进展: 78-80.

赵钢, 李德新. 2008. 草地植物和草食动物的协同进化在草地管理上的作用. 仲恺农业技术学院学报, 21(2): 57-62.

赵离飞, 赵双锁, 李忠民, 等. 2001. 水杨酸诱导小麦赤霉毒素抗性研究. 洛阳农业高等专科学校学报, 21(4): 261-263.

赵娜. 2014. 三种茄科蔬菜轮作对高发枯萎病蕉园土壤微生物的调控效应. 海口: 海南大学硕士学位论文.

赵先龙. 2014. 玉米秸秆腐解液化感效应及典型化感物质分离鉴定. 哈尔滨: 东北农业大学硕士学位论文.

赵勇, 陈桢, 王科举, 等. 2010. 泡桐、杨树叶水浸液对作物种子萌发的化感作用. 农业工程学报, 26(s1): 400-405.

赵卓, 刘国东, 刘克文, 等. 2004. 昆虫与植物协同演化关系的研究概况. 吉林师范大学学报(自然科学版), (3): 4-7.

郑丹, 迟凤琴. 2012. 秸秆还田在农业可持续发展中的综合评价. 黑龙江农业科学, (1): 133-138.

郑菲菲. 2015. 稻秸干粉对灰绿藜和油菜种苗的化感效应. 杨凌: 西北农林科技大学硕士学位论文.

郑浩, 王义祥, 翁伯琦. 2005. 合理套种牧草对山地果园生物环境和土壤肥力的影响. 福建农业学报, 20: 134-138.

郑景瑶, 岳中辉, 田宇, 等. 2014. 问荆水浸液对小麦种子萌发及幼苗生长的化感效应初探. 草业学报, 23(3): 191-196.

郑琨, 赵福庚, 张茜, 等. 2009. 盐度变化条件下芦苇对互花米草的化感效应. 应用生态学报, 20(8): 1863-1867.

郑曦, 杨茜茜, 李小花. 2016. 小麦秸秆水浸提液对 5 种植物化感作用的研究. 广西植物, 36(3): 329-334.

郑永利, 滕敏忠. 2001. 稻茬免耕麦田杂草土壤种子库调查. 浙江农业科学, (2): 90-91.

支金虎, 马永清, 左胜鹏. 2009. 干旱胁迫与外源激素 PDJ 对不同基因型小麦化感潜力的诱导调控. 中国生态农业学报, 17(6): 1156-1161.

支金虎, 左胜鹏. 2009. 水分胁迫与 PDJ 对不同基因型小麦生长及化感表达的影响. 西北农业学报, (3): 78-83.

钟宇, 张健, 杨万勤, 等. 2009. 不同土壤水分条件下生长的巨桉对紫花苜蓿的化感作用. 草业学报, 18(4): 81-86.

周斌, 孔垂华. 2013. 杂草野燕麦和马唐对小麦的种间化感作用. 中国第六届植物化感作用学术研讨会论文摘要集.

周少川, 孔垂华, 李宏, 等. 2005. 水稻品种化感特性与农艺性状的关系. 应用生态学报, 16(4): 737-739.

周晓果, 张正斌, 徐萍. 2005. 小麦主要育种目标的灰色系统方法探讨. 农业系统科学与综合研究, 21(2): 81-84.

朱红莲, 孔垂华, 胡飞, 等. 2003. 水稻种质资源的化感潜力评价方法. 中国农业科学, 36(7): 788-792.

朱建祥. 1998. 小麦对白粉菌的抗性和感病性的诱导. 植物病理学报, 28(1): 11-17.

朱细娥. 2014. 外来种互花米草对九段沙湿地植物及其丛枝菌根真菌的化感效应. 上海: 上海大学硕士学位论文.

朱珣之, 刘莎, 阳从魏, 等. 2016. 模拟酸雨对紫茎泽兰种子萌发和幼苗生长及化感作用的影响. 江苏科技大学学报(自然科学版), 30(4): 390-398.

祝传书. 2005. 蚜虫取食诱导小麦抗性的分子机制及对蚜虫行为的影响. 杨凌: 西北农林科技大学博士学位论文.

邹丽芸. 2005. 西瓜根系分泌物对西瓜植株生长的自毒作用. 福建农业科技, 4: 30-31.

左胜鹏, 马永清. 2004a. 外来植物入侵与化感作用(译摘). 世界农业, (6): 58.

左胜鹏, 马永清. 2004b. 小麦化感作用研究进展. 农业现代化研究, 25(s): 81-85.

左胜鹏, 马永清. 2005a. 不同基因型麦糠对受体植物幼苗生长的效应. 麦类作物学报, 25(3): 42-46.

左胜鹏, 马永清. 2005b. 不同基因型小麦成熟期地上部的化感作用. 农业环境科学学报, 24(4): 30-35.

左胜鹏, 马永清. 2005c. 不同基因型小麦麦茬对杂草的化感抑制作用. 植物保护学报, 32(2): 195-200.

左胜鹏, 马永清. 2006. 化感作用与生物多样性. 植物遗传与资源学报, 7(4): 494-498.

左胜鹏, 马永清, 稻永忍, 等. 2005. 不同基因型小麦麦茬对杂草的化感抑制作用. 植物保护学报, 32(2): 195-200.

左胜鹏, 税军锋, 马永清. 2006. 黄瓜根分泌物化感潜势的可拓学评价. 园艺学报, 33(2): 399-401.

左胜鹏, 叶良涛, 马永清. 2011. 不同生态型化感冬小麦抽穗期的荧光动力学特性. 中国生态农业学报, 19(2): 331-337.

Abbas R N, Tanveer A, Ali A, et al. 2010. Effects of Emex australis on germination and early seedling growth of wheat (*Triticum aestivum* L.). Allelopathy Journal, 25(2): 513-520.

Abu-Romman S, Shatnawi M, Shibli R. 2010. Allelopathic effects of spurge (*Euphorbia hierosolymitana*) on wheat (*Triticum durum*). American-Eurasian Journal of Agriculture and Environmental Science, 7(3): 298-302.

Agarwal A R, Rao P B. 1998. Allelopathic effect of four weed species on seed germination of certain varieties of wheat. Acta Botanica Indica, 26: 37-41.

Ahalavat A K, Vimala Y. 2008. Allelopathic interaction of *Populus deltoides* leaf leachate with some crop plants. Journal of Indian Botanical Society, 87(3-4): 237-241.

Alam S M, Khan M A, Mujtaba S M, et al. 2002. Influence of aqueous leaf extract of common lamb squaters and NaCl salinity on the germination, growth, and nutrient content of wheat. Acta Physiologiae Plantarum, 24(4): 359-364.

Alamdari E G, Deokule S S. 2009. Rhizosphere soil method for evaluating the allelopathic potentiality of the soils of paddy weeds around the root. Ecology, Environment and Conservation, 15(3): 671-675.

Al-Bedairy N R, Alsaadawi I S, Shati R K. 2013. Combining effect of allelopathic *Sorghum bicolor* L. (Moench) cultivars with planting densities on companion weeds. Archives of Agronomy and Soil Science, 59(7-9): 955-961.

Alexander L M, Kirigwi F M, Fritz A K, et al. 2012. Mapping and quantitative trait loci analysis of drought tolerance in a spring wheat population using amplified fragment length polymorphism and diversity array technology markers. Crop Science, 52(1): 253-261.

Alhmedi A, Haubruge E, Francis F. 2009. Effect of stinging nettle habitats on aphidophagous predators and parasitoids in wheat and green pea fields with special attention to the invader *Harmonia axyridis* Pallas (Coleoptera: Coccinellidae). Entomological Science, 12(4): 349-358.

Al-Hazimi H M, Al-Andis N M. 2000. Minor pterocarpanoids from *Melilotus alba*. Journal of Saudi Chemical society, 4: 215-218.

Ali H, Kumar S, Abdulla M K, Sindhu G, et al. 2005. Allelopathic effect of *Amaranthus viridis* (L.) and *Parthenium hysterophorus* (L.) on wheat, maize and rice. Allelopathy Journal, 16(2): 341-346.

Al-Khatib K, Libbey C, Boydston R. 1997. Weed suppression with Brassica green manure crops in green pea. Weed science, 45(3): 439-445.

Allemann I, Cawood M E, Allemann J. 2016. Influence of abiotic stress on Amaranthus cruentus allelopathic properties. South African Journal of Botany, 103: 306-306.

Alsaadawi I S, Davan F E. 2009. Potentials and prospects of sorghum allelopathy in agroecosystems. Allelopathy Journal, 24(2): 255-270.

Alsaadawi I S, Khaliq A, Lahmod N R, et al. 2013. Weed management in broad bean (*Vicia faba* L.) through allelopathic *Sorghum bicolor* (L.) Moench residues and reduced rate of a pre-plant herbicide. Allelopathy Journal, 32(2): 203-212.

Alsaadawi I S, Sarbout A K, Al-Shamma L M. 2012. Differential allelopathic potential of sunflower (*Helianthus annuus* L.) genotypes on weeds and wheat (*Triticum aestivum* L.) crop. Archives of

Agronomy and Soil Science, 58(10-12): 1139-1148.

Altop E K, Mennan H, Ngouajio M, et al. 2012. Quantification of momilactone B in rice hulls and the phytotoxic potential of rice extracts on the seed germination of *Alisma plantago-aquatica*. Weed Biology and Management, 12(1-2): 29-39.

Amini R, Hosseini N M, Eftekhari M. 2011. Evaluating the allelopathic effect of annual ryegrass (*Lolium rigidum* L.) on wheat (*Triticum aestivum* L.) seedling growth. Journal of Food, Agriculture and Environment, 9(3-4): 1071-1073.

An M, Johnson I R, Lovett J V. 1993. Mathematical modelling of allelopathy: biological response to allelochemicals and its interpretation. Journal of Chemical Ecology, 19(10): 2379-2388.

An M, Johnson I R, Lovett J V. 1996. Mathematical modelling of residue allelopathy: I . Phytotoxicity caused by plant residues during decomposition. Allelopathy Journal, 3(1): 33-42.

An M, Johnson I R, Lovett J V. 2002. Mathematical modelling of residue allelopathy: the effects of intrinsic and extrinsic factors. Plant and Soil, 246: 11-22.

An M, Liu D L, Johnson I R, et al. 2003a. Mathematical modelling of allelopathy: II. The dynamics of allelochemicals from living plants in the environment. Ecological Modelling, 161(1-2): 53-66.

An M, Zeng R S, Johnson I R, et al. 2003b. Modelling aeration effects on plant residue allelopathy. Allelopathy Journal, 11(2): 195-200.

Anaya A L. 1999. Allelopathy as a tool in the management of biotic resources in agroecosystems. Critical Reviews in Plant Sciences, 18: 697-739.

Anaya A L, Cruz-Ortega R, Waller G R. 2006. Metabolism and ecology of purine alkaloids. Frontiers in Bioscience, 11: 2354-2370.

Anderson K M, Reber J, Harris M O, et al. 2011. No fitness cost for wheat's H gene-mediated resistance to hessian fly (Diptera: Cecidomyiidae). Journal of Economic Entomology, 104(4): 1393-1405.

Antunes J T, Leao P N, Vasconcelos V M. 2012. Influence of biotic and abiotic factors on the allelopathic activity of the cyanobacterium *Cylindrospermopsis raciborskii* Strain LEGE 99043. Microbial Ecology, 64(3): 584-592.

Aono M, Saji H, Sakamoto A, et al. 1995. Paraquat tolerance of transgenic *Nicotiana tabacum* with enhanced activities of glutathione reductase and superoxide dismutase. Plant Cell Physiology, 36(8): 1687-1691.

Aravind P, Prasad M N V. 2003. Zinc alleviates cadmium-induced oxidative stress in *Ceratophyllum demersum* L. : a free floating freshwater macrophyte. Plant Physiology and Biochemistry, 41(4): 391-397.

Argandona V H, Niemeyer H M, Corcuera L J. 1981. Effect of content and distribution of hydroxamic acids in wheat on infestation by the aphid Schizaphis gramimum. Phytochemistry, 20: 673-676.

Arshad M, Khaliq A, Cheema Z A, et al. 2013. Allelopathic activity of Pakistani wheat genotypes against wild oat (*Avena fatua* L.). Pakistan Journal of Agricultural Sciences, 50(2): 169-176.

Asaduzzaman M, An M, Pratley J E, et al. 2014. Canola (*Brassica napus*) germplasm shows variable allelopathic effects against annual ryegrass (*Lolium rigidum*) . Plant and Soil, 380(1-2): 47-56.

Asplund R O. 1969. Some quantitative aspects of phytotoxicity of monoterpenes. Weed Science, 17: 454-455.

Australian Weeds Conference. 1999. Tasmanian Weed Society, Hobart, Australia, 454-459.

Awasthi O P, Singh I S, Bhargava R. 2005. Allelopathic influence of aonla (*Emblica officinalis*) leaf extract on germination and seedling growth of seasonal crops. Range Management and Agroforestry, 26(2): 120-123.

Aziz A, Tanveer A, Ali A, et al. 2008. Allelopathic effect of cleavers (*Galium aparine*) on germination and early growth of wheat (*Triticum aestivum*). Allelopathy Journal, 22(1): 25-34.

Baerson S R, Dayan F E, Rimando A M, et al. 2008. A functional genomics investigation of allelochemical biosynthesis in *Sorghum bicolor* root hairs. Journal of Biological Chemistry, 283(6): 3231-3247.

Baerson S R, Rimando A M, Pan Z. 2008. Probing allelochemical biosynthesis in sorghum root hairs. Plant Signaling and Behavior, 3(9): 667-670.

Baghestani A, Lemieux C, Leroux G D, et al. 1999. Determination of allelochemicals in spring cereal cultivars of different competitiveness. Weed Science, 47: 498-504.

Bais H P, Vepachedu R, Gilroy S, et al. 2003. Allelopathy and exotic plant invasion: from molecules and genes to species interactions. Science, 301(5638): 1377-1380.

Bajwa R, Javaid A, Shafique S, et al. 2008. Fungistatic activity of aqueous and organic solvent extracts of rice varieties on phytophathogenic fungi. Allelopathy Journal, 22(2): 363-370.

Banke S, Stukenbrock E H, McDonald B A, et al. 2007. Origin and domestication of the fungal wheat pathogen *Mycosphaerella graminicola* via sympatric speciation. Molecular Biology and Evolution, 24(2): 398-411.

Barakat M, El-Hendawy S, Al-Suhaibani N, et al. 2016. The genetic basis of spectral reflectance indices in drought-stressed wheat. Acta Physiologiae Plantarum, 38(9): 227-237.

Batish D R, Lavanya K, Singh H P, et al. 2007. Root-mediated allelopathic interference of nettle-leaved goosefoot(*Chenopodium murale*) on wheat (*Triticum aestivum*). Journal of Agronomy and Crop Science, 193(1): 37-44.

Batish D R, Singh H P, Pandhet J K, et al. 2005. Allelopathic interference of *Parthenium hysterophorus* residues in soil. Allelopathy Journal, 15(2): 267-274.

Batish D R, Singh H P, Setia N, et al. 2006. Effect of 2-Benzoxazolinone (BOA) on seedling growth and associated biochemical changes in mung bean (*Phaseolus aureus*). Z. Naturforsch, 61c: 709-714.

Baziramakenga R, Leroux G D, Simard R R. 1995. Effects of benzoic and cinnamic acids on membrane permeability of soybean roots. Journal of Chemical Ecology, 21: 1271-1285.

Belanger R R, Menzies J G, Remus B W. 2005. Silicon induces antifungal compounds in powdery mildew-infected wheat. Physiological and Molecular Plant Pathology, 66(3): 108-115.

Belz R G. 2007. Allelopathy in crop/weed interactions—an update. Pest Management Science, 63: 308-326.

Belz R, Hurle K. 2001. Tracing the source-do allelochemicals in root exudates of wheat correlate with cultivar-specific weed-suppressing ability? Brighton Crop Protection Confernce of Weeds, 4D-4: 317-320.

Belz R G, Reinhardt C F, van der Laan M, et al. 2009. Soil degradation of parthenin does it contradict the role of allelopathy in the invasive weed *Parthenium hysterophorus* L. Journal of Chemical Ecology, 35(9): 1137-1150.

Ben-Hammouda M, Kremer R J, Minor H C, et al. 1995. A chemical basis for differential potential of sorghum hybrids on wheat. Journal of Chemical Ecology, 21: 775-786.

Bera B, Ganguly S N, Mukherjee K K. 1992. Growth retarding compounds in the seeds of diploid cytotypes of *Chenopodium album*. Fitoterapia, 63: 364-366.

Bertholdsson N O. 2004. Variation in allelopathic activity over 100 years of barley selection and breeding. Weed Research, 44(2): 78-86.

Bertholdsson N O. 2005. Early vigour and allelopathy-two useful traits for enhanced barley and wheat competitiveness against weeds. Weed Research, 45(2): 94-102.

Bertholdsson N O, Weedon O, Brumlop S, et al. 2016. Evolutionary changes of weed competitive traits in winter wheat composite cross populations in organic and conventional farming systems. European Journal of Agronomy, 79: 23-30.

Bertin C, Yang X, Weston L A. 2003. The role of root exudates and allelochemicals in the rhizosphere. Plant and Soil, 256: 67-83.

Bestelmeyer B T, Ward J P, Havstad K M. 2006. Soil-geomorphic heterogeneity governs patchy vegetation dynamics at an arid ecotone. Ecology, 87 (4): 963-973.

Bhatt B P, Chauhan D S. 2000. Allelopathic effects of *Quercus* spp. on crops of Garhwal Himalaya. Allelopathy Journal, 7(2): 265-272.

Bhupendra S, Uniyal A K, Todaria N P. 2008. Phytotoxic effects of three Ficus species on field crops. Range Management and Agroforestry, 29(2): 104-108.

Bi H H, An M, Zeng R S, et al. 2007. Rice allelopathy induced by methyl jasmonate and methyl salicylate. Journal of Chemical Ecology, 33(5): 1089-1103.

Blum U. 1996. Allelopathic interaction involving phenolic acids. Journal of Nematology, 28(3): 259-267.

Blum U, Gerig T M, Worsham A D, et al. 1992. Allelopathy activity in wheat-conventional and wheat-no-till soils: development of soil extract bioassays. Journal of Chemical Ecology, 18: 2191-2221.

Blum U, King L D, Brownie C. 2002. Effects of wheat residues on dicotyledonous weed emergence in a simulated no-till system. Allelopathy Journal, 9(2): 159-176.

Blum U, Schafer S R, Lehman M E. 1999. Evidence for inhibitory allelopathic interactions involving phenolic acids in field soils: Concepts vs. experimental model. Critical Reviews in Plant Sciences, 18: 673-693.

Bosch F, Fitt B D L, Huang Y, et al. 2006. Coexistence of related pathogen species on arable crops in space and time. Annual Review of Phytopathology, 44: 163-182.

Botha A M. 2013. A coevolutionary conundrum: the arms race between *Diuraphis noxia* (Kurdjumov) a specialist pest and its host *Triticum aestivum* (L.). Anthropod-Plant Interactions, 7(4): 359-372.

Bouhaouel I, Gfeller A, Fauconnier M L, et al. 2015. Allelopathic and autotoxicity effects of barley (*Hordeum vulgare* L. ssp vulgare) root exudates. BioControl, 60(3): 425-436.

Brady N C, Weil R R. 1999. The Nature and Property of Soils. Upper Saddle Hall: Prentice Hall.

Brainard D C, Bellinder R R, Kumar V. 2011. Grass-legume mixtures and soil fertility affect cover crop performance and weed seed production. Weed Technology, 25(3): 473-479.

Briar S S, Grewal P S, Somasekhar N, et al. 2007. Soil nematode community, organic matter, microbial biomass and nitrogen dynamics in field plots transitioning from conventional to organic management. Applied Soil Ecology, 37(3): 256-266.

Briggs S. 2015. The use of cover crops-drawing on experiences from organic farming systems over the last 20 years and how this experience can be applied to conventional farms? Aspects of Applied Biology, 129: 97-106.

Brown B J, Mitchell R J. 2001. Competition for pollination: effects of pollen of an invasive plant on seed set of a native congener. Oecologia, 129: 43-49.

Bruce S E, Kirkegaard J A, Pratley J E, et al. 2005. Impacts of retained wheat stubble on canola in southern New South Wales. Australian Journal of Experimental Agriculture, 45(4): 421-433.

Bruce T J A, Wadhams L J, Pickett J A, et al. 2003. cis-Jasmone treatment induces resistance in wheat plants against the grain aphid, *Sitobion avenae* (Fabricius) (Homoptera : Aphididae). Pest Management Science, 59(9): 1031-1036.

Burgos N R, Talbert R E, Mattice J D. 1999. Cultivar and age differences in the production of allelochemicals by *Secale cereale*. Weed Science, 47: 481-485.

Caboun V. 2005. Soil sickness in forestry trees. Allelopathy Journal, 16(2): 199-208.

Caboun V, John J. 2015. Allelopathy research methods in forestry. Allelopathy Journal, 36(2): 133-166.

Cabral M E S, Fortuna A M, Riscala E C D, et al. 2008. Allelopathic activity of *Centaurea diffusa* and *Centaurea tweediei*: effects of cnicin and onopordopicrin on seed germination, phytopathogenic bacteria and soil. Allelopathy Journal, 21(1): 183-190.

Cai Q N, Yang X Q, Zhao X, et al. 2009. Effects of host plant resistance on insect pests and its parasitoid: a case study of wheat-aphid-parasitoid system. Biological Control, 49(2): 124-138.

Cai Z P, Zhu H H, Duan S S. 2014. Allelopathic interactions between the red-tide causative dinoflagellate *Prorocentrum donghaiense* and the diatom *Phaeodactylum tricornutum*. Oceanologia, 56(3): 639-650.

Callaway R M, Inderjit, Kaur R. 2014. Soils and the conditional allelopathic effects of a tropical invader. Soil Biology and Biochemistry, 78: 316-325.

Cao K Q, Wang S T. 2007. Autotoxicity and soil sickness of strawberry (Fragaria × ananassd). Allelopathy Journal, 20(1): 103-114.

Cao L J, Wang H D. 1998. Method and principle of evaluation indicators system on sustainable development. Acta Scientiae Circumstantiae, 18: 526-532.

Castellano D, Oliveros-Bastidas A, Macias F A, et al. 2004. Degradation studies on benzoxazinoids. Soil degradation dynamics of 2, 4-dihydroxy-7-methoxy-(2H)-1, 4-benzoxazin-3(4H)-one (DIMBOA) and its degradation products, phytotoxic allelochemicals from Gramineae. Journal of Agricultural and Food Chemistry, 52(21): 6402-6413.

Cedergreeen N, Jessing K K, Duke S O. 2014. Potential ecological roles of artemisinin produced by *Artemisia annua* L. Journal of Chemical Ecology, 40(2): 100-117.

Chang X X, Xu R B, Wu F, et al. 2015. Recovery limitation of endangered *Ottelia acuminata* by allelopathic interaction with cyanobacteria. Aquatic Ecology, 49(3): 333-342.

Chau D P M, Kieu T T, van Chin D. 2008. Allelopathic effects of Vietnamese rice varieties. Allelopathy Journal, 22(2): 409-412.

Cheema Z A, Iqbal J. 2008. Purple nutsedge (*cyperus rotundus* L.) management in cotton with combined application of sorgaab and s-metolachlor. Pakistan Journal of Botany, 40(6): 2383-2391.

Cheema Z A, Kashif M S, Farooq M, et al. 2016. Allelopathic potential of bread wheat helps in suppressing the little seed canarygrass (*Phalaris minor* Retz.) at its varying densities. Archives of Agronomy and Soil Science, 62(4-6): 580-592.

Cheema Z A, Khaliq A. 2000. Use of sorghum allelopathic properties to control weeds in irrigated wheat in a semi arid region of Punjab. Agriculture, Ecosystems and Environment, 79(2-3): 105-112.

Cheema Z A, Khaliq A, Abbas M, et al. 2007. Allelopathic potential of sorghum (*Sorghum bicolor* L. Moench) cultivars for weed management. Allelopathy Journal, 20(1): 167-178.

Cheema Z A, Mushtaq M N, Farooq M, et al. 2009. Purple nutsedge management with allelopathic sorghum. Allelopathy Journal, 23(2): 305-312.

Chen G Q, Wang Q, Yao Z W, et al. 2016. Penoxsulam-resistant barnyardgrass (*Echinochloa crus-galli*) in rice fields in China. Weed Biology and Management, 16(1): 16-23.

Chen K J, Zheng Y Q, Kong C H. 2010. 2, 4-Dihydroxy-7-methoxy-1, 4-benzoxazin-3-one (DIMBOA) and 6-Methoxy-benzoxazolin-2-one (MBOA) levels in the wheat rhizosphere and their effect on the soil microbial community structure. Journal of Agricultural and Food Chemistry, 58(24): 12710-12716.

Chen S Y, Xiao S, Callaway R M. 2012. Light intensity alters the allelopathic effects of an exotic invader. Plant Ecology and Diversity, 5(4): 521-526.

Chen X G. 2016. Economic potential of biomass supply from crop residues in China. Applied Energy, 166(3): 141-149.

Chhetri S, Uniyal A K. 2010. An assessment of phytotoxic potential of promising agroforestry trees on germination and growth pattern of traditional field crops of Sikkim Himalaya, India. American-Eurasian Journal of Agricultural and Environmental Sciences, 9(1): 70-78.

Chi W C, Fu S F, Huang T L, et al. 2011. Identification of transcriptome profiles and signaling pathways for the allelochemical juglone in rice roots. Plant Molecular Biology, 77(6): 591-607.

Chittapur B M, Hunshal C S, Shenoy H. 2001. Allelopathy in parasitic weed management: role of catch and trap crops. Allelopathy Journal, 8(2): 147-159.

Contreras-Ramos S M, Rodriguez-Campos J, Saucedo-García A, et al. 2013. Mutual effects of *Rottboellia cochinchinensis* and maize grown together at different densities. Agronomy Journal, 105(6): 1545-1554.

Cook D, Rimando A M, Clemente T E, et al. 2010. Alkylresorcinol synthases expressed in sorghum bicolor root hairs play an essential role in the biosynthesis of the allelopathic benzoquinone sorgoleone. The Plant Cell, 22(3): 867-887.

Copaja S V, Nicol D, Wratten S D. 1999. Accumulation of hydroxamic acids during wheat germination. Phytochemistry, 50: 17-24.

Copaja S V, Niemeyer H M, Wratten S D. 1991. Hydroxamic acid levels in Chilean and British wheat seedlings. Annals of Applied Biology, 118: 223-227.

Corio-Costet M F, Chapuis L, Scalla R, et al. 1993. Analysis of sterols in plants and cell cultures producing ecdysteroides. I . *Chenopodium album*. Plant Science, 91: 23-33.

Cornelissen J H C, Lavorel S, Garnier E. 2003. A handbook of protocols for standardized and easy measurement of plant functional traits worldwide. Australian Journal of Botany, 51: 335-380.

Correia N M, Centurion M A P da C, Alves P L da C A. 2005. Influence of sorghum aqueous extracts on soybean germination and seedling development. Ciencia Rural, 35(3): 498-503.

Croll D, Torriani S, Stukenbrock E H, et al. 2013. Coevolution and life cycle specialization of plant cell wall degrading enzymes in a hemibiotrophic pathogen. Molecular Biology and Evolution, 30(6): 1337-1347.

Dadkhah A. 2015. Allelopathic potential of canola and wheat to control weeds in soybean (*Glycine max*). Russian Agricultural Sciences, 41(2-3): 111-114.

Dam N M, Ritz C, Kropff M J, et al. 2014. Mechanical wounding under field conditions: a potential tool to increase the allelopathic inhibitory effect of cover crops on weeds? European Journal of Agronomy, 52: 229-236.

Das T K, Babu C R, Henry S L, et al. 2004. Novel mode of resistance to Fusarium infection by a mild dose pre-exposure of cadmium in wheat. Plant Physiology and Biochemistry, 42(10): 781-787.

Dayan F E. 2006. Factors modulating the levels of the allelochemical sorgoleone in *Sorghum bicolor*. Planta, 224(2): 339-346.

Dayan F E, Kagan I A, Rimando A M. 2003. Elucidation of the biosynthetic pathway of the allelochemical sorgoleone using retrobiosynthetic NMR analysis. Journal of Biological Chemistry, 278(31): 28607-28611.

Dayan F E, Rimando A M, Pan Z, et al. 2010. Sorgoleone. Phytochemistry, 71(10): 1032-1039.

Deef H E. 2012. Alleviation of allelopathic effect of *Launae sonchoids* weed on wheat growth by salicylic acid. Egyptian Journal of Agronomy, 34(1): 19-37.

Dhanai C S, Singh C, Bharsakle L. 2013. Allelopathic effect of different aqueous extract of *Acacia nilotica* on seed germination and growth of wheat (*Triticum aestivum*). Indian Forester, 139(11): 999-1002.

Dias A S, Dias L S. 2000. Effects of drought on allelopathic activity of *Datura stramonium* L.

Allelopathy Journal, 7(2): 273-278.

Didon U M E, Kolseth A K, Widmark D, et al. 2014. Cover crop residues-effects on germination and early growth of annual weeds. Weed Science, 62(2): 294-302.

Dilday R H, John D M, Karen A M, et al. 2001. Allelopathic potential in rice germplasm against ducksalad, redstem and barnyard grass//Kohli R K, Singh H P, Batish D R. Allelopathy in agroecosystems. New Delhi: Vedams eBooks (P) Ltd. 287-301.

Dixon D P, Sellars J D, Kenwright A M, et al. 2012. The maize benzoxazinone DIMBOA reacts with glutathione and other thiols to form spirocyclic adducts. Phytochemistry, 77: 171-178.

Domnina N S, Popova E V, Kovalenko N M, et al. 2016. Effect of chitosan and vanillin-modified chitosan on wheat resistance to spot blotch. Applied Biochemistry and Microbiology, 52(5): 537-540.

Dong F, Zhao Y, Yao J, et al. 2008. Chemical inducement of 2, 4-dihyroxy-7-methoxy-l, 4-benzoxazin-3-one (DIMBOA) in wheat seedlings. Allelopathy Journal, 21(2): 263-272.

Dong S Q, Ma Y Q, Wu H W, et al. 2012. Stimulatory effects of wheat (*Triticum aestivum* L.) on seed germination of *Orobanche minor* Sm. Allelopathy Journal, 30(2): 247-258.

Dong S Q, Ma Y Q, Wu H W, et al. 2013. Allelopathic stimulatory effects of wheat differing in ploidy levels on *Orobanche minor* germination. Allelopathy Journal, 31(2): 355-366.

Dong Y H, Makandar R, Lee H J, et al. 2012. Salicylic acid regulates basal resistance to Fusarium head blight in wheat. Molecular Plant-Microbe Interactions, 25(3): 431-439.

Dongre P N, Singh A K. 2007. Inhibitory effects of weeds on growth of wheat seedlings. Allelopathy Journal, 20(2): 387-394.

Dongre P N, Singh A K. 2011. Inhibitory allelopathic effects of weed leaf leachates on germination and seedling growth of wheat (*Triticum aestivum* L.). Crop Research, 42(1-3): 27-34.

Dubey B, Hussain J. 2000. A model for the allelopathic effect on two competing species. Ecological Modelling, 129(2-3): 195-207.

Dudai N, Chaimovitsh D, Larkov O, et al. 2009. Allelochemicals released by leaf residues of Micromeria fruticosa in soils, their uptake and metabolism by inhibited wheat seed. Plant and Soil, 314: 311-317.

Duke S O, Regina G B, Scott R B, et al. 2005. The potential for advances in crop allelopathy. Outlooks on Pest Management, 16(2): 64-68.

Duke S O, Scheffler B E, Dayan F E, et al. 2001. Strategies for using transgenes to produce allelopathic crops. Weed Technology, 15: 826-834.

Duncan D R, Hammond D, Zalewski J, et al. 2002. Field performance of transgenic potato, with resistance to Colorado potato beetle and viruses. Hortscience, 37(2): 275-276.

Džafić E, Pongrac P, Likar M, et al. 2010. Colonization of maize (*Zea mays* L.) with the arbuscular mycorrhizal fungus *Glomus mosseae* alleviates negative effects of *Festuca pratensis* and *Zea mays* root extracts. Allelopathy Journal, 25(1): 249-258.

Džafić E, Pongrac P, Likar M, et al. 2013. The arbuscular mycorrhizal fungus *Glomus mosseae* alleviates autotoxic effects in maize (*Zea mays* L.). European Journal of Soil Biology, 58:

59-65.

Ebana K, Yan W G, Dilday R H, et al. 2001. Analysis of QTLs associated with the allelopathic effect of rice using water-soluble extracts. Breeding Science, 51: 47-51.

Ebrahimzadeh H, Soltanloo H, Enferadi S T, et al. 2016. Central role of salicylic acid in resistance of wheat against *Fusarium graminearum*. Journal of Plant Growth Regulation, 35(2): 477-491.

Ehrenfeld J G. 2006. A potential novel source of information for screening and monitoring the impact of exotic plants on ecosystems. Biological Invasions, 8(7): 1511-1521.

Einhellig F A. 1986. Mechanisms and modes of action of allelochemicals//Putnam A R, Tang C S. The Science of Allelopathy. NewYork: John Wiley and Sons Inc. 171-188.

Elek H, Werner P, Smart L, et al. 2009. Aphid resistance in wheat varieties. Communications in Agricultural and Applied Biological Sciences, 74(1): 233-241.

Eljarrat E, Barceló D. 2001. Sample handling and analysis of allelochemical compounds in plants. Trends Analysis Chemistry, 20: 584-590.

El-Khatib A A, Hegazy A K. 1999. Growth and physiological responses of wild oats to the allelopathic potential of wheat. Acta Agronomica Hungarica, 47(1): 11-18.

El-Monem A A A, Hozayn M, El-Lateef E M A, et al. 2011. Potential uses of sorghum and sunflower residues for weed control and to improve lentil yields. Allelopathy Journal, 27(1): 15-22.

Etebarian H R, Sari E, Aminian H. 2007. The effects of *Bacillus pumilus* isolated from wheat rhizosphere on resistance in wheat seedling roots against the take-all fungus, *Gaeumannomyces graminis* var. tritici. Journal of Phytopathology, 155(11-12): 720-727.

Etzerodt T, Mortensen A G, Fomsgaard I S. 2008. Transformation kinetics of 6-methoxybenzoxazolin-2-one in soil. Journal of Environmental Science and Health, Part B. Pesticides, Food Contaminants and Agricultural Wastes, 43(1): 1-7.

Etzerodt T, Nielsen S T, Mortensen A G. 2006. Elucidating the Transformation Pattern of the Cereal Allelochemical 6-Methoxy-2-benzoxazolinone (MBOA) and the Trideuteriomethoxy Analogue [D3]-MBOA in Soil. Journal of Agricultural and Food Chemistry, 54(4): 1075-1085.

Fang C X, Xiong J, Qiu L, et al. 2009. Analysis of gene expressions associated with increased allelopathy in rice (*Oryza sativa* L.) induced by exogenous salicylic acid. Plant Growth Regulation, 57(2): 163-172.

Farooq M, Jabran K, Cheema Z A. 2011. The role of allelopathy in agricultural pest management. Pest Management Science, 67(5): 493-506.

Fay P K, Duke W B. 1977. An assessment of allelopathic potential in Avena germ plasm. Weed Science, 25: 224-228.

Feng Y J, Wang J W, Jin Q. 2010. Asian corn borer (*Ostrinia furnacalis*) damage induced systemic response in chemical defence in Bt corn (*Zea mays* L.). Allelopathy Journal, 26(1): 101-112.

Feng Y J, Wang J W, Luo S M, et al. 2010. Effects of exogenous application of jasmomic acid and salicylic acid on the leaf and root induction of chemical defence in maize (*Zea mays* L.). Allelopathy Journal, 25(1): 133-146.

Ferreira M I, Reinhardt C F. 2010. Field assessment of crop residues for allelopathic effects on both crops and weeds. Agronomy Journal, 102(6): 1593-1600.

Ferrero A, Tesio F. 2010. Allelopathy, a chance for sustainable weed management. The International Journal of Sustainable Development and World Ecology, 17: 377-389.

Fistarol G O, Catherine L, Edna G. 2005. Allelopathic effect on a nutrient-limited phytoplankton species. Aquatic Microbial Ecology, 41(2): 153-161.

Fontaine J X, Ravel C, Pageau K, et al. 2009. A quantitative genetic study for elucidating the contribution of glutamine synthetase, glutamate dehydrogenase and other nitrogen-related physiological traits to the agronomic performance of common wheat. Theoretical and Applied Genetics, 119(4): 645-662.

Ford L B. 1998. Transgenic risk is not too low to be tested. Nature, 394(6695): 715.

Friebe A. 2001. Role of benzoxazinones in cereals. Journal of Crop Production, 4: 379-400.

Fritz J I, Braun R. 2006. Ecotoxicological effects of benzoxazinone allelochemicals and their metabolites on aquatic nontarget organisms. Journal of Agricultural and Food Chemistry, 54(4): 1105-1110.

Fujii F. 1994. Screening of allelopathic candidates by new specific discrimination, and assessmentmethods for allelopathy, and the identification of L-DOPA as the allelopathic substance from the most promising velvetbean (*Mucuna pruriens*). Research Report of National Institute of Agro-Environment Science, 10 : 115-218.

Fujiyoshi P T, Gliessman S R, Langenheim J H. 2007. Factors in the suppression of weedsby squash interplanted in corn. Weed Biology and Management, 7(2): 105-114.

Gallé Á, Csiszár J, Tari I, et al. 2002. Changes in water and chlorophyll fluorescence parameters under osmotic stress in wheat cultivars. Acta Biologica Szegediensis, 46(3-4): 85-86.

Gallo J, Pekár S. 2001. Effect of ploughing and previous crop on winter wheat pests and their natural enemies under integrated farming system in Slovakia. Anzeiger fur Schadlingskunde, 74(3): 60-65.

Gao J F. 2000. The Technique of Plant Physiology Experiment. Beijing: World Book Publishing Company.

Gao X, Li M, Gao Z, et al. 2009. Allelopathic effects of *Conyza canadesis* on the germination and growth of wheat, sorghum, cucumber, rape and radish. Allelopathy Journal, 23(2): 287-296.

Ge F, He D H, Hui C, et al. 2013. Effects of position within wheat field and adjacent habitats on the density and diversity of cereal aphids and their natural enemies. BioControl, 58(6): 765-776.

Gealy D R, Wailes E J, Estorninos L E, et al. 2003. Rice cultivar differences in suppression of barnyard grass (*Echinochloa crus-galli*) and economics of reduced propanil rates. Weed Science, 51(4): 601-609.

Goussain M M, Ecole C C, Carvalho G A, et al. 2004. Silicon influence on the tritrophic interaction: wheat plants, the greenbug *Schizaphis graminum* (Rondani) (Hemiptera: Aphididae), and its natural enemies, *Chrysoperla externa* (Hagen) (Neuroptera: Chrysopidae) and *Aphidius colemani* Viereck (Hymenopter). Neotropical Entomology, 33(5): 619-624.

Gronle A, Heß J, Böhm H. 2015. Weed suppressive ability in sole and intercrops of pea and oat and its interaction with ploughing depth and crop interference in organic farming. Organic Agriculture, 5(1): 39-51.

Guenzi W D, Andmccalla T M. 1966. Phenolic acids in oats, wheat, sorghum, and corn residues and their phytotoxicity. Agronomy Journal, 58: 303-304.

Guo H M, Pei X X, Wan F H, et al. 2011. Molecular cloning of allelopathy related genes and their relation to HHO in Eupatorium adenophorum. Molecular Biology Reports, 38(7): 4651-4656.

Gutierrez M F, Paggi J C. 2014. Chemical repellency and adverse effects of free-floating macrophytes on the cladoceran Ceriodaphnia dubia under two temperature levels. Limnology, 15(1): 37-45.

Hagab M M, Ghareib H R. 2010. Methanol extract potential of field bindweed (Convolvulus arvensis L.) for wheat growth enhancement. International Journal of Botany, 6(3): 334-342.

Hamdi B A, Inderjit, Olofsdotter M, et al. 2001. Laboratory bioassay for phytotoxicity: an example from wheat straw. Agronomy Journal, 93(1): 43-48.

Hall A B, Blum U, Fites R C. 1982. Stress modification of allelopathy in *Helianthus annuus* L. debris on seed germination. American Journal of Botany, 69: 776-783.

Haq R A, Hussain M, Cheema Z A, et al. 2010. Mulberry leaf water extract inhibits bermudagrass and promotes wheat growth. Weed Biology and Management, 10: 234-240.

Harrison H F, Levi A, Kousik C S. 2008a. A survey of watermelon germplasm for inhibitory seed exudates. Hort Science, 43(1): 138-142.

Harrison H F, Mitchell T R, Peterson J K, et al. 2008b. Contents of caffeoylquinic acid compounds in the storage roots of sixteen sweetpotato genotypes and their potential biological activity. Journal of the American Society for Horticultural Science, 133(4): 492-500.

Harrison H F, Peterson J K, Snook M E. 2006. Sweetpotato storage root phenolics inhibit in-vitro growth of *Erwinia chrysanthemi*. Allelopathy Journal, 17(1): 81-87.

Hash C P, Dhumal K N. 2009. Impact of soil sickness and post harvest residues on sugarcane metabolism and yield in prolonged cultivation. Allelopathy Journal, 23(2): 255-268.

Hashimoto Y, Shudo K. 1996. Chemistry of biologically active benzoxazinoids. Phytochemistry, 43: 551-559.

Hassan G, Khan M A, Marwat K B, et al. 2008. Efficacy of some forest species extracts on wheat and two major weeds in arid zone of NWFP. Japanese Journal of Plant Science, 2(1-2): 39-42.

He H B, Lin W X, Wang H B, et al. 2006. Analysis of metabolites in root exudates from allelopathic and non allelopathic rice seedlings. Allelopathy Journal, 18(2): 247-254.

He H B, Wang H B, Wu H W, et al. 2012. Barnyard grass stress up regulates the biosynthesis of phenolic compounds in allelopathic rice. Journal of Plant Physiology, 169(17): 1747-1753.

He H Q, Shen L H, Xiong J, et al. 2004. Conditional genetic effect of allelopathy in rice (*Oryza sativa* L.) under different environmental conditions. Plant Growth Regulation, 44(3): 211-218.

Heap I. 2016. The international survey of herbicide resistant weeds. www. weedscience. com. [2016-10-07]

Hei N, Laing M, Admassu B, et al. 2015. Assessment of ethiopian wheat lines for slow rusting resistance to stem rust of wheat caused by *Puccinia graminis* f. sp tritici. Journal of Phytopathology, 163(5): 353-363.

Hesler L S, Kieckhefer R W, Evenson P D. 2000. Abundance of cereal aphids (Homoptera: Aphididae) and their predators in spring wheat-alfalfa intercrops under different crop management intensities. The Great Lakes Entomologist, 33(1): 17-31.

Hien L T, Park S H, Park Y J, et al. 2015. Allelopathy in *Sorghum bicolor* (L.) Moench: a review on environmentally friendly solution for weed control. Research on Crops, 16(4): 657-662.

Holappa L D, Blum U. 1991. Effects of exogenously applied ferulic acid, a potential allelopathic compound on leaf growth, water utilization and endogenous abscisic acid levels of tomato, cucumber and bean. Journal of Chemical Ecology, 17: 865-886.

Holland J M, Thomas S R. 1997. Quantifying the impact of polyphagous invertebrate predators in controlling cereal aphids and in preventing wheat yield and quality reductions. Annals of Applied Biology, 131(3): 375-397.

Hooper A M, Caulfield J C, Hao B, et al. 2015. Isolation and identification of Desmodium root exudates from drought tolerant species used as intercrops against *Striga hermonthica*. Phytochemistry, 117: 380-387.

Howard R, Meers S, Baker J, et al. 2005. Acetate esters of saturated and unsaturated alcohols (C12-C20) are major components in Dufour glands of *Bracon cephi* and *Bracon lissogaster* (Hymenoptera: Braconidae), parasitoids of the wheat stem sawfly, *Cephus cinctus* (Hymenoptera: Cephidae). Biochemical Systematics and Ecology, 33(8): 757-769.

Hruszka M, Bogucka B. 2003. The effect of crop rotation on the occurrence of stem nematode (*Ditylenchus dipsaci* Kuhn) in faba bean seeds (*Vicia faba* ssp minor L.) . Allelopathy Journal, 11(1): 53-55.

Hu F, Wang D, Chen X H, et al. 2008. Allelopathic potential of rice accessions against barnyard grass in paddy field. Allelopathy Journal, 22(2): 329-336.

Huang H C, Erickson R S, Moyer J R. 2007. Effect of crop extracts on carpogenic germination of sclerotia, germination of ascospores and lesion development of *Sclerotinia sclerotiorum*. Allelopathy Journal, 20(2): 269-278.

Huang L F, Song L X, Xia X J, et al. 2013. Plant-soil feedbacks and soil sickness: from mechanisms to application in agriculture. Journal of Chemical Ecology, 39(2): 232-242.

Huang P M, Wang M C, Wang M K. 1999. Catalytic transformation of phenolic compounds in the soil//Inderjit, Dakshini KM M, Foy C L. Princip les and Practices in Plant Ecology: Allelochemicals Interactions. Boca Raton: CRC Press. 287-306.

Huang Z Q, Haig T, Wu H W, et al. 2003. Correlation between phytotoxicity on annual ryegrass (*Lolium rigidum*) and production dynamics of allelochemicals within root exudates of an allelopathic wheat. Journal of Chemical Ecology, 29(10): 2263-2279.

Huo H F, Li W T. 2004. Permanence and global stability for non-autonomous discrete model of plankton allelopathy. Applied Mathematics Letters, 17(9): 1007-1013.

Ihsan M Z, Khaliq A, Naeem M, et al. 2015. Field evaluation of allelopathic plant extracts alongside herbicides on weed management indices and weed-crop regression analysis in maize. Weed Biology and Management, 15(2): 78-86.

Iqbal J, Cheema Z A, An M. 2007. Intercropping of field crops in cotton for the management of purple nutsedge (*Cyperus rotundus* L.). Plant and Soil, 300(1-2): 163-171.

Irshad A, Cheema Z A. 2004. Effect of sorghum extract on management of barnyard grass in rice crop. Allelopathy Journal, 14(2): 205-212.

Islam M M, Sinha R, Kumar G S. 2007. RNA binding small molecules: studies on t-RNA binding by cytotoxic plantalkaloids berberine, palmatine and the comparison to ethidium. Biophysical Chemistry, 125(2-3): 508-520.

Ismail A A, Sabra F S, Amel A H. 2010. Allelopathic effect of rice aqueous extract on different weed species and identification of the potential allelopathic compounds. Alexandria Journal of Agricultural Research, 55(1): 101-110.

Izabela J M. 2009. Allelochemical properties of plant crop secondary metabolites. Wiadomosci Chemiczne, 63(1): 39-62.

Jabeen N, Ahmed M, Shaukat S S. 2011. Interactive activity of *Asphodelus tenuifolius* on germination and growth of wheat (*Triticum aestivum* L.) and sorghum (*Sorgnum bicolor* L.). Pakistan Journal of Botany, 43(1): 325-331.

Jabran K, Mahajan G, Sardana V, et al. 2015. Allelopathy for weed control in agricultural systems. Crop Protection, 72: 57-65.

Jari O. 1997. Plant neighbor diversity. Journal of Vegetation Science, 8(2): 255-259.

Javaid A, Shafique S, Bajwa R, et al. 2006. Effect of aqueous extracts of allelopathic crops on germination and growth of *Parthenium hysterophorus* L. South African Journal of Botany, 72(4): 609-612.

Jeeceelee L, Sahoo U K, Vanlalhriatpuia K, et al. 2010. Allelopathic effects of leaf leachate of *Mangifera indica* L. on initial growth parameters of few homegarden food crops. World Journal of Agricultural Sciences, 6(5): 579-588.

Jensen L B, Courtois B, Shen L, et al. 2001. locating genes controlling allelopathic effects against barnyard grass in upland rice. Agronomy Journal, 93: 21-26.

Jia C H, Kudsk P, Mathiassen S K. 2006. Joint action of benzoxazinone derivatives and phenolic acids. Journal of Agricultural and Food Chemistry, 54(4): 1049-1057.

Jia Z H, Yi J H, Su Y R, et al. 2011. Autotoxic substances in the root exudates from continuous tobacco cropping. Allelopathy Journal, 27(1): 87-96.

Jin R, Shi H T, Zhong B, et al. 2015. Physiological changes of purslane (*Portulaca oleracea* L.) after progressive drought stress and rehydration. Scientia Horticulturae, 194: 215-221.

Johnson M G, Tingey D T, Phillips D L, et al. 2001. Advancing fine root research with minirhizotrons. Environment and Experimental Botany, 45: 263-289.

Joshi A K, Chand R, Arun B, et al. 2007. Breeding crops for reduced-tillage management in the intensive, rice-wheat systems of South Asia. Euphytica, 153(1-2): 135-151.

Joshi B, Sarika, Pandey N, et al. 2009. Allelopathic effect of weed species extracts on germination, growth and biochemical aspects in different varieties of wheat (*Triricum aestivum* L.). Indian Journal of Agricultural Research, 43(2): 79-87.

Junaedi A, Sang B L. 2008. Diallel analysis for rice allelopathic potential against barnyardgrass assessed in field condition. Korean Journal of Breeding Science, 40(1): 8-14.

Kadian H S, Negi V S, Rawat L S, et al. 2011. Allelopathic effects of sunflower (*Helianthus annuus*) on germination and growth of *Parthenium hysterophorus*. Allelopathy Journal, 27(2): 225-236.

Kagan I A, Rimando A M, Dayan F E. 2003. Chromatographic separation and in vitro activity of sorgoleone congeners from the roots of *Sorghum bicolor*. Journal of Agricultural and Food Chemistry, 51(26): 7589-7595.

Kashif M S, Farooq M, Cheema Z A, et al. 2016. Allelopathic potential of bread wheat helps in suppressing the littleseed canarygrass (*Phalaris minor* Retz.) at its varying densities. Archives of Agronomy and Soil Science, 62(4-6): 580-592.

Kato-Noguchi H. 1999. Effect of light-irradiation on allelopathic potential of germinating maize. Phytochemistry, 52(6): 1023-1027.

Kato-Noguchi H. 2008. Allelochemicals released from rice plants. Japanese Journal of Plant Science, 2(1-2): 18-25.

Kato-Noguchi H. 2009. Stress-induced allelopathic activity and momilactone B in rice. Plant Growth Regulation, 59(2): 153-158.

Kato-Noguchi H. 2011. Barnyard grass-induced rice allelopathy and momilactone B. Journal of Plant Physiology, 168(10): 1016-1020.

Kato-Noguchi H. 2011. The chemical cross talk between rice and barnyardgrass. Plant Signaling and Behavior, 6(8): 1207-1209.

Kato-Noguchi H, Hasegawa M, Ino T, et al. 2010. Contribution of momilactone A and B to rice allelopathy. Journal of Plant Physiology, 167(10): 787-791.

Kato-Noguchi H, Ino T. 2013. The chemical-mediated allelopathic interaction between rice and barnyard grass. Plant and Soil, 370(1-2): 267-275.

Kato-Noguchi H, Ino T, Ota K. 2008. Secretion of momilactone A from rice roots to the rhizosphere. Journal of Plant Physiology, 165(7): 691-696.

Kato-Noguchi H, Kosemura S, Yamamura S. 1998. Allelopathic potential of 5-chloro-6-methoxy-2-benzoxazolinone. Phytochemistry, 48(3): 433-435.

Kato-Noguchi H, Kujime H, Ino T. 2007. UV-induced momilactone B accumulation in rice rhizosphere. Journal of Plant Physiology, 164: 1548-1551.

Kato-Noguchi H, Nitta K, Itani T. 2013. Allelopathic potential of white, red and black rice cultivars. Plant Production Science, 16(4): 305-308.

Kato-Noguchi H, Salam M A, Morokuma M. 2014. Phytotoxic substances in Bangladeshi allelopathic rice BR 17. Plant Production Science, 17(4): 311-314.

Kato-Noguchi H, Salam M A, Suenaga K. 2011. Isolation and identification of potent allelopathic substances in a traditional Bangladeshi rice cultivar Kartikshail. Plant Production Science, 14(2): 128-134.

Kato-Noguchi H, Tamura K, Sasaki H, et al. 2012. Identification of two phytotoxins, blumenol A and grasshopper ketone, in the allelopathic Japanese rice variety Awaakamai. Journal of Plant Physiology, 169(7): 682-685.

Katsuchiro K. 2004. Factors affecting phytotoxic activity of allelochemicals in soil. Weed Biology and Management, 4(1): 1-7.

Kaushal R, Verma K S, Singh K N. 2006. Allelopathic effect of *Morus alba* and *Toona ciliata* on germination and seedling growth of field crops. Indian Journal of Forestry, 29(4): 385-388.

Kawahigashi H, Bahrini I, Ogawa T, et al. 2011. Overexpression of the pathogen-inducible wheat TaWRKY45 gene confers disease resistance to multiple fungi in transgenic wheat plants. Breeding Science, 61(4): 319-326.

Kawasthy S A, EL-Garf I A, EL-Negoomy S I. 1998. Chemosystematics of *Anagallis arvensis* L. (Primulaceae) . Biochemcial Systematics and Ecology, 26: 663-668.

Kazinczi G, Onofri A, Szabo L, et al. 2007. Phytotoxic effects of *Convolvulus arvensis* weed on crops. Allelopathy Journal, 20(1): 179-194.

Khalil A I H, Khalil S K, Mehmood T, et al. 2010. Utilization of allelopathy and planting geometry for weed management and dry matter production of maize. Pakistan Journal of Botany, 42(2): 791-803.

Khaliq A, Matloob A, Tanweer A, et al. 2012. Naturally occurring phytotoxins in allelopathic plants help reduce herbicide dose in wheat. Natural Product Research, 26(10-12): 1156-1160.

Khan I A, Chaturvedi O P. 2005. Allelopathic effect of three important tree species on cereal crops. Journal of Tropical Forestry, 21(1-2): 32-38.

Khanh T D, Chung M I, Xuan T D, et al. 2005. The exploitation of crop allelopathy in sustainable agricultural production. Journal of Agronomy and Crop Science, 191(3): 172-184.

Khanna S C, Ashamo M O. 2007. Varietal resistance to the Angoumois grain moth, *Sitotroga cerealella* (Olivier) (Lepidoptera: Gelechiidae) in wheat seeds during storage. Seed Research, 35(1): 88-93.

Khatib E, Hegazy A K. 1999. Growth and physiological responses of wild oats to the allelopathic potential of wheat. Acta Agronomica Hungarica, 47: 11-18.

Klironomos N J. 2002. Feedback with soil biota contributes to plant rarity and invasiveness in communities. Nature, 417: 67-70.

Kmiecik P, Leonardelli M, Teige M. 2016. Novel connections in plant organellar signalling link different stress responses and signalling pathways. Journal of Experimental Botany, 67(13): 3793-3807.

Kobayashi A, Kato-Noguchi H. 2015. Phytotoxic substance with allelopathic activity in *Brachiaria decumbens*. Natural Product Communications, 10(5): 761-763.

Kobayashi A, Kim M J, Kawazu K. 1996. Uptake and exudation of phenolic compounds by wheat and antimicrobial components of the root exudate. Z. Naturf. , 51c: 527-533.

Koga J, Hasegawa M, Mitsuhashi W, et al. 2008. Diterpene phytoalexins are biosynthesized in and exuded from the roots of rice seedlings. Bioscience, Biotechnology, and Biochemistry, 72(2):

562-567.

Kong C H. 2008. Rice allelopathy. Allelopathy Journal, 22(2): 261-274.

Kong C H, Hu F, Chen X H, et al. 2002a. Assessment and utilization of allelopathic crop varietal resources. Scientia Agricultura Sinica, 35: 1159-1164.

Kong C H, Hu F, Liang W J, et al. 2004. Allelopathic potential of *Ageratum conyzoides* at various growth stages indifferent habitats. Allelopathy Journal, 13(2): 233-240.

Kong C H, Hu F, Xu T, et al. 1999. Allelopathic potential and chemical constituents of volatile oil from *Ageratum conyzoides*. Journal of Chemical Ecology, 25: 2347-2356.

Kong C H, Li H B, Hu F, et al. 2006. Allelochemicals released by rice roots and residues in soil. Plant and Soil, 288(1-2): 47-56

Kong C H, Wang P, Gu Y, et al. 2008. Fate and impact on microorganisms of rice allelochemicals in paddy soil. Journal of Agricultural and Food Chemistry, 56, 5043-5049.

Kong C H, Wang P, Xu X H. 2007. Allelopathic interference of *Ambrosia trifida* with wheat (*Triticum aestivum*). Agriculture, Ecosystem and Environment, 119: 416-420.

Kong C H, Xu X H, Hu F, et al. 2002b. Using specific secondary metabolites as markers to evaluate allelopathic potentials of rice varieties and individual plants. Chinese Science Bulletin, 47: 203-206.

Korableva N P, Morozova E V, Popova L V, et al. 1969. Specific growth inhibitors in connection with dormancy and immunity in plants. Dok. Akad. Nauk SSSR, 184: 979-981.

Kosterna E. 2014. The effect of soil mulching with organic mulches, on weed infestation in broccoli and tomato cultivated under polypropylene fibre, and without a cover. Journal of Plant Protection Research, 54(2): 188-198.

Krogh S S, Mensz S J M, Nielsen S T, et al. 2006. Fate of benzoxazinone allelochemicals in soil after incorporation of wheat and rye sprouts. Journal of Agricultural and Food Chemistry, 54: 1064-1074.

Krooss S, Schaefer M. 1998. The effect of different farming systems on epigeic arthropods: a five-year study on the rove beetle fauna (Coleoptera: Staphylinidae) of winter wheat. Agriculture, Ecosystems and Environment, 69(2): 121-133.

Kruse M, Strandberg M, Strandberg B. 2000. Ecological effects of allelopathic plants—a review. NER I Techical Report No. 315. Ministry of Environment and Energy, National Environmental Research Institute, Silkeborg Bogtryk, Denmark. 27-29.

Kulvinder K, Kapoor K K, Kaur K. 1999. Effect of incorporation of sunflower residues in soil on germination ofmungbean and pearlmillet. Environment and Ecology, 17(3): 693-695.

Kumar V B, Daniel C B, Robin R. 2009. Suppression of powell amaranth (*Amaranthus powellii*) by buckwheat residues: role of allelopathy. Weed Science, 57(1): 66-73.

Kunz C, Sturm D J, Varnholt D, et al. 2016. Allelopathic effects and weed suppressive ability of cover crops. Plant, Soil and Environment, 62(2): 60-66.

Kwon K C, Kim J H, Seong P H. 2002. Hidden Markov model-based real-time transient identifications in nuclearpower plants. International Journal of Intelligent Systems, 17(8):

791-811.

Kwon S Y, Jeong Y J, Lee H S, et al. 2002. Enhanced tolerances of transgenic tobacco plants expressing both superoxide dismutase and ascorbate peroxidase in chloroplasts against methyl viologen-mediated oxidative stress. Plant Cell Environment, 25: 873-882.

Lages B G, Fleury B G, Ferreira C E L, et al. 2006. Chemical defense of an exotic coral as invasion strategy. Journal of Experimental Marine Biology and Ecology, 328(1): 127-135.

Lahmod N R, Alsaadawi I S. 2014. Weed control in wheat using sorghum residues and less herbicide. Allelopathy Journal, 34(2): 277-285.

Lambein F, Khan J K, Kuo Y, et al. 1993. Toxins in the seedlings of some varieties of grass pea (*Lathyrus sativus*). Natural Toxins, 1: 246-249.

Lang A. 2003. Intraguild interference and biocontrol effects of generalist predators in a winter wheat field. Oecologia, 134(1): 144-153.

Laosinwattana C, Boonleom C, Teerarak M, et al. 2010. Potential allelopathic effects of *Suregada multiflorum* and the influence of soil type on its residue's efficacy. Weed Biology and Management, 10(3): 153-159.

Latala A, Pniewski F, Sliwinska-Wilczewska S. 2016. Allelopathic activity of the picocyanobacterium *Synechococcus* sp. under varied light, temperature, and salinity conditions. International Review of Hydrobiology, 101(1-2): 69-77.

Leather G R, Einhellig F A. 1986. Bioassay in the study of allelopathy. New York: The Science of Allelopathy: 133-145.

Lee S B, Ku Y C, Kim K H, et al. 2004. Allelopathic potential of rice germplasm against barnyardgrass. Allelopathy Journal, 13(1): 17-28.

Li C J, An M, Saeed M, et al. 2011. Effects of wheat crop density on growth of ryegrass. Allelopathy Journal, 27: 43-54.

Li J Y, Zhang Q, Liu C H, et al. 2015. A novel screening method for rice allelopathic potential: the inhibitory-circle method. Weed Research, 55(5): 441-448.

Li J, Liu X, Dong F, et al. 2011. Potential allelopathic effects of volatile oils from *Descurainia sophia* (L.) Webb ex Prantl on wheat. Biochemical Systematics and Ecology, 39: 56-63.

Li M Q, Li S, Zhou X G, et al. 2016. Effects of cover crops on cucumber growth, soil microbial communities and soil phenolic content. Allelopathy Journal, 37(2): 161-174.

Li X G, Ding C F, Hua K , et al. 2014. Soil sickness of peanuts is attributable to modifications in soil microbes induced by peanut root exudates rather than to direct allelopathy. Soil Biology and Biochemistry, 78: 149-159.

Li X J, Wang G Q, Li B H, et al. 2005. Allelopathic effects of winter wheat residues on germination and growth of crabgrass (*Digitaria ciliaris*) and corn yield. Allelopathy Journal, 15(1): 41-48.

Li Y, Allen V G, Chen J, et al. 2013. Allelopathic influence of a wheat or rye cover crop on growth and yield of no-till cotton. Agronomy Journal, 105(6): 1581-1587.

Li Y, Deng X P, Sang S K, et al. 2006. Drought tolerance of transgenic sweet potato expressing both Cu/Zn superoxide dismutase and ascorbate peroxidase. Journal of Plant Physiology and

Molecular Biology, 32 (4): 451-457.

Li Z Z, Lin H. 1997. The niche fitness model of crop population and its application. Ecology Modelling, 104: 199-203.

Liang W J, Kong C H, Hu F, et al. 2004. Allelopathic potential of *Ageratum conyzoides* at various growth stages in different habitats. Allelopathy Journal, 13(2): 233-240.

Liebl R A, Worsham A D. 1983. Inhibition of pitted morning glory (*Ipomoea lacunose* L.) and certain other weed species by phytotoxic components of wheat (*Triticum aestivum* L.) straw. Journal of Chemical Ecology, 9: 1027-1043.

Lin W X, Fang C X, Zhuang Y E, et al. 2010. Genomic analysis of allelopathic response to low nitrogen and barnyardgrass competition in rice (*Oryza sativa* L.). Plant Growth Regulation, 61(3): 277-286.

Lin W X, Shen L. 2007. Effects of Phosphorus levels on allelopathic potential of rice co-cultured with barnyard grass. Allelopathy Journal, 19(2): 393-402.

Lin W X, Song B, Xiong J, et al. 2008. Allelopathic enhancement and differential gene expression in rice under low nitrogen treatment. Journal of Chemical Ecology, 34(5): 688-695.

Lindborg R, Eriksson O. 2004. Historical landscape connectivity affects present plant species diversity. Ecology, 85(7): 1840-1845.

Liu D L, An M, Johnson I R, et al. 2003. Mathematical modelling of allelopathy: III. A model for curve-fitting allelochemical dose-responses. Nonlinearity in Biology, Toxicology and Medicine, 1: 37-50.

Liu D L, Lovett J V. 1993. Biologically active secondary metabolites of barley. I. developing techniques and assessing allelopathy in barley. Journal of Chemical Ecology, 19: 2217-2230.

Liu Q J, Zheng C M, Hu C X. 2012. Effects of arsenic on nutrients uptake of wheat (*Triticum aestivum* L.) at different growth stages. Asian Journal of Chemistry, 24(4): 1769-1772.

Liu X G, Dong F S, Li J, et al. 2010. Biological induction of DIMBOA in wheat seedlings by weeds. Allelopathy Journal, 25(2): 433-440.

Liu X J, Zhu Y, Yao X, et al. 2005. Study on Web GIS-based farming environment quality assessment system. Scientia Agricultura Sinica, 38: 551-557.

Liu Z, Li Q, Deng X, et al. 2013. Effects of herbicides application on allelopathic potential of *Eupatorium catarium*. Allelopathy Journal, 31(1): 139-146.

Lobón N C, Gallego J C A, Diaz T S. 2002. Allelopathic potential of *Cistus ladanifer* chemicals in response to variations of light and temperature. Chemoecology, 12(3): 139-145.

Lodha V, Singh G B. 2007. Inhibitory effect of *Cressa cratica* extract on seed germination and seedling vigour of major field crops. Indian Journal Agricultural research, 41(4): 301-303.

Lodhi M A K, Bilal R, Malik K A. 1987. Allelopathy in agroecosystems: wheat phytotoxicity and its possible roles in crop rotation. Journal of Chemical Ecology, 13(8): 1881-1891.

Lovett J V, Liu D L. 1987. Self defence chemicals of barley. Proceedings of the Fourth Australian Agronomy. Melbourne. 229.

Lu C H, Liu X G, Xu J, et al. 2012. Enhanced exudation of DIMBOA and MBOA by wheat seedlings alone and in proximity to wild oat (*Avena fatua*) and flixweed (*Descurainia sophia*) . Weed Science, 60(3): 360-365.

Luo X Y, Fu Y H, Zhou S J. 2007. Establishment and application of PPA method for assessment of the allelopathic activity in plant leaves. Journal of Qingdao Agricultural University (Natural Science Edition), 24 (4) : 267-270.

Lynch J M, Zobel A M. 2002. Kale intercropping for insect control in cabbage crops as an alternate to insecticides application. Allelopathy Journal, 9(1): 53-57.

Lyon T L, Wilson J K. 1921. Liberation of organic matter by roots of growing plants. Cornell University, Agricultural Experiment Station Mem. 40.

Ma Y Q. 2005. Allelopathic studies of common wheat (*Triticum aestivum* L.). Weed Biology and Management, 5(3): 93-104.

Ma Y Q, Jia J N, An Y, et al. 2013. Potential of some hybrid maize lines to induce germination of sunflower broomrape. Crop Science, 53: 260-270.

Ma Y Q, Lang M, Dong S Q, et al. 2012. Screening of some cotton varieties for allelopathic potential on clover broomrape germination. Agronomy Journal, 104(3): 569-574.

Ma Y Q, Zhang W, Dong S Q, et al. 2012. Induction of seed germination in Orobanche spp. by extracts of traditional Chinese medicinal herbs. Science China-Life Sciences, 55(3): 250-260.

Macias F A, Chinchilla N, Varela R M, et al. 2005. Structure-activity relationship studies of benzoxazinones and related compounds: phytotoxicity on *Echinochloa crus-galli* (L.) p. Beauv. Journal of Agricultural and Food Chemistry, 53(11): 4373-4380.

Macias F A, Marin D, Castellano D, et al. 2002. Synthesis and bioactivity evaluation of hydroxamic acids. III World Conference of Allelopathy, Tsukuba, Japan. 250.

Macias F A, Marin D, Oliveros-Bastidas A, et al. 2006a. Structure-activity relationship (SAR) studies of benzoxazinones, their degradation products, and analogues, phytotoxicity on problemic weeds *Avena fatua* L. and *Lolium rigidum* Gaud. Journal of Agricultural and Food Chemistry, 54: 1040-1048.

Macias F A, Marin D, Oliveros-Bastidas A, et al. 2006b. Isolation and synthesis of allelochemicals from gramineae: benzoxazinones and related compounds. Journal of Agricultural and Food Chemistry, 54(4): 991-1000.

Macias F A, Oliveros-Bastidas A, Marin D, et al. 2004. Degradation studies on benzoxazinoids. Soil degradation dynamics of 2, 4-dihydroxy-7-methoxy-(2H)-1, 4-benzoxazin-3(4H)-one (DIMBOA) and its degradation products, phytotoxic allelochemicals from Gramineae. Journal of Agricultural and Food Chemistry, 52(21): 6402-6413.

Macias F A, Oliveros-Bastidas A, Marin D, et al. 2005. Degradation studies on benzoxazinoids, soil degradation dynamics of (2R)-2-O-β-D-glucopyranosyl-4-hydroxy-(2H)-1, 4-benzoxazin-3(4H)-one (DIBOA-Glc) and its degradation products, phytotoxic allelochemicals from gramineae. Journal of Agricultural and Food Chemistry, 53: 554-561.

Mahajan G, Chauhan B S, Bajwa A A. 2015. Nonconventional weed management strategies for modern agriculture. Weed Science, 63(4): 723-747.

Mahmood K, Khaliq A, Cheema Z A, et al. 2013. Allelopathic activity of Pakistani wheat genotypes against wild oat (*Avena fatua* L.). Pakistani Journal of Agriculture Science, 50(2): 169-176.

Mahmood K, Khan M B, Song Y Y, et al. 2013. UV-irradiation enhances rice allelopathic potential in rhizosphere soil. Plant Growth Regulation, 71(1): 21-29.

Mahmood S, Wahid A, Matloob A, et al. 2013. Seed pre-treatments help improve maize performance under sorghum allelopathic stress. Journal of Crop Improvement, 27(5-6): 586-605.

Manievel P, Christiane G, Thierry D. 2001. Phenolic compounds in a Sahelian sorghum (*Sorghum bicolor*) genotype (ce: 145-66) and associated soils. Journal of Chemical Ecology, 27(1): 81-92.

Marngar D, Kharbuli B. 2004. Effect of *Ageratum conyzoides* extracts on the larvae of *Metanastria lattipennis*. Allelopathy Journal, 14(1): 71-75.

Masalles R M, Sans F X, Chamorro L. 2016. Arable weed decline in Northeast Spain: does organic farming recover functional biodiversity? Agriculture, Ecosystems and Environment, 223: 1-9.

Mcintyre S, Lavorel S, Landsberg J, et al. 1999. Disturbance response in vegetation towards a global perspective on functional traits. Journal of Vegetation Science, 10: 621-630.

Mennan H, Kaya-Altop E, Ngouajio M, et al. 2011. Allelopathic potentials of rice (*Oryza sativa* L.) cultivars leaves, straw and hull extracts on seed germination of barnyardgrass (*Echinochloa crus-galli* L.). Allelopathy Journal, 28(2): 167-178.

Mersie W, Singh M. 1993. Phenolic acids affect photosynthesis and protein synthesis by the isolated leaf cells of velvetleaf. Journal of Chemical Ecology, 19: 1293-1301.

Milchunas D G, Vandever M W, Ball L O, et al. 2011. Allelopathic cover crop prior to seeding is more important than subsequent grazing/mowing in grassland establishment. Rangeland Ecology and Management, 64(3): 291-300.

Minh T N, Trung K H, Khanh T D, et al. 2016. Allelopathic potential of sweet potato varieties to control weeds: *Imperata cylindrica*, *Bidens pilosa* and *Ageratum conyzoides*. Allelopathy Journal, 38 (1) : 41-54.

Mishra S, Nautiyal C S. 2012. Reducing the allelopathic effect of *Parthenium hysterophorus* L. on wheat (*Triticum aestivum* L.) by *Pseudomonas putida*. Plant Growth Regulation, 66: 155-165.

Mizune M, Baba K, Iinuma M, et al. 1992. Coumarono chromomes from leaves of *Desmodium oxyphyllum*. Phytochemistry, 31: 361-363.

Mogensen B B, Kudsk P, Mathiassen S K. 2006. Herbicidal effects of soil-incorporated wheat. Journal of Agricultural and Food Chemistry, 54(4): 1058-1063.

Mohase L, van der Westhuizen A J. 2002. Salicylic acid is involved in resistance responses in the Russian wheat aphid-wheat interaction. Journal of Plant Physiology, 159(6): 585-590.

Molck G, Wyss U, Micha S G, et al. 2000. Tritrophic interactions between cereals, aphids and parasitoids: discrimination of different plant-host complexes by *Aphidius rhopalosiphi* (hymenoptera: aphidiidae). European Journal of Entomology, 97(4): 539-543.

Morris C, Grossl P R, Call C A. 2009. Elemental allelopathy: processes, progress, and pitfalls. Plant Ecology, 202(1): 1-11.

Motiul Q, Grant D, Russell B, et al. 2001. Allelopathy, DIMBOA production and genetic variability in accessions of *Triticum Speltoides*. Journal of Chemical Ecology, 27: 747-760.

Moyer J R, Blackshaw R E, Smith E G, et al. 2000. Cereal cover crops for weed suppression in a summer fallow-wheat cropping sequence. Canadian Journal of Plant Science, 80(2): 441-449.

Moyer J R, Huang H C. 1997. Effect of aqueous extracts of crop residues on germination and seedling growth of ten weed species. Botanical Bulletin of Academia Sinica, 38(2): 131-139.

Mukhopadhyay A, Chattopadhyay J, Tapaswi P K. 1998. A delay differential equations model of plankton allelopathy. Mathematical Biosciences, 149: 167-189.

Mukhopadhyay A, Tapaswi P K, Chattopadhyay J. 2003. A space-time state-space model of phytoplankton allelopathy. Nonlinear Analysis: Real World Applications, 4: 437-456.

Muralikrishna K S, Mahmoud A, Singh S D. 2016. Allelopathy in Jatropha plantation: effects on seed germination, growth and yield of wheat in north-west India. Agriculture, Ecosystems and Environment, 231: 240-245.

Nakagawa E, Amano T, Hirai N, et al. 1995. Non-induced cyclic hydroxamic acids in wheat during juvenile stage of growth. Phytochemistry, 38: 1349-1354.

Nakano H. 2007a. Effects of wheat bran extracts on seedling growth of plants. Allelopathy Journal, 19(2): 487-494.

Nakano H. 2007b. Identification of L-tryptophan as an allelochemical in wheat bran extracts. Allelopathy Journal, 19(1): 461-468.

Nakano H, Morita S, Shigemori H, et al. 2006. Plant growth inhibitory compounds from aqueous leachate of wheat straw. Plant Growth Regulation, 48(3): 215-219.

Narwal S S. 2000. Weed management in rice: wheat rotation by allelopathy. Critical Reviews in Plant Sciences, 19(3): 249-266.

Naumov G F, Podoba L V, Kuforiji O A, et al. 2004. Stimulatory allelopathic effects of germinating seed exudates on field crops. Allelopathy Journal, 13(1): 37-46.

Nawaz A, Farooq M. 2016. Weed management in resource conservation production systems in Pakistan. Crop Protection, 85: 89-103.

Nesterenko T V, Shikhov V N, Tikhomirov A A. 2015. Effect of light intensity on the age dependence of nonphotochemical fluorescence quenching in wheat leaf. Photosynthetica, 53(4): 617-620.

Nichols V, Verhulst N, Cox R, et al. 2015. Weed dynamics and conservation agriculture principles: a review. Field Crops Research, 183: 56-68.

Nicol D, Copaja S V, Wratten S D, et al. 1992. A screen of worldwide wheat cultivars for hydroxamic acid levels and aphid antixenosis. Annals of Applied Biology, 121: 11-18.

Niemeyer H M, Jerez J M. 1997. Chromosomal location of genes for hydroxamic acid accumulation in *Triticum aestivum* L. (wheat) using wheat aneuploids and wheat substitution lines. Heredity, 79(1): 10-14.

Niemeyer H, Perez F. 1995. Potential of hydroxamic acids in the control of cereal pests, diseases, and weeds in Allelopathy: Organisms, Processes, and Applications. ACS Symposium Series 582 Washington, DC.

Ohno T, Doolan K, Zibilske L M, et al. 2000. Phytotoxic effects of red clover amended soils on wild mustard seedling growth. Agriculture, Ecosystems and Environment, 78(2): 187-192.

Okada K, Schmelz E A, Peters R J, et al. 2014. Biosynthesis, elicitation and roles of monocot terpenoid phytoalexins. The Plant Journal, 79(4): 659-678.

Olofsdotter M, Navarez D, Moody K. 1995. Allelopathic potential in rice (*Oryza sativa* L.) germplasm. Annals of Applied Biology, 127(3): 543-560.

Opoku G, Vyn T J, Voroney R P. 1997. Wheat straw placement effects on total phenolic compounds in soil and cornseedling growth. Canadian Journal of Plant Science, 77(3): 301-305.

Oudhia P. 2001. Allelopathic effects of root leachates of some obnoxious weeds on germination and seedling vigour of wheat. Ecology Environment Construction, 7(1): 111-113.

Pai K, Xu L, Wu F, et al. 2013. Fungicidal effects of wheat root exudates on *Fusarium oxysporum* f. sp. niveum. Allelopathy Journal, 32(2): 257-266.

Pan Z, Rimando A M, Baerson S R, et al. 2007. Functional characterization of desaturases involved in the formation of the terminal double bond of an unusual 16: 3 Delta (9, 12, 150) fatty acid isolated from *Sorghum bicolor* root hairs. Journal of Biological Chemistry, 282(7): 4326-4335.

Pande C B, Joshi R K, Prasad D. 1998. Allelopathic potential of Prunus amygdalus and identification of allelochemicals. Allelopathy Journal, 5(1): 83-88.

Pandey D, Kumar A, Dutt S. 2011. Jasmonate signal induced expression of cystatin genes for providing resistance against Karnal bunt in wheat. Plant Signaling and Behavior, 6(6): 821-830.

Parepa M, Bossdorf O. 2016. Testing for allelopathy in invasive plants: it all depends on the substrate. Biological Invasions, 18(10): 2975-2982.

Patil R H. 2002. Allelopathic effect of Eucalyptus tree site soil on germination and growth of cereal crops. Current Research, 31: 42-44.

Peng S L, Ni G Y, Chen B M. 2009. Effects of the invasive plant *Mikania micrantha* HBK on soil nitrogen availability through allelopathy in South China. Biological invasions, 11(6): 1291-1299.

Peng S L, Wen J, Guo Q F. 2004. Mechanism and active variety of allelochemicals. Journal of Integrative Plant Biology, 46: 757-766.

Peñuelas J, Ribascarbo M, Giles L. 1996. Effects of allelochemicals on plant respiration and oxygen isotope fractionation by the alternative oxidase. Journal of Chemical Ecology, 22: 801-805.

Peoples M S, Koide R T. 2012. On the nature of temporary yield loss in maize following canola. Plant and Soil, 360(1-2): 259-269.

Percival J. 1921. The Wheat Plant. London: Duckworth and Co.

Perez F J, Ormeno-Nunez J. 1991. Difference in hydroxamic acid content in roots and root exudates of wheat (*Triticum aestivum* L.) and rye (*Secale cereale* L.): possible role in allelopathy. Journal of Chemical Ecology, 17: 1037-1043.

Peterson J K, Harrison H F Jr, Snook M E. 1999. Comparison of three parameters for estimation of allelopathic potential in sweetpotato (*Ipomoea batatas* (L.) Lam.) germplasm. Allelopathy Journal, 6(2): 201-208.

Peterson J K, Harrison H F, Snook M E, et al. 2005. Chlorogenic acid content in sweetpotato germplasm: possible role in disease and pest resistance. Allelopathy Journal, 16(2): 239-249.

Petho M. 1992. Occurrence and physiological role of benzoxazinones and their derivatives IV. isolation of hydroxamic acids from wheat and rye root secretions. Plant Physiology and Agrochemistry, 41: 167-175.

Pheng S, Olofsdotter M, Jahn G, et al. 2010. Use of phytotoxic rice crop residues for weed management. Weed Biology and Management, 10(3): 176-184.

Piesik D, Weaver D K, Merrill W L, et al. 2006. Mechanically-injured wheat plants release greater amounts of the secondary metabolites linalool and linalool oxide. Journal of Plant Protection Research, 46(1): 29-40.

Piesik D, Weaver D K, Runyon J B, et al. 2008. Behavioural responses of wheat stem sawflies to wheat volatiles. Agricultural and Forest Entomology, 10(3): 245-253.

Pizarro L, Copaja S V, Villarroel E, et al. 2006. Hydroxamic acids in *Secale cereale* L. and the relationship with their antifeedant and allelopathic properties. Zeitschrift fur Naturforschung C, 61(9-10): 670-676.

Politycka B. 2005. Soil sickness and allelopathy. Allelopathy Journal, 16(1): 77-84.

Prabhakar S, Yaduraju N T, Dadlani M, et al. 2012. Effect of different cropping conditions, depth of burial, age of seeds, and allelopathic effect of different crops on the germination behavior of little seed canary grass (*Phalaris minor* retz.) seeds. Plant Breeding and Seed Science, 65: 99-112.

Prasad D, Pant G, Rawat M S M. 1999. Phytotoxicity of *Rhamnus virgatus* on some field crops. Allelopathy Journal, 6(2): 227-242.

Preston C, Roush R T, Powles S B. 1999. Herbicide resistance in weeds of southern Australia: why are we the worst in the world? In: Bishop AC, Boersma M, Barnes CD (eds) . Proceedings of the 12th Australian Weeds Conference.

Preston W H, Jr Mitchell J W, Reevf W. 1954. Movement of alpha-methoxyphenylacetic acid from one plant to another through their root systems. Science, 119: 437-438.

Prin Y, Bally R, Thioulouse J, et al. 2009. Rhizosphere microbiota interfers with plant-plant interactions. Plant Soil, 321: 259-278.

Prygiel E, Charriau A, Descamps R, et al. 2014. Efficiency evaluation of an algistatic treatment based on barley straw in a hypertrophic pond. Journal of Environmental Engineering and Landscape Management, 22(1): 1-13.

Pujade-Villar J, Ventura D, Sanchez-Espigares J A, et al. 2016. Herbivores, saprovores and natural enemies respond differently to within-field plant characteristics of wheat fields. Journal of Insect Conservation, 20(3): 467-476.

Purvis C E, Jessop R S. 1985. Biochemical regulation of wild oat germination and growth by wheat and wheat crop residues. Proceedings, British Crop Protection Conference-Weeds. 661-668.

Putnam A R, Duke W B. 1974. Biological suppression of weeds: evidence for allelopathy in accessions of cucumber. Science, 185: 370-372.

Qi Y Z, Zhen W C, Li H Y. 2015. Allelopathy of decomposed maize straw products on three soil-born diseases of wheat and the analysis by GC-MS. Journal of Integrative Agriculture, 14(1): 88-97.

Qiu L, Lin W X, Xiong J, et al. 2010. qRT-PCR analysis of key enzymatic genes related to phenolic acid metabolism in rice accessions (*Oryza Sativa* L.) exposed to low nitrogen treatment. Allelopathy Journal, 25(2): 345-356.

Qiu L, Lin W X, He H B, et al. 2009. Analysis of gene expressions associated with increased allelopathy in rice (*Oryza sativa* L.) induced by exogenous salicylic acid. Plant Growth Regulation, 57(2): 163-172.

Rajput P, Rao P B. 2014. Weed management through bio-herbicidal activity of rice straw for mitigating herbicide dependency. International Journal of Ecology and Enviromental Sciences, 40(2/3): 87-94.

Rasher D B, Hay M E. 2014. Competition induces allelopathy but suppresses growth and anti-herbivore defense in a chemically rich seaweed//Proceedings of the Royal Society. Biological sciences, 281(1777): 1-7.

Rasmussen J A, Einhellig F A. 1979. Inhibitory effects of combinations of three phenolic acids on grain sorghum germination. Plant Science Letter, 14: 69-74.

Ravibabu M V, Rani P U. 2011. Allelochemicals in castor (*Ricinus communis* L.) plants and their impact on pest larval feeding as anti-herbivore defensive. Allelopathy Journal, 27(2): 263-275.

Razavi S M. 2011. Plant coumarins as allelopathic agents. International Journal of Biological Chemistry, 5(1): 86-90.

Reber J, Zhang H, Stuart J J, et al. 2011. A reproductive fitness cost associated with Hessian fly (Diptera: Cecidomyiidae) virulence to wheat's H gene-mediated resistance. Journal of Economic Entomology, 104(3): 1055-1064.

Reinhardt C F, Tesfamichael N. 2011. Nitrogen in combination with *Desmodium intortum* effectively suppress *Striga asiatica* in a sorghum-Desmodium intercropping system. Journal of Agriculture and Rural Development in the Tropics and Subtropics, 112(1): 19-28.

Reuben J P, Rodney B C. 2004. Metabolic engineering of plant secondary metabolism//Handbook of plant biotechnology//Christou P, Klee H. Indianapolis: Wiley Publishing, Inc. : 609-627.

Rice E L. 1984. Allelopathy. 2nd ed. New York: Academic Press.

Rivoal A, Fernandez C, Montes N, et al. 2011. Does competition stress decrease allelopathic potential? Biochemical Systematics and Ecology, 39(4-6): 401-407.

Rizvi S J H, Rizvi V, Tahir M, et al. 2000. Genetic variation in allelopathic activity of wheat (*Triticum aestivum* L.) genotypes. Wheat Information Service, 91: 25-29.

Romagni J G, Nanayakkara N P D, Rosell R, et al. 2002. Ecophysiological roles of selected lichen secondary compounds//ReigosaM J, Pedrol N. Allelopathy: from molecules to ecosystems. Plymouth, UK: Science Publishers Inc. 113-128.

Ross K C, Colquhoun J B, Mallory-Smith C A. 2004. Small broomrape (*Orobanche minor*) germination and early development in response to plant species. Weed Science, 52(2): 260-266.

Rosyara U R, Subedi S, Duveiller E, et al. 2010. The effect of spot blotch and heat stress on variation of canopy temperature depression, chlorophyll fluorescence and chlorophyll content of hexaploid wheat genotypes. Euphytica, 174(3): 377-390.

Rovira A D. 1969. Plant root exudates. Botany Review, 35: 35-59.

Roxburgh S H, Chesson P. 1998. A new method detecting species association with spatially auto-correlated data. Ecology, 79 (6): 2180-2192.

Saeed M, An M, Li L, et al. 2011. Effects of wheat crop density on growth of ryegrass. Allelopathy Journal, 27(1): 43-54.

Saffari M, Torabi-Sirchi M H. 2011. Allelopathic effects of straw extract from two native Iranian wheat varieties on the growth of two corn varieties (single cross 647, 704). American-Eurasian Journal of Agricultural and Environmental Sciences, 10(2): 133-139.

Salam M A, Morokuma M, Teruya T, et al. 2009. Isolation and identification of a potent allelopathic substance in Bangladesh rice. Plant Growth Regulation, 58(2): 137-140.

Sampietro D A, Chen T, Lin S, et al. 2015. Soil sickness: current status and future perspectives. Allelopathy Journal, 36(2): 167-195.

Sampietro D A, Sgariglia M A, Soberon J R. 2006. Alfalfa soil sickness and autotoxicity. Allelopathy Journal, 18(1): 81-92.

Santana O, Santos-Guerra A, Dominguez D M, et al. 2008. Pyrrolizidine alkaloids from Canarian endemic plants and their biological effects. Biochemical Systematics and Ecology, 36(3): 153-166.

Sarika N P, Rao P B. 2010. Allelopathic effects of weed species extracts on some physiological parameters of wheat varieties. Indian Journal of Plant Physiology, 15(4): 310-318.

Saxena S, Sharma K, Kumar S, et al. 2003. Effect of weed extracts on uptake of P and Zn in wheat varieties. Allelopathy Journal, 11(2): 201-216.

Schneider M, Droz E, Malnoe P, et al. 2002. Transgenic potato plants expressing oxalate oxidase have increased resistance to oomycete and bacterial pathogens. Potato Research, 45(2-4): 177-185.

Schulz M, Friebe A, Kuck P, et al. 1994. Allelopathic effects of living quackgrass (*Agropyron repens* L.). identification of inhibitory allelochemicals exuded from rhizome borne roots. Angewandte Botanik, 68: 195-200.

Schulz M, Wieland I. 1999. Variation in metabolism of BOA among species in various field communities-biochemical evidence for co-evolutionary processes in plant communities. Chemoecology, 9: 133-141.

ScLnchez G, Gerhardt N, Siciliano F, et al. 2010. Salicylic acid is involved in the NB-mediated defense responses to potato virus X in solanum tuberosum. Molecular Plant-Microbe Interactions, 23(4): 394-405.

Scott R K, Duffield S J, Bryson R J, et al. 1997. The influence of nitrogen fertilizer on the population development of the cereal aphids *Sitobion avenae* (F.) and *Metopolophium dirhodum* (Wlk.) on field grown winter wheat. Annals of Applied Biology, 130(1): 13-26.

Seal A N, Pratley J E, Haig T, et al. 2004. Identification and quantification of compounds in a series of allelopathic andnon-allelopathic rice root exudates. Journal of Chemical Ecology, 30 (8): 1647-1662.

Shahzad M, Farooq M, Hussain M. 2016. Weed spectrum in different wheat-based cropping systems under conservation and conventional tillage practices in Punjab, Pakistan. Soil and Tillage Research, 163: 71-79.

Shao H, Huang X L, Zhang Y M, et al. 2013. Main alkaloids of *Peganum harmala* L. and their different effects on dicot and monocot crops. Molecules, 18: 2623-2634.

Sharma K, Rao P B, Pande N. 2009. Allelopathic effect of seven weed extracts on seed germination in different varities of wheat (*Triticum aestivum* L.). Journal of Indian Botany Society, 88(1-2): 35-40.

Sharma M P, Qureshi F A, Vandenborn W H. 1982. The basis for synergism between barban and flamprop on wild oat (*Avena fatua*). Weed Science, 30: 147-152.

Sharma N K, Samra J S, Singh H P. 2000. Effect of aqueous extracts of *Populus deltoides* M. on germination and seedling growth of wheat. Allelopathy Journal, 7(1): 56-68.

Sharma N K, Singh H P, Samra J S. 2000. Effect of leaf litter of poplar on *Phalaris minor* weed. Allelopathy Journal, 7(2): 243-253.

Shibli R A, Smith M A L. 1999. Capacity for biocompatibility assessment in tissue culture and hydroponic systems. Journal of Plant Nutrition, 22(10): 1529-1540

Shikhov V N, Nesterenko T V, Tikhomirov A A. 2016. Effect of light intensity on chlorophyll fluorescence in wheat leaves: application of PAM-fluorometry. Russian Journal of Plant Physiology, 63(3): 417-422.

Shoji N, Umeyama A, Yoshiawa K, et al. 1994. Triterpenoid glycosides from *Anagallis arvensis*. Phytochemistry, 37: 1397-1402.

Siemens D H, Garner S H, Mitchell-Olds T, et al. 2002. Cost of defense in the context of plant competition: *Brassica rapa* may grow and defend. Ecology, 83(2): 505-517.

Sigstad E E, Bejas M A, Amoroso M J, et al. 2002. Effect of deforestation on soil microbial activity-A worm-composite canimprove quality? A microcalorimetric analysis at 25 ℃. Thermochimica Acta, 394(1-2): 171-178.

Simpson D M, Stoller E W. 1996. Physiological mechanisms in the synergism between thifensulfuron and imazethapyr in Sulfonylurea-tolerant soybean (*Glycine max*). Weed Science, 44: 209-214.

Singh B, Dhanai C S, Todaria N P. 2008. Effect of rhizosphere soil on germination, growth and biomass of crops of Garhwal Himalaya, India. Range Management and Agroforestry, 29(1): 32-38.

Singh C, Dadhwal K S, Dhiman R C, et al. 2012. Allelopathic effects of Paulownia and Poplar on wheat and maize crops under agroforestry systems in doon valley. Indian Forester, 138(11): 986-990.

Singh D, Getie B, Bansal U, et al. 2016. Identification and mapping of resistance to stem rust in the European winter wheat cultivars Spark and Rialto. Molecular Breeding, 36(8): 114-124.

Singh H P, Batish D R, Kohli R K. 2003. Allelopathic interactions and allelochemicals: new possibilities for sustainable weed management. Critical Reviews in Plant Sciences, 22(3-4): 239-311.

Singh H P, Kouli R K, Batish D R. 2001. Allelopathic interference of *Populus deltoides* with some winter season crops. Agronomie, 21: 139-146.

Singh N B, Singh A, Singh D. 2010. Autotoxicity of maize and its mitigation by plant growth promoting rhizobacterium *Paenibacillus polymyxa*. Allelopathy Journal, 25(1): 195-204.

Sinkkonen A. 2003. A model describing chemical interference caused by decomposing residues atdifferent densities of growing plants. Plant and Soil, 250(2): 315-322.

Sliwinska-Wilczewska S, Pniewski F, Latala A. 2016. Allelopathic interactions between *Synechococcus* sp. and *Nodularia spumigena* under different light conditions. Allelopathy Journal, 37(2): 241-252.

Smits N, Dufour L, Dupraz C. 2012. Unexpected lack of influence of tree rows on the dynamics of wheat aphids and their natural enemies in a temperate agroforestry system. Agroforestry Systems, 85(1): 153-164.

Sole J, Garcia-Ladona E, Ruardij P, et al. 2005. Modelling allelopathy among marine algae. Ecological Modelling, 183(4): 373-384.

Solvejg K M, Per K, Betty B M. 2006. Herbicidal effects of soil-incorporated wheat. Journal of Agricultural and Food Chemistry, 54(4): 1058-1063.

Song H K, Ahn J K, Ahmad A, et al. 2004. Identification of allelochemicals in rice root exudates at various phenological phases and their influence on barnyard grass. Allelopathy Journal, 13(2): 173-188.

Sonowal M, Dhar T. 2007. Insecticidal activities of *Acorus calamus* and *Cinnamomum tamala* against *Spilarctia obliqua* and their allelopathic interactions with the host crop *Corchorus olitorius*. Indian Journal of Entomology, 69(3): 271-276.

Souza Filho A P S, Alves S M. 2000. Allelopathic potential of pasture weeds: effects on forage legumes. Quarterly, 28(4): 146-156.

Steinsiek J W, Oliver L R, Collins F C. 1982. Allelopathic potential of wheat (*Triticum aestivum*) straw on selected weed species. Weed Science, 30: 495-497.

Stephenson C M, MacKenzie M L, Edwards C, et al. 2006. Modelling establishment probabilities of an exotic plant, Rhododend ronponticum, invading a heterogeneous, woodland landscape using logistic regression with spatial autocorrelation. Ecological Modelling, 193(3-4): 747-758.

Summers C G, Stapleton J J, Mitchell J P, et al. 2010. Deleterious activity of cultivated grasses (Poaceae) and residues on soilborne fungal, nematode and weed pests. Phytoparasitica, 38(1): 61-69.

Sun B, Kong C H, Wang P, et al. 2012. Response and relation of allantoin production in different rice cultivars to competing barnyardgrass. Plant Ecology, 213(12): 1917-1926.

Sun B, Wang P, Kong C H. 2014. Plant-soil feedback in the interference of allelopathic rice with barnyard grass. Plant and Soil, 377(1-2): 309-321.

Sun L, Zhu B Q, Sun X R, et al. 2015. Monoterpene accumulation and its biosynthesis: gene transcript profiles of two grape cultivars during berry development. Acta Horticulturae, 1082: 37-42.

Sunaina, Singh N B. 2015. Alleviation of allelopathic stress of benzoic acid by indole acetic acid in *Solanum lycopersicum*. Scientia Horticulturae, 192: 211-217.

Szumny A, Szczepanik M. 2011. Insecticidal activity of star anise (*Illicum verum* Hook. F.) fruits extracts against lesser mealworm, *Alphitobius diaperinus* Panzer (Coleoptera: Tenebrionidae). Allelopathy Journal, 27(2): 277-287.

Tajari M, Ghorbanli M, Niakan M. 2008. Effects of salinity on allelopathic potential of canola (*Brassica napus* L.). Allelopathy Journal, 21(2): 329-338.

Tang C S, Cai W F. Kohl K, et al. 1995. Plant stress and allelopathy. ACS Symposium Series, 582 : 142-147.

Tanveer A, Rehman A, Javaid M M, et al, Ibin-I-Zamir M S. 2010. Allelopathic potential of *Euphorbia helioscopia L.* against wheat(*Triticum aestivum* L.), chickpea(*Cicer arietinum* L.), and lentil (*Lens culinaris* Medic.). Turkish Journal of Agriculture and Forestry, 34: 75-81.

Tanveer A, Tahir M, Nadeem M A, et al. 2008. Allelopathic effects of *Xanthium strumarium* L. on seed germination and seedling growth of crops. Allelopathy Journal, 21(2): 317-328.

Tawata S, Khanh T D, Cong L C, et al. 2009. Variation of weed-suppressing potential of Vietnamese rice cultivars against barnyardgrass (*Echinochloa crus-galli*) in laboratory, greenhouse and field screenings. Journal of Plant Interactions, 4(3): 209-218.

Tesio F, Ferrero A. 2010. Allelopathy, a chance for sustainable weed management. International Journal of Sustainable Development and World Ecology, 17(5): 377-389.

Thapaliyal S, Singh B, Bali R S, et al. 2007. Allelopathic effects of tree of economic importance on germination and growth of food crops. Journal of Herbs, Spices and Medicinal Plants, 13(4): 11-23.

Tharayil N, Bhowmik P C, Xing B S. 2006. Preferential sorption of phenolic phytotoxins to soil: implications for altering the availability of allelochemicals. Journal of Agricultural and Food Chemistry, 54(8): 3033-3040.

Tharayil N, Bhowmik P, Alpert P, et al. 2009. Dual purpose secondary compounds: phytotoxin of *Centaurea diffusa* also facilitates nutrient uptake. New Phytologist, 181(2): 424-434.

Thombre R F, Jadhav A B, Katiyar P. 2011. Allelopathic potential of rice plant parts on germination and seedling growth of *Echinochloa colona*. Advances in Plant Sciences, 24(1): 129-131.

Thorne R L Z, Waller G R, Mcpherson J K, et al. 1990. Autotoxic effects of old and new wheat straw in conventional-tillage and no-tillage wheat soil. Botanical Bulletin of Academia Sinica, 31(1): 35-49.

Todaria N P, Singh B, Uniyal A K. 2008. Phytotoxic effects of three Ficus species on field crops. Range Management and Agroforestry, 29(2): 104-108.

Tucker J R, Smith M A H, Wise I L, et al. 2000. Trophic interaction between *Sitodiplosis mosellana* (Diptera : Cecidomyiidae) and spring wheat: implications for yield and seed quality. The Canadian Entomologist, 132(5): 607-625.

Uddin M N, Robinson R W, Caridi D, et al. 2014. Is phytotoxicity of *Phragmites australis* residue influenced by decomposition condition, time and density? Marine and Freshwater Research, 65(6): 505-516.

Understrup A G, Ravnskov S, Hansen H C B, et al. 2005. Biotransformation of 2-benzoxazolinone to 2-amino-(3H)-phenoxazin-3-one and 2-acetylamino-(3H)-phenoxazin-3-one in soil. Journal of Chemical Ecology, 31(5): 1205-1222.

Uniyal A K, Chhetri S. 2010. An assessment of phytotoxic potential of promising agroforestry tress on germination and growth pattern of traditional field crops of Sikkim Himalaya, India. American-Eurasian Journal of Scientific Research, 5(4): 249-256.

Urbano B, Gonzalez A F, Ballesteros A. 2006. Allelopathic potential of cover crops to control weeds in barley. Allelopathy Journal, 17(1): 53-64.

Utkhede R S. 2006. Soil sickness, replant problem or replant disease and its integrated control. Allelopathy Journal, 18(1): 23-38.

Vancura V. 1964. Root exudates of plants I. Analysis of root exudates of barley and wheat in their initial phases of growth. Plant and Soil, 21: 231-248.

Veiga R L, Howard K, van der Heijden, et al. 2012. No evidence for allelopathic effects of arbuscular mycorrhizal fungi on the non-host plant Stellaria media. Plant and Soil, 360: 319-331.

Velicka R, Marcinkeviciene A, Pupaliene R, et al. 2012. Allelopathic effects of aqueous extracts of rape residues on winter wheat seed germination and early growth. Journal of Food, Agriculture and Environment, 10 (3-4): 1053-1057.

Venkatesh A, Tapasya S, Kumar R V, et al. 2011. Allelopathic effect of different accessions of *Jatropha curcas* on field crops. Range Management and Agroforestry, 32(1): 40-44.

Verma S S. 2014. Agricultural wastes: technologies for effective utilisation of rice and wheat stubble. Chemical Weekly, 60(18): 191-194.

Villagrasa M, Eljarrat E, Barcelo D. 2009. Analysis of benzoxazinone derivatives in plant tissues and their degradation products in agricultural soils. Trend in Analytical Chemistry, 28(9): 1103-1114.

Villagrasa M, Guillamon M, Labandeira A, et al. 2006. Benzoxazinoid allelochemicals in wheat: distribution among foliage, roots, and seeds. Journal of Agricultural and Food Chemistry, 54: 1009-1015.

Volkmar C, El-Wakeil N E, Sallam A A. 2010. Jasmonic acid induces resistance to economically important insect pests in winter wheat. Pest Management Science, 66(5): 549-554.

von Dahl C C, Baldwin I T. 2009. Use of silenced plants in allelopathy bioassays: a novel approach. Planta, 229(3): 569-575.

Walker B, Steffen W. 1997. An overview of the implications of global change for natural and managed terrestrial ecosystems. Ecology and Society, 1(2): 1-17.

Wang B B, Li R, Ruan Y Z, et al. 2015. Pineapple-banana rotation reduced the amount of *Fusarium oxysporum* more than maize-banana rotation mainly through modulating fungal communities. Soil Biology and Biochemistry, 86: 77-86.

Wang G M, Leonard J M, Ross A S, et al. 2012. Riera-Lizarazu O. Identification of genetic factors controlling kernel hardness and related traits in a recombinant inbred population derived from a soft 'extra-soft' wheat (*Triticum aestivum* L.) cross. Theoretical and Applied Genetics, 124(1): 207-221.

Wang H B, He H B, Ye C Y, et al. 2010. Molecular physiological mechanism of increased weed suppression ability of allelopathic rice mediated by low phosphorus stress. Allelopathy Journal, 25(1): 239-248.

Wang J W, Xu T, Zhang L W, et al. 2007. Effects of methyl jasmonate on hydroxamic acid and phenolic acid content in maize and its allelopathic activity to *Echinochloa crusgalli* (L.) . Allelopathy Journal, 19(1): 161-170.

Wang R, Rehman S U, Liang X T, et al. et al. 2012. Effects of simulated acid rain on the allelopathic potential of invasive weed *Wedelia trilobata*. Allelopathy Journal, 30(1): 23-32.

Wang R L, Zheng Z H, Wang G Q, et al. 2014. Allelopathic potential and antifeeding activity of *Crassocephalum crepidioides* against native plants and *Spodoptera litura*. Allelopathy Journal, 33(2): 245-253.

Wang S, Liang Z, Sun D, et al. 2015. Quantitative trait loci mapping for traits related to the progression of wheat flag leaf senescence. The Journal of Agricultural Science, 153(7): 1234-1245.

Wang Y Y, Wu F Z, Zhou X A. 2010. Allelopathic effects of wheat, soybean and oat residues on cucumber and *Fusarium oxysporum* f. sp. cucumerinum Owen. Allelopathy Journal, 25(1): 107-114.

Wathugala D L, Ranagalage A S. 2015. Allelopathic potential of improved rice (*Oryza sativa* L.) varieties against *Echinochloa crus-galli* L. Allelopathy Journal, 36(1): 37-47.

Weaver D K, Hofland M L, Buteler M, et al. 2009. Cultivar preferences of ovipositing wheat stem sawflies as influenced by the amount of volatile attractant. Journal of Economic Entomology, 102(3): 1009-1017.

Weaver D K, Piesik D, Wenda P A, et al. 2007. Influence of Fusarium crown rot disease on semiochemical production by wheat plants. Journal of Phytopathology, 155(7-8): 488-496.

Weberg M, Salomon P S, Graneli E. 2008. Harmful algal blooms of allelopathic microalgal species: the role of eutrophication. Harmful Algae, 8(1): 94-102.

Weiner J. 2001. Plant allelochemicals interference or soil chemical ecology? Perspectives in Plant Ecology, Evolution and Systematic, 4(1): 3-12.

Weisshuhn K, Prati D. 2009. Activated carbon may have undesired side effects for testing allelopathy in invasive plants. Basic and Applied Ecology, 10(6): 500-507.

Weston L A, Harmon R, Mueller S. 1989. Allelopathic potential of sorghum-sudangrass hybrid (sudex). Journal of Chemical Ecology, 15: 1855-1865.

Wezel A, Casagrande M, Celette F, et al. 2014. Agroecological practices for sustainable agriculture. Agronomy for Sustainable Development, 34(1): 1-20.

Whittaker R H. 1967. Gradient analysis of vegetation. Biology Reviews, 42: 207-264.

Williamson G B, Richardson D. 1988. Bioassays for allelopathy: measuring treatment responses with independent controls. Journal of Chemistry Ecology, 14(1): 181-187.

Won O J, Park S U, Uddin M R, et al. 2013. Phenolic compounds in sorghum leaf extracts and their effects on weed control. Allelopathy Journal, 31(1): 147-155.

Woodhead S. 1981. Environmental and biotic factors affecting the phenolic content of different cultivars of Sorghum bicolor. Journal of Chemical Ecology, 7: 1035-1047.

Woodson J D. 2016. Chloroplast quality control-balancing energy production and stress. The New Phytologist, 212(1): 36-41.

Woodward M D, Corcuera L J, Helgeson J P, et al. 1978. Decomposition of 2, 4-dihydroxy-7-methoxy-(2H)-1, 4-benzoxazin-3(4H)-one in aqueous solutions. Plant Physiology, 61: 796-802.

Woodward M D, Corcuera L J, Schnoes H K, et al. 1979. Identification of 1, 4-benzoxazin-3-ones in maize extracts by gas-liquid chromatography and mass spectrometry. Plant Physiology, 63: 9-13.

Wu H W, Haig T, Pratley J, et al. 2000a. Allelochemicals in wheat (*Triticum aestivum* L.): variation of phenolic acids in root tissues. Journal of Agricultural and Food Chemistry, 48: 5321-5325.

Wu H W, Haig T, Pratley J, et al. 2000b. Distribution and exudation of allelochemicals in wheat *Triticum aestivum*. Journal of Chemical Ecology, 26(9): 2141-2154.

Wu H W, Haig T, Pratley J, et al. 2001a. Allelochemicals in wheat (*Triticum aestivum* L.): cultivar difference in the exudation of phenolic acids. Journal of Agriculture and Food Chemistry, 49: 3742-3745.

Wu H W, Haig T, Pratley J, et al. 2001b. Allelochemicals in wheat (*Triticum aestivum* L.): production and exudation of 2, 4-dihydroxy-7-methoxy-1, 4-benzoxazin-3-one. Journal of Chemical Ecology, 27: 1691-1699.

Wu H W, Haig T, Pratley J, et al. 2001c. Allelochemicals in wheat (*Triticum aestivum* L.): variation of phenolic acids in shoot tissues. Journal of Chemical Ecology, 27(1): 125-135.

Wu H W, Haig T, Pratley J, et al. 2002. Biochemical basis for wheat seedling allelopathy on the suppression of annual ryegrass (*Lolium rigidum*). Journal of Agriculture and Food Chemistry, 50: 4567-4571.

Wu H W, Pratley J, Haig T. 2003a. Phytotoxic effects of wheat extracts on a herbicide-resistant biotype of annual ryegrass (*Lolium rigidum*). Journal of Agricultural and Food Chemistry, 51(16): 4610-4616.

Wu H W, Pratley J, Lemerle D, et al. 1998. Differential allelopathic potential among wheat accessions to annual ryegrass. In: Michalk D L, Pratley JE (eds) Proceeding of 9th Austrian Agronomy Conference. 567-571.

Wu H W, Pratley J, Lemerle D, et al. 1999a. Crop cultivars with allelopathic capability. Weed Research, 39(3): 171-180.

Wu H W, Pratley J, Lemerle D, et al. 2000c. Evaluation of seedling allelopathy in 453 wheat (*Triticum aestivum*) accessions against annual ryegrass (*Lolium rigidum*) by the equal-compartment-agar method. Australian Journal of Agricultural Research, 51: 937-944.

Wu H W, Pratley J, Lemerle D et al. 2000d. Laboratory screening for allelopathic potential of wheat (*Triticum aestivum*) accessions against annual ryegrass (*Lolium rigidum*). Australian Journal of Agricultural Research, 51: 259-266.

Wu H W, Pratley J, Ma W, et al. 2003b. Quantitative trait loci and molecular markers associated with wheat allelopathy. Theoretical and Applied Genetics, 107(8): 1477-1481.

Wu H W, Haig T, Pratley J, et al. 1999b. Simultaneous determination of phenolic acids and 2, 4-dihydroxy-7-methoxy-1, 4-benzoxazin-3-one in wheat (*Triticum aestivum*) by gas chromatography–tandem mass spectrometry. Journal of Chromatography A, 864: 315-321.

Wu H W, Pratley J, Lemerle D, et al. 2007. Modern genomic approaches to improve allelopathic capability in wheat (*Triticum aestivum* L). Allelopathy Journal, 19(1): 97-108.

Wu H W, Pratley J, Lemerle D, et al. 2001d. Allelopathy in wheat (*Triticum aestivum*) . Annals of Applied Biology, 139: 1-9.

Wurst S, van Beersum S. 2009. The impact of soil organism composition and activated carbon on grass-legume competition. Plant and Soil, 314: 1-9.

Wang C Y, Xiao H G, Zhao L L, et al. 2016. The allelopathic effects of invasive plant *Solidago canadensis* on seed germination and growth of *Lactuca sativa* enhanced by different types of acid deposition. Ecotoxicology, 25(3): 555-562.

Xing J, Symons S, Shahin M, et al. 2010. Sprouting detection at early stages in individual CWAD and CWRS wheat kernels using SWIR spectroscopy. Sensing and Instrumentation for Food Quality and Safety, 4(3-4): 95-100.

Xiong J, Jia X, Deng J, et al. 2007. Analysis of epistatic effect and QTL interactions with environment for allelopathy in rice (*Oryza sativa* L.) . Allelopathy Journal, 20(2): 259-268.

Xiong J, Wang H B, Qiu L, et al. 2010. qRT-PCR analysis of key enzymatic genes related to phenolic acid metabolism in rice accessions (*Oryza Sativa* L.) exposed to low nitrogen treatment. Allelopathy Journal, 25(2): 345-356.

Xu T, Kong C H, Hu F. 1999. Allelopathy of *Ageratum conyzoides*. III. allelopathic effect of volatile from Ageratum plants under different nutrient levels. Chinese Journal of Applied Ecology, 10: 748-750.

Xu W H, Wu F Z, Chang C L, et al. 2013. Effects of wheat as companion cropping on growth, soil enzymes and disease resistance of watermelon. Allelopathy Journal, 32(2): 267-278.

Yan W D, Shi W M, Li B H, et al. 2007. Overexpression of a foreign Bt gene in cotton affects thelow-molecular-weight components in root exudates. Pedosphere, 17(3): 324-330.

Yang J S, Su Y L, Wang Y L. 1993. Studies on the chemical constituents of *Desmodium styracifolium* (Osbeck) Mers. Acta Pharmacologica Sinica, 28: 197-201.

Yang R C, Carcamo H A, Beres B L, et al. 2011. Integrating spring wheat sowing density with variety selection to manage wheat stem sawfly. Agronomy Journal, 103(6): 1755-1764.

Yarnia M. 2012. Germination, growth and seed bank of red-root pigweed (*Amaranthus retroflexus*) as influenced by allelopathic extract and residues of alfalfa. Research on Crops, 13(3): 1057-1063.

Yasumoto S, Suzuki K, Matsuzaki M, et al. 2011. Effects of plant residue, root exudate and juvenile plants of rapeseed (*Brassica napus* L.) on the germination, growth, yield, and quality of subsequent crops in successive and rotational cropping systems. Plant Production Science, 14(4): 339-348.

Ye C P, Liao H P, Yang Y F. 2014. Allelopathic inhibition of photosynthesis in the red tide-causing marine alga, *Scrippsiella trochoidea* (Pyrrophyta), by the dried macroalga, *Gracilaria lemaneiformis* (Rhodophyta). Journal of Sea Research, 90(7): 10-15.

Ye C Y, Wang H B, He H B, et al. 2009. Physiological responses of allelopathic rice accessions to low phosphorus stress. Allelopathy Journal, 23(1): 175-184.

Ye X X, Chen J, McErlean C S P, et al. 2017. The potential of foxtail millet as a trap crop for sunflower broomrape. Acta Physiologiae Plantarum, 39(1): DOI: 10. 1007/s11738-016-2300-x.

Yu J Q, Shou S Y, Qian Y R, et al. 2000. Autotoxic potential of cucurbit crops. Plant and Soil, 223 (1-2): 147-151.

Yu R F, Qi E S, Bi X. 1998. Evaluation method of regional sustainable development Status and its application. Theory and Practice of Systemic Engineering, 5: 1-6.

Yan Z Q, Zeng L M, Jin H, et al. 2015. Potential ecological roles of flavonoids from Stellera chamaejasme. Plant Signaling and Behavior, 10(3): 1-3.

Zahed N, Hosni K, Brahim N B, et al. 2010. Allelopathic effect of Schinus essential oils on wheat germination. Acta Physiologiae Plantarum, 32: 1221-1227.

Zhang H X, Zhou D W, Tian Y, et al. 2013. Comparison of seed germination and early seedling growth responses to salinity and temperature of the halophyte Chloris virgata and the glycophyte *Digitaria sanguinalis*. Grass and Forage Science, 68(4): 596-604.

Zhang M, Ma Y Q, Zhong W J, et al. 2015. N–P–K ratio affects exudation of germination stimulants and resistance of tobacco seedlings to broomrapes. Plant Growth Regulation, 76: 281-288.

Zhang S L, Bi X D, Dai W, et al. 2013. Effect of environmental factors on allelopathic inhibition of *Microcystis aeruginosa* by berberine. Water Science and Technology, 68(2): 419-424.

Zhang T T, Wang L L, He Z X, et al. 2011. Growth inhibition and biochemical changes of cyanobacteria induced by emergent macrophyte *Thalia dealbata* roots. Biochemical Systematics and Ecology, 39(2): 88-94.

Zhang X X, Liu Z W, Tian N, et al. 2015a. Allellopathic impacts of leaf litters decomposition from intercrop tree species on soybean. Advance Journal of Food Science and Technology, 7(12): 971-976.

Zhang X X, Liu Z W, Tian N, et al. 2015b. Allelopathic effects of decomposed leaf litter from intercropped trees on rape. Turkish Journal of Agriculture and Forestry, 39(6): 898-908.

Zhang X J, Zhu Y Y, Bao L F, et al. 2016. Putative methyltransferase LaeA and transcription factor CreA are necessary for proper asexual development and controlling secondary metabolic gene cluster expression. Fungal Genetics and Biology, 94: 32-46.

Zhang Y J, Tang S M, Liu K S, et al. 2015. The allelopathic effect of *Potentilla acaulis* on the changes of plant community in grassland, northern China. Ecological Research, 30(1): 41-47.

Zhao H, Li H B, Kong C H, et al. 2005. Chemical response of allelopathic rice seedlings under varying environmental conditions. Allelopathy Journal, 15(1): 105-110.

Zheng Y Q, Liu X G, Dong F S, et al. 2010. Biological induction of DIMBOA in wheat seedlings by weeds. Allelopathy Journal, 25(2): 433-440.

Zheng Y Q, Zhao Y, Dong F S, et al. 2007. Allelopathic effects of wheat extracts and DIMBOA on weeds. Allelopathy Journal, 19(1): 171-178.

Zheng Y, Zhao Y, Dong F, et al. 2005. Relationship of DIMBOA content in wheat seedlings and its resistance to plant pathogens. Allelopathy Journal, 15(1): 137-144.

Zhou B, Kong C H, Li Y H, et al. 2013. Crabgrass (Digitoria sanguinalis) allelochemicals that interfere with crop growth and the soil microbial community. Journal of Agricultural and Food Chemistry, 61: 5310-5317.

Zhou B, Kong C H, Wang P, et al. 2013. Chemical constituents of the essential oils of wild oat and crabgrass and their effect on the growth and allelochemical production of wheat. Weed Biology and Management, 13: 62-69.

Zhu X Z, Guo J, Shao H, et al. 2014. Effects of allelochemicals from Ageratina adenophora (Spreng.) on its own autotoxicity. Allelopathy Journal, 34(2): 253-264.

Zuniga G E, Copaja S V, Bravo H R, et al. 1990. Hydroxamic acids accumulation by wheat callus. Phytochemistry, 29: 2139-2141.

Zuo S P, Li X W, Ma Y Q. 2010. Response of transgenic potato seedlings to allelopathic pressure and the effect of nutrients in the culture medium. Acta Ecologica Sinica, 30(4): 226-232.

Zuo S P, Li X W, Ma Y Q, et al. 2014. Soil microbes are linked to the allelopathic potential of different wheat genotypes. Plant and soil, 378: 49-58.

Zuo S P, Liu G B, Li M. 2012. Genetic basis of allelopathic potential of winter wheat based on the perspective of quantitative trait locus. Field Crops Research, 135: 67-73.

Zuo S P, Ma Y Q, Deng X P, et al. 2005. Allelopathy in wheat genotypes during the germination and seedling stages. Allelopathy Journal, 15 (1): 21-30.

Zuo S P, Ma Y Q, Shinobu I. 2007. Allelopathic variation in dryland wheat grown in the Loess Plateau. Genetic Resources and Crop Evolution, 54(6): 1381-1393.

Zuo S P, Ma Y Q, Shinobu I. 2008. Ecological adaptation of weed biodiversity to the allelopathic rank of the stubble of different wheat genotypes in a maize field. Weed Biology and Management, 8: 161-171.

Zuo S P, Ma Y Q. 2007. A preliminary study on the method based on system engineering theory for the evaluation of allelopathic potential in crops and its application. Agricultural Sciences in China, 6(1): 68-77.

Zuo S P, Wang H M, Ma Y Q. 2008. Sawtooth effect in wheat stubbles allelopathy. Allelopathy Journal, 21(2): 287-298.

Zuo S P, Ye L T, Mei H. 2011. Physiological basis for allelopathic potential of different wheat cultivars in heading period on the Loess Plateau of China. African Journal of Biotechnology, 10: 9786-9795.

Zuo S P, Zhi J H, Shao H B. 2010. Allelopathic regulation of wheat genotypes performance at the enhancement stage by soil water and prohydrojasmon. African Journal of Biotechnology, 9 (33): 5430-5440.

Zwain K H Y, Alsaadawi I S, Shahata H A. 1999. Effect of decomposing wheat residues on growth and biological nitrogen fixation of blue green algae. Allelopathy Journal, 6(1): 13-20.

后　记

记得 2002 年初春，我坚持跑步的第四年。一日清晨，在五台山，偶遇旅居海外多年、刚回国的恩师马永清教授也晨跑。只见他精神抖擞、开朗乐观，其自信帅气的形象，至今历历在目。当时春光微洒的美好让我们不忍畅谈，只得招呼而过，从此我们师徒结下了深厚的情谊。

彼时刚上研究生，懵懂内向有些许激动的我，来不及享受中科院的荣耀，总是在角落瞪着大眼睛，静静地倾听老师的教诲和他轻松幽默的健谈，然后默默努力：查文献、看资料、听报告、做实验、练习综述写作，观摩周边研究生的工作，尝试各种新鲜事物，生怕浪费一寸时光，不错过任何一个学习的机会。马老师鼓励的话语、理解的眼神、耐心的引导、科学的指导、如父亲般的信任和包容，充分激发了我科研的信心和热情。还有，马老师热情提供其前期小麦研究材料和论文，并亲笔序言，在此一并对恩师表示诚挚的谢意和敬意。

当时主要完成的第一个项目，就是黄土高原土壤侵蚀与旱地农业国家重点实验室基金（10501-95）：不同基因型小麦化感作用研究。开题时很茫然，毫无抓手，看到山院士课题组通过小麦染色体倍数进化视角研究水分利用率和抗旱的演变，顿觉豁然开朗，能否借用研究化感作用演化，实验证明完全可行。在硕博连读的五年内，在小麦活体和残体化感作用评价、生理生化与分子遗传学基础、化感作用影响因素等方面获得了重要结果。在后来工作的 10 年间，又相继获得资助并主持 3 个重点实验室基金，陆续发表了多篇相关小麦化感的论文。这些重要的研究累积都是本书的核心素材。

化感实验室热火朝天、开放包容的环境让我学会了团队合作，并愉快高效地完成了科研任务。李秀维老师的认真细致和勤俭质朴，如慈母般的关爱和教育对我的成长产生了深远的影响。税军锋老师平淡是真，师兄于福科博士细心幽默，师姐杨善云硕士美丽温柔，李明博士冷静坚毅，让我领悟了科研之外的快乐、温暖和正能量。还有后来的师弟师妹：支金虎硕士、王德胜硕士、金付平硕士、袁翠萍硕士、董淑琦博士、李霞博士、安雨博士、张梦博士等，他们在实验室和野外工作上给予我很多的帮助和支持。

想起 2004 年在沈阳参加"首届中国植物化感作用学术研讨会暨中国植物保护学会植物化感作用分会筹备大会"，非常荣幸认识主任委员、"百人计划"孔垂华教授。孔老师学识渊博、学风严谨、思想深邃、思维前沿、将化学与农学完美结合、孜孜不倦、激励后生，为化感事业大声呐喊，令人感动，使我敬佩。孔老师的《植物化感作用（相生相克）及其应用》、《化学生态学前沿》、《植物化感（相生相克）作用》、《有机物的分离和结构鉴定》等，堪称化感领域的经典教材，令无数同行珍藏、品读、学习。我也不例外，逐一认真拜读，或许本书就是看后的一点体会和总结。

忆起科研的点点滴滴，总是满怀感恩感谢。借此机会，衷心感谢中国科学院水利部水土保持研究所、黄土高原土壤侵蚀与旱地农业国家重点实验室、旱区作物逆境生物学国家重点实验室对我研究的资助，特别感谢山仑院士欣然作序，还有刘国彬所长、康振生主任、上官周平老师、邓西平老师、邹厚远老师、王德轩老师、翟莹莹老师、郝仕龙博士、谭勇博士、魏孝荣博士、全斌博士、戴全厚博士、朱再标博士、陈其春博士、马守臣博士、周正朝博士等的支持和帮助。他们如一缕缕阳光，照亮我艰辛而充实的一段科研旅程，陪伴了我五年的研究生生活，激励了我未来的人生。

本书为作者 15 年的小麦化感作用研究的总结，既有科研的第一手数据，又有最新相关文献综述，暂且算"磨一剑"吧。这本专著的出版，也是我个人的第一本专著，就算是"化感学大厦"的一点补充，为化感理论的具体化，并期望为同行提供一些有益的参考。不足之处，敬请各位读者批评指正；资料引用若未标出原著作者，请及时提出。感谢国家重点研发计划"水资源高效开发利用"重点专项（2017YFC0405205）、安徽省自然科学基金（1708085MC59）、高校优秀青年人才支持计划重点项目（gxyqZD2016024）、安徽师范大学学术著作培育基金（2010xszz005）资助出版，感谢叶良涛博士、谢建春老师、丁莹、蒋小峰、洪文秀和曹晶等收集资料、翻译英文材料、阅读并校对初稿各章节，感谢科学出版社王腾飞编辑和沈旭编辑等的辛勤劳动，使得本书能顺利出版。适逢我博士毕业 10 周年，光阴匆匆、岁月如歌，权做纪念，并以此书感谢帮助、感怀人生、感激社会、感恩生活。